The Scroll Marked

羊皮卷

引导全球成功人士的财富启示录，人类成功史上伟大的传奇经典

[美] 奥里森·马登等 著

白雯婷 编译

浙江工商大学出版社
ZHEJIANG GONGSHANG UNIVERSITY PRESS

图书在版编目（CIP）数据

羊皮卷 /（美）奥里森·马登等著；白雯婷编译 .
— 杭州：浙江工商大学出版社，2017.9
ISBN 978-7-5178-2222-6

Ⅰ . ①羊… Ⅱ . ①奥… ②白… Ⅲ . ①成功心理—通
俗读物 Ⅳ . ① B848.4-49

中国版本图书馆 CIP 数据核字（2017）第 140888 号

羊皮卷

[美] 奥里森·马登等 著；白雯婷 编译

责任编辑	孙婷玫　谷树新
封面设计	思梵星尚
责任印制	包建辉
出版发行	浙江工商大学出版社
	（杭州市教工路 198 号　邮政编码 310012）
	（E-mail: zjgsupress@163.com）
	（网址：http://www.zjgsupress.com）
	电话：0571-88904980，88831806（传真）
排　　版	北京东方视点数据技术有限公司
印　　刷	北京德富泰印务有限公司
开　　本	710mm×1000mm　1/16
印　　张	18
字　　数	287 千
版 印 次	2017 年 9 月第 1 版　2017 年 9 月第 1 次印刷
书　　号	ISBN 978-7-5178-2222-6
定　　价	48.00 元

前 言
Preface

　　在阿拉伯沙漠地区流传着一个古老的关于羊皮卷的故事：两千多年前，有一个叫海菲的孤儿，靠为主人喂养骆驼过着贫穷而卑贱的生活。后来他爱上了一位富商的女儿，强烈的爱情促使他急切地想改变自己的境况，立志要"当一个全世界最伟大的商人，最有钱的富翁，最成功的推销员"。他的真诚和激情感动了他的主人——富甲一方的皮货商柏萨罗，为了试验海菲意志的坚定，柏萨罗交给海菲一件昂贵的袍子，让他到偏远的小镇上去推销。但海菲失败了：出于怜悯，他把袍子无偿送给了山洞里一个即将冻毙的婴儿。当海菲两手空空、满心羞愧地返回时，一颗明星一直跟随着他，在他头顶上闪烁。柏萨罗意识到这是上帝的启示，原来海菲就是他一直寻找的传人。于是柏萨罗交给海菲10张神秘的羊皮卷，并告诉他："每一张羊皮卷都记载着一种原则、一种规律，或者说一种真理……如果懂得这里面的原则，那就可以随心所欲拥有想要的财富。"在羊皮卷的鼓舞下，海菲离开了主人，正式开始了独立谋生的推销生涯。在漫长的奋斗过程中，海菲矢志不渝地身体力行羊皮卷中的原则。若干年后，他实现了自己的志愿，成为当时世界上首屈一指的富豪，并娶回了热恋已久的姑娘。

　　每个时代都会产生自己"最有力量的文学"，这种文学代表着时代的最强音，刚健、豪迈，鼓舞人们奋起拼搏。两千多年，前10张古老的羊皮卷使海菲从一穷二白走向成功。在当代，《世界上最伟大的推销员》的作者——美国杰出企业家、作家、演说家奥格·曼狄诺与海菲有类似的经历，他也是在"羊皮卷"的激励下获取成功的。

奥格·曼狄诺一生历尽坎坷。1925 年，他出生于美国东部一个平民家庭，在 28 岁以前过着平静的生活，完成了正常的教育并成立了家庭。此后，他的内心世界发生了剧烈转变，他无法再安于长久以来的平淡生活，开始像一匹脱缰的野马一样毫无理性地瞎撞，酗酒、打架斗殴、夜不归宿……无所不为。最后在一次冲动中犯下了不可饶恕的错误，并因此失去了一切——家庭、工作、房子，赤贫如洗一如乞丐。突如其来的变故引起了曼狄诺深切的忏悔和反思，他决心寻找支配人生命运的种种法则，并以此获取人生本应享有的成功、财富和幸福。

一次，奥格·曼狄诺到教堂向一位神父忏悔自己的经历，并表达了自己的决心。神父深受感动，给了他许多安慰。临别时，神父递给曼狄诺一部《圣经》和一张小纸条，并说道："孩子，你要寻找的答案都在里面。"回来后，曼狄诺激动地打开纸条，上面罗列着一些书名：《投资自我》（奥里森·马登）、《积极心态的力量》（罗曼·文森特·皮尔）、《自己拯救自己》（塞缪尔·斯迈尔斯）、《最伟大的力量》（马丁·科尔）、《从失败到成功的销售经验》（弗兰克·贝特格）、《唤起心中的巨人》（安东尼·罗宾斯）……曼狄诺如获至宝，他没有钱购买，便搜遍全城所有的图书馆，把这些书一一借来，每天在固定的时间反复阅读。渐渐地，他心中的迷雾消散了，信心、勇气和力量在他的血液里复苏。他坚信已找到了支配命运的法则，决定立即付诸行动。他曾在第一张羊皮卷中写道："今天，我开始新的生活。今天，我爬出满是失败创伤的老茧。今天，我要用全身心的爱面对世界……"在以后的时间里，曼狄诺从最简单、最底层的工作做起，一步步往上攀登。他做过卖报人、推销员、业务经理……他愈挫愈勇、百折不挠，以强有力的手扼住了命运的咽喉，终于在 35 岁时创办了自己的企业——《成功无止境》杂志社，实现了多年的梦想。

1968 年，44 岁的曼狄诺已功成名就，但他仍然珍藏着当年神父赠给他的那张纸条，正是这张纸条改变了他的命运。为了让更多的人掌握成功的秘诀，他决定将纸条上列出的书辑录成册，命名为《羊皮卷》公开出版。如今，《羊皮卷》已被译成几十种文字，在全世界广泛发行，产生了深远的影响，被誉为"全球成功人士的启示录"、"超越自我极限的奇书"，人们不分国界、不分地域、不分民族、不分肤色、不分性别、不分年龄、不分学历、不分贫富，都在读这部书，从中汲取信心和力量的养分 。毫无疑问，"羊皮卷"堪称人类成功史上最为璀璨的明星。

目录
Contents

第一卷

投资自我

[美] 奥里森·马登　著

·第一章·
说话是一门无与伦比的艺术

哈佛大学校长查尔斯·威廉·埃利奥特，在职期间曾经说过："在对一个淑女或绅士的毕生教育中，我认为只有一种智力开发是必要的，那便是精确而优雅地运用母语进行交流。"

几乎没有一种能力，能够比善于交流更能让我们给别人留下一个好印象，特别是那些并不完全了解我们的陌生人。

从不善言语到能说会道，乃至依靠出众的交际能力，自如地吸引听众的注意，从容地取悦他们，让他们听得津津有味、意兴盎然——这整个过程将是一次凭借自我奋斗脱颖而出的磨炼，一段通过努力获取巨大成功的历程。要知道，健谈不仅能使陌生人对你产生好的印象，在赢得友谊方面，也常常是一种不可忽视的力量。它将为你敲开一扇扇心灵之门，使你在各种各样的团体里面引起关注——在你不名一文时，这将助你迅速提高社会知名度，不断为你揽来客源；等你小有成就后，这还能为你跻身上流社会铺路筑桥，因为上流社会的人都崇尚艺术和情调。能说会道的人都深谙以有趣的方式叙述各类事件，他能够娴熟地驾驭语言，让语言变成一种艺术的交流，迅速激发听众的好奇心。与那些在其他能力相差无几、唯独口才略逊一筹的人相比，这类人显然拥有巨大的优势跻身上流社会。

懂得说话艺术的人，甚至比真正的艺术家，更容易得到众人的欣赏。所以，对于艺术家而言，先修好说话这门艺术，似乎必不可少。因为不论你在其他艺术领域的成就有多大，假如不能娴熟自如地运用自身的专业知识和经验与他人进行很好的交谈，那么又有多少人能真正懂得你艺术里表达的东西并真心欣赏你呢？

如果你是一位音乐家，不论你多么有天赋，或是耗费多少时间来完善自己的技艺，不论你付出多少心血，假如你不善于用语言艺术表达自己，那么终其一生，恐怕仍只有极其少数的人能欣赏到你的音乐。

或许你是一位杰出的歌手，曾周游世界却苦于没有展示才华的机会，甚至自身所学无人问津。那么，你有没有想过通过语言去表达自己，向世界推荐自己。不论你身在何地，处于何种社会，也不论你到达人生的哪一站，要得到别人的支持和理解，有一点终究是不变的：你得开口说话。

或许你是一名画家，多年来一直追随许多艺术大师，并刻苦作画无数。然而，除非你技艺超群，有能力在著名的艺术沙龙或画廊的墙壁之上展现自己的画作，供世人欣赏赞美，否则你的所有心血恐怕都将付诸东流。但是，倘若除作画之外，你还懂得交流的艺术，那么，每一个和你打过交道的人，都会看到一幅关于你的人生画卷。这幅作品，比你其他任何一幅画卷都重要，因为这是你自幼年学语时起至今仍在倾力绘制的巨作。任何一位欣赏过这幅作品的人都能判别出，作者究竟是一个只知信笔涂鸦的学徒，还是真的大师。

事实上，你也许已经拥有很多伟大成就，甚至拥有一所富丽堂皇的豪宅或是一笔巨额资产，而这些并不为人所知。但是，如能善于言辞，那么，你的才华和魅力将深深打动所有与你交往过的人。

健谈者永远都是社会的宠儿。每个人都希望邀请某某夫人参加自己举行的宴会，仅仅因为她擅长交际。她总是那么善于取悦大家。也许她有很多缺点，但人们仍然欣赏她的交际能力，这是因为：她是那么能说会道。

那么，怎样才能让自己变得能言善辩呢？

倘若哪位教育家能努力将交际变为一门课程，那么它将成为一件成功路上的开拓利器，威力无穷。你可以先听听一位在社交界获得成功的著名女政治家给自己门生的建议："多交谈，经常地交流。至于交谈些什么，并不重要，但你一定要保持心情愉快和放松。只要做到这一点，你谈及的任何话题都不至于使别人觉得尴尬和无聊，即便与你交谈的是一位渴望别人献殷勤的少女，也不会产生那样的感觉。"

确实，她的提议非常有道理也相当实用。多与人交谈，便是学习说话技巧的诀窍所在。对于那些不习惯社交场合、缺乏自信以及在社交场合中无法融入别人的交谈之中的人来说，这种办法无疑能帮助他们打开自我封闭的心门。

当然，任何缺乏思想的谈话，任何不愿尽力去尝试的谈话，任何不够清晰、简练、有效地自我表达，都将成为某种喋喋不休的胡扯瞎聊，充其量不过是寻常的街谈巷议。自然，这样的交谈完全无助于人们发现那些埋藏于心灵深处的美好事物。它们被掩藏得如此之深，一般的表面功夫岂能将它们发掘？

谈吐体现人的修养

成千上万的年轻人，一边对自己身边攀升更快的同伴眼红，一边却继续浪费着自己宝贵的晚上和节假日。平时，他们什么都不会说，除了那些最轻浮、最浅薄、最空洞的言语——这些愚蠢话语，非但不能提升他们的幽默感，相反，只会打击他们的理想、消磨他们的意志，使他们对美好生活的各种憧憬化为泡影。这是因为，这样平庸的谈话只会让他们日渐习惯于各种肤浅而毫无意义的思考。令人遗憾的是，在大街上、在公车上、在其他任何公共场合，随处可闻这些轻率无礼的粗鲁言语。

"我敢和你打赌。""你吹什么牛？""我可不知道！""我讨厌那个人，他让我很难受。""这简直让人不能忍受。"诸如此类的话语，平日里不绝于耳。

人如其言，说话比什么都更能直观地反映出你的教养。你的一言一语时刻都在向他人透露自己的修养究竟是高雅还是粗俗。与人交谈时，不管是否愿意，你的人生经历将为听众所知悉。你的一切秘密将因谈话的内容和方式而泄漏，一个真实的你在言语间一览无余。

没有其他的成就或造诣能和格调高雅的畅谈一样，经常而有效地为你的朋友带来如此大的快乐。毫无疑问，语言天赋相比那些为多数人所掌握的其他才艺，的确是一项更加重要的技能。

为什么我们大多数人在谈话时表现笨拙？因为我们没有将说话视作一门艺术。我们对费尽心血地去训练说话技巧，感到不耐烦。我们不爱读书，也怠于思考，表达时多半缺乏条理。我们在潜意识中认为：比起每次发言前先考虑如何用文雅、从容和抑扬顿挫的语音语调交谈来，随意地交谈，显然要轻松得多。所以，我们总是漫不经心地说着母语。

此外，言辞笨拙者往往喜欢寻找各种理由为自己的懒惰开脱，好让他们不用为自己的弱点羞愧和内疚。而他们的借口无非是"语言能力怎么能靠后天努力而提高"，或者"健谈者都天生好口才"之类。果真如此的话，那么是不是那些金牌律师、一流医师、成功商人都天生拥有好口才。但事实上，这些成功人士之中，并没有谁能够不经刻苦勤勉而有所作为。取得任何伟大成就所必须付出的代价，那便是花费时间和精力去努力。

一旦拥有好口才，我们将向成功靠近一步。很多人都喜欢把自己取得的进步和成绩更多地归因于善于交谈的能力。这种在交流时牢牢抓住对方注意力的技能，具有无穷的威力。相反，那些笨嘴笨舌、吐词不清的人虽然心里明白自己要表达些什么，却总是无法用一种合乎逻辑、生动有趣的语言清晰地加以表述，从而难以吸引对方的注意力。如此一来，他们注定要处于劣势。

我认识一个生意人。他在语言艺术上的造诣已经达到相当高超的境界，人们纷纷把同他交谈看作是艺术盛宴，是美的享受。在他的言语之间永远有一种清澈而明快的美在流动看。他的话措辞精美、字字珠玑、品位雅致，让人一听便知是经过仔细斟酌的。这种语言的魅力，足以让每个听众都为之倾倒。他一生的所有闲暇几乎都用在阅读优美的散文和诗歌上，完全将谈话当作一门高雅的艺术，勤加修习。也许你认为自己太贫穷卑微，抱怨生活中缺少机遇；也许残酷的生活让你饱受折磨，心灵不断在希望和失望间徘徊；也许，为了维持全家人的生活，你不能到学校接受正规教育，更不敢奢望能有机会修习音乐等艺术。但这些都不至于阻碍你成为一位深受听众欢迎的健谈者，因为只要有心，你说每一句话的时候都是一次练习表达的最好机会。每一本你读过的书、每个与你交往的健谈者，也都会对你的练习有所帮助。

关于应该怎样表达这种问题，很少有人思考过。在交谈时，他们习惯于不假思索：脑海中最先浮现的那些词句总是脱口而出，几乎从不考虑遣词造句，更不用说酝酿一些简明动听、清晰有力的句子了。

与人交流有时候要看机遇，当我们遇到真正的语言大师，我们会发现交流就像是享用一顿盛宴或参与一场狂欢。这时候，想到自己竟将人类赖以相互沟通的媒介——语言——这门"艺术中的艺术"弄得一团糟，我们便不禁惭愧万分。与语言大师的相遇，让我们从这种沉醉中醒来，为自己昔日粗鄙而拙劣的言辞感到既困惑又尴尬。也正是这些语言大师，让我们领略到：相对其他艺术来说，语言的价值是无与伦比的。

我曾经到温德尔·菲利普位于波士顿的府邸做客。他具有令人神魂颠倒的人格魅力和渊博而深邃的学识，也懂得登峰造极的语言艺术——他的嗓音富有韵律，他的言语充满流动的魅力，他的措辞明亮而清晰。这一切都令我难以忘怀。他在我旁边的沙发上坐下来和我亲切交谈，像遇到一个多年的老校友一般。我生平从没有听过如此优雅的英语，从他口中吐出的每个单词、每个句子都是那么自然！我后来还遇到过几位英国人，他们的字里行间也透露出一种神奇的力量，仿佛他们的言语中都有一个魂灵，能够对周围的所有倾听者施以魔法，使他们陶醉。玛丽·埃·利物摩尔、朱莉娅·沃德·豪和伊丽莎白·斯图亚特、费尔普斯·沃德，以及前哈佛校长埃利奥特等人都拥有这种令人惊叹的语言魅力。

当然，这里的语言魅力并不是指仅仅拥有漂亮的措辞。真正让人愉快的谈话，还是要看谈话的内容和思想。有内涵的谈话才是耐人寻味且富有意义的。我们都认识一些人，他们能运用精致优雅的语言和流利顺畅的措辞进行表达。这些人谈话时总是字字珠玑，使我们产生较深的初始印象。但他们的技艺不过如此而已。他们言语的内涵不足，不能用在形式之外进一步打动我们，也无法激励我们行动起来。在听过他们谈话之后，我们还和以前一样，并没有产生要在这个世界上有所作为的决心。这样的谈话，是缺乏意义的。相反，真正懂得谈话和交流的人，他们虽然话语寥寥，但字字沉重有力。这些话语不断刺激我们的头脑，让我们有醍醐灌顶的感觉，仿佛浑身充满了无穷的力量。

学习演讲，推销自己的最好方式

曾几何时，语言的艺术已达到一个远远高出当代的水平。那时候，人们除了演讲，几乎没有别的方式来交流彼此的思想。当时的社会既没有发行量巨大的日报或杂志，也没有任何形式的期刊。人们只能依赖口头的交谈来传播各种知识。

而今天，现代文明环境下的变革导致了今日语言艺术的衰落。人类陆续勘测到珍贵矿床中蕴藏的巨大财富，并利用无数的发明和发现敲开了一扇通往新世界的大门，还有种种伟大抱负所产生的巨大推动力——所有这些都在潜移默化地改变着我们的语言。在如今这个报纸和期刊大行其道的年代，当所有人只需花上几个美分便可收集过去需要数千美元才能得到的新闻和信息时，人们要做的只是坐下来，埋头于一张晨报、一本书或是一份杂志中，不再需要和从前一样，通过口头交谈进行信息的交流；在这个"闪电般表达"的时代里，在这些热火朝天的年代中，当所有人都热衷于攫取财富和争夺权位时，我们已经无法停下手中忙碌的工作，我们没有时间作出深刻的反思，更没有闲心提高我们的语言能力。

如今，想发现一个优雅而有教养的健谈之人已经非常困难。甚至，能听到有人用当年华美的措辞说几句高雅精致的英语，都已是一种奢侈。

当然，如果我们愿意，在当今的社会要提高自己的语言能力，其实有更多的途径。随着印刷成本日渐低廉，最贫穷的家庭也只需花上数美元便可获得中世纪时土公贵族们才能负担得起的读物，而这对于我们提高自己的语言修养是一个好消息，尤其对穷人们来说。阅读好书，不仅能开阔眼界和传播全新的理念，更能增加一个人的词汇量——这对于提高交际能力能起到极大的辅助作用。如果词汇量贫乏，就算拥有不错的想法和主见，也很难将其明确地表述出来。因为缺乏足够的辞藻来修饰自己的想法，自然无法使其变得更具吸引力。最后谈话只能变成不断地重复表达，不断地在原地绕圈圈。每当他们想用一个特别的词汇来确切地表达某个意思时，总是感到词穷，就算绞尽脑汁、搜索枯肠，到头来仍然一无所获。

所以，如果你渴望成为一个善于交谈的人，首先必须乐于并善于阅读。在阅读中，不断拓展自己的视野、增加自己的词汇量。如此一来，便能让自己语言更有内涵、也更漂亮。与此同时，尽力跻身于那些接受过良好教育的、有修养的上流人士的社交圈，也是一种不错的方法。如果你总是故步自封，和这些群体相隔离，那么，即便你顺利地从大学毕业，恐怕也永远不能成为一个健谈者。

当然，语言能力的提升，并不仅仅只是靠增加阅读量和扩大社交圈就可以实现的。语言的提升是一个不断训练的过程，而这个过程需要毅力，更需要勇气。我们都对那些胆小羞怯的人抱以同情。当他们试图表达些什么而不能言语时，他们总是表现出沉闷的思绪和可怕的压抑情感。怯懦的青年学生在为演讲作准备时，往往会深刻地体会到这种心理上的煎熬。事实上，即使是伟大的演说家，他们在初次登台发表公众演讲时都曾有过类似的经历，并且大多对自己大量的失误和笨嘴笨舌深感羞耻。然而，要成为一个演说家或一个健谈者，只能不断练习简洁、文雅地表达，除此之外，并无其他捷径。

当我们在表达时，或许会发现自己的想法转瞬即逝，或许会发现自己因为结结巴巴而词不达意，但不要因此放弃。要相信，即便接连遭遇失败，只要能坚持下来，那么，付出的每一分努力都会改善自己的谈吐方式，使其变得越发流畅。不论是谁，只要能坚持不断地练习，便会以出人意料的速度克服天赋的不足，改变羞涩的个性，最终渐入佳境，娓娓道来，谈吐从容。

我们经常看到形形色色的身处困境的人们，比如很多饱识之士在公众聚会上总是沉默寡言。每当大家一起讨论一些重大问题时，他们总是静静地坐在那里，始终保持沉默。而实际上，他们远比那些借如簧巧舌获得大家追捧的人要见多识广。

为什么这些能力超群、学识渊博的人在公众场合中总是沉默寡言？原因很简单：他们并未掌握语言的艺术，不会将内心的想法以一种生动有趣的方式加以表达。相反，另一些人虽然不如他们聪明，却能很好地吸引在场人士的注意。这是因为他们尽管才学不高，却能够生动地表述自己知晓的事情。倘若这些有识之士碰巧在上述场合遇到熟人，会感到非常耻辱和尴尬。因为在那样的场合，他们竟然一言不发，不对其中某个话题发表任何睿智的意见。

很多人——特别是那些学者们——似乎都认为尽可能多地获得有价值的信息以武装自己的头脑才是生命的真谛。当然不断武装自己的大脑，让自己更有才华和能力，是很重要的。但是，适当地展现自己这些能力，也是必要的。尤其应该以一种引人注目的方式予以表达，进而得到整个社会的认可、欣赏和信赖。这就像一颗外表粗糙的钻石，不管它多么有价值，都不重要。在被打磨、抛光以前，在光线射入其内部，发出多年来一直隐藏的夺目光辉以前，没有人会赞赏它的精美绝伦。谈吐之于个人，就好比切割、抛光的加工过程之于这颗钻石一般，打磨和雕琢本身不能给钻石增添任何价值，却可以彰显出钻石的内涵。

所以，学会用一种沁人心脾的方式与人交流，这样才能更好地展示自己的学识，也能够从交谈中更广泛地汲取知识。也许我们是一位卓有成就的学者，有着极高的学术造诣，通晓历史和政治；也许我们在科学、文学、艺术等领域闻名遐迩，但是，如果我们只是独享自己的才识而不与人交流，那么我们终究无法登堂入室，也无法百尺竿头更进一步。

可怜天下父母，有多少人费尽心思地培养孩子各项思维能力、艺术才华，却唯独对提高孩子说话这门绝妙艺术忽略或漠视。比如，很多家长忽视孩子对母语的学习，或者听任孩子肆意糟蹋英语。这种做法实在是令人担忧！

坚持优雅、睿智和生动地聊天，比其他任何方式都更能锤炼孩子的心智和性格。坚持用清晰的语言和明快的风格表达自己的想法是非常好的训练。虽然能言善辩的人受的教育不一定很高，但在我们眼中，他们都是如此优秀。面对这些一直努力修炼语言的人，许多大学毕业生总是抬不起头来，只能沉默不语，面有羞色。

学校的教育不过是在数年的时间里，每天花费几个小时来教育和培养学生。然而，说话却是一门终生的学问，需要毕生坚持锻炼，才能在这门学科的修习中获得终身教育最有价值的那部分。

其实，说话的过程，不仅仅可以向他人展现自己的才华，还能启发我们发现自己的各种潜力。语言具有启迪思维的惊人功效。我们在说话的过程中可以意识到人生中尚未开启的各种机遇和资源。如果我们善于交谈，擅长取悦别人，牢牢地吸引住他人的注意力，我们便会更多地反思我们自己。这种反思的力量将大大提高我们的自尊和自信。

没人会知道自己到底拥有多大的潜能。只有在全身心投入到向别人表达自我、展示自我之后，整个人的灵感才豁然开朗，变得才华横溢起来。每个健谈的人都能从听众身上感受到自己之前不曾领略的力量，而这股力量往往能激起新的灵感，让人发现生命中新的契机，并抖擞精神，全力以赴。仿佛化学反应之中两种物质化合产生新物质一般，在人与人的交流中，思维的碰撞和心灵的沟通都能催生新的力量。

当然，人与人的交流，并不是一味地宣传鼓吹自己。若想成为受欢迎的发言者，首先应学会做一个有耐心的听众。这意味着一个人必须首先学会自我控制，善于接受他人的观点。有时候，缺乏耐心去倾听，比自己谈吐笨拙更糟糕。我们无法静下心来，无法兴致勃勃地陶醉在演讲者带来的故事或新闻之中。相反，我们总是因为对讲话的人缺乏尊敬而无法保持安静，四处张望，用手指在椅子或桌子上不停地叩击，将怀表盖弄得噼啪作响；我们坐立不安，仿佛无聊之至，急于离场，甚至在别人结束发言之前便打断其讲话。事实上，我们总是急功近利，以至于除了抓紧时间争夺权势和金钱之外，我们内心已经失去其他期盼的东西。生活永远处于一种狂热和不安分的状态之中，培养言谈的风度和文雅的措辞在我们心里只是一个不现实的梦想。"我们太紧张太认真，名言警句和巧言善辩的才学我们可学不来，再说也没有工夫。"

·第二章·

个人魅力源自良好性格

布莱恩、林肯、罗斯福……这些伟大的名字足以博取人们最为激情高涨的欢呼，正是这些人身上拥有的这种难以形容的非凡品质，当我们在听到这些如雷贯耳的名字时，才会如此疯狂和痴迷。正是这种伟大而高贵的气质，使得克雷成为他的选民心中的偶像。也许有人认为卡尔霍恩更伟大，但他却不能像克雷那样，将民众"沼泽中的磨坊学徒"般的热情唤起。或许韦伯斯特和萨姆纳更为杰出，但他们也无法像布莱恩和克雷那样，把民众心中的烈火点燃。

一个历史学家曾这样说道："要评估科苏特对人民的影响，我们首先得测量出这位演说家的身材，然后再将测量的皮尺向上延伸，直到测出他的魅力。"如果我们的直觉足够精密，我们的眼力足够敏锐，我们不但可以测量出一个人的魅力，还能对其同学、朋友的前途作出更准确的预测。对于他们所取得的成就，我们几乎从来没有把他们的个人气质和魅力作为一个原因来考虑，我们总是想当然地认为，那只是因为他们的能力超群。而事实上，这种个人的气质在他们的成功路上起着不可或缺的作用，甚至比智力和教育的作用更重要，这种气质能直接影响到一个人的进步和成就。回顾我们的经历，总有这样的一类人，他们或许才智平庸，却能凭着高雅的气质和潇洒的风度很快超越他人——那些远比他们更聪明、更有天赋的人。

对于个人气质的影响力，我们不妨做个形象的比喻：有的演说家发表演讲时，铿锵有力的语言能像旋风一样托载起在座的每位听众，然而等到他的演说集出版，竟很少有读者再为之感动。因为演说集只有冷冰冰的文字，缺少了他现场演讲时的个人情感。这类演讲者的影响力，完全是依靠他们的个人气质。

个人魅力是一种神奇的天赋，它可以改变最强硬的性格，甚至可以掌握一个民族的命运。

拥有这种个人魅力的人是相当幸运的。我们总是不经意间受到那些拥有这种神奇力量的人的影响。每当他们出现的那一刻，我们仿佛见到了伟人。他们开阔了我们的视野；他们让我们感到浑身充满无穷的力量；他们打开我们心中那把未曾打开的希望之锁；他们让长期以来压在我们心中的那块石头终于落地，令我们体会到一种从未有过的坦然。

不仅如此，这种人身上的魅力，让我们不自觉地想和他们亲近，不自觉地敞开心扉。当我们和这些人交流时，即使只是初次会面，我们也会为自己的变化感到吃惊。我们的语言比以前任何时候都要更清晰、更生动，忽然之间，我们便能说会道了。他们让我们看到了一个更伟大更完美的自我。他们能让我们展现自己最好的一面。在他们身边，仿佛转瞬之间，我们的人生变得更加高尚和有意义起来，我们心中充满空前强大的动力和渴望。也许不久之前我们心中还满是忧伤与气馁，但他们身上散发出的人格魅力像闪电一样照进我们的人生，照亮我们那些潜藏已久的才能，我们的悲伤和绝望便一扫而空，取而代之以欢乐和希望。至少在那一刻，我们有脱胎换骨的感觉。先前那种缺乏目的和追求的生活，那种死气沉沉的平庸生活，已经消逝在我们的视野中。从此，我们下定决心，将被激起的潜力，将满腔的热忱，重新投入到新的人生目标的追求之中。

和这些人的接触和交流，即使只是片刻，我们在心智和灵魂上的力量也会获得大幅提升，就像当一台发电机变为两台时，电线中的电流强度翻倍一样。他们身上散发的魅力是那么吸引人，令我们流连忘返，生怕一离开就会失去心中那股新生的力量。

相反，有时候，我们也会遇到截然不同的另一类人。与他们交往，让我们的热情消退，让我们的生命枯萎，让我们将自己锁在自己那个小圈子里面。每当他们靠近时，我们便感到一阵寒意，即使身处仲夏的季节，也仿佛遭受凄厉的北风的袭击。一种枯萎而吝啬的感觉，一种仿佛能在瞬间使我们变得弱小的感觉，迅速席卷我们的心灵。我们将明显地感到身上的气力和心中的希望正逐渐丧失。只要这些人在场，我们的脸上就不可能出现笑容，就像在出席葬礼时不可能开怀大笑一般。只要他们在场，我们便会觉得浑身不自在。我们身上的一切激情，都在他们阴郁恶毒的气质的笼罩下转瞬冷却。好比眼前明媚的阳光被一大片乌云迅速遮住一样，他们的阴影笼罩在我们头顶，让我们眼前一片茫然，心中充满莫名其妙的不安。

这些人对我们的事业和前途漠不关心，说得更严重点儿，与这样的人交流，甚至会危及我们的信念和理想。他们的出现，只会令我们的情感变得麻木，徒增消极厌世的情绪。当他们接近我们时，我们的目光和志向会在无形中变得短浅而粗鄙，人生的热忱和激情也将为之褪色。我们只能依靠自我激励来坚决捍卫心中的希望和雄心。

如果我们对这两种性格进行比较，便不难发现其间的主要区别：后者待人冷漠，缺乏同情心；而前者心地善良，宽以待人。当然，那样的一种翩翩风度，那样强烈的人格魅力，主要还是与生俱来，它能让在场的每个人都为之倾心。但是，我们也不能否认后天的努力和修炼，可以成就那样迷人的魅力。那些能坚持大公无私和舍己为人的人，其实很多都是始终坚持行善积德的人。他们将鼓励和帮助别人看作一大乐事，并借此来提升自身的修养和魅力。这种人，无论走到哪里，即使谈吐举止没有大家想象的那么优美文雅，也仍然能给身边的人带来积极的影响，受到大众的欢迎与拥护。每个与他们接触过的人都会为他们的言行而感动，进而激励自己不断向上。而大众也会将信赖和爱戴作为回报，献给这些伟大的人。其实，只要努力，我们每个人都能靠后天的修行培养出这种高尚的人格。

对于每个人身上都具有的这种无法捉摸、难以言状的神秘气质，我们通常称之为个性或人格。一般而言，相比那些可以衡量大小或评判优劣的能力和品质来，它的威力要更大。

造物主赋予许多女性这种完全与美丽外表无关的、充满吸引力的气质。而且，往往在那些相貌平常的女性身上，这种气质会有更多的体现。众所周知，在过去的法国，在沙龙上起引领作用的，是那些气质高贵的女士，而不是一国之君。

在社交集会场合，当人们的交谈变得拖拉冗赘、大家逐渐了无兴趣的时候，如若突然有位聪慧过人又富于魅力的女士出场，那么，整个沉闷的局面会被立即打破。在场的每个人都会被她吸引，并将与她攀谈视为无上的荣耀。而这个女人未必相貌出众，只是她有不凡的气质。

不过，拥有这种气质的很多女人并不大清楚这种气质的来龙去脉。她们只是知道自己拥有这种品质，却既不清楚它从何而来，也不懂得如何描述。虽然和诗歌、音乐、艺术等等的天赋一样，一个人的气质总是与生俱来，但仍然能通过后天的修炼获得提升。

其实，大多数具有磁性的人格魅力，都是源于优雅而精致的风度，以及机智而得体的举止。除此，自身良好的判断力和丰富的常识也是必不可少的。最后，也不要忘记努力培养高雅的品位。如果你的品位和别人的大相径庭，那么，想要不伤害到他人的感受，几乎是不可能的。

培养优雅风度，提升成功概率

人的一生中可以进行几笔巨额投资，其中之一便是成就优雅的风度、高尚的举止、施惠于人的艺术和慷慨大方的情感。这笔投资的收益绝对比金钱投资所得的回报要大得多，所有的大门都会对具有这些性格的人打开，因为他们拥有使人开朗快乐的能力。无论身在何处，他们都将是炙手可热的叱咤红人，绝不只是受人欢迎而已。

不论何时都尽力与人方便，是很可贵的品格，也将帮助年轻人实现人生中的升迁或发迹。林肯的成功也要归功于这样的品质：无论什么样的场合，他总是那么的平易近人、和蔼可亲，那么的古道热肠、乐于助人。他的法律合伙人赫恩登先生曾说过："每当拉特利奈客栈客满时，林肯总会将自己的床位让给旅客，而自己却跑到店铺里，拿一卷花布当枕头，在柜台上将就着过上一宿。"渐渐地，无论大家遇到什么麻烦，都乐意去找林肯帮忙。也因此，林肯的名声越来越大，并深受人民的拥戴。

对别人有求必应、尽力相助，这需要一种宽广的胸怀和高尚的风度。而一旦拥有这种胸怀和风度，那将是一笔巨额的资产。试问普天之下，还有什么能比这种永远受人爱戴和尊敬的人格魅力更可贵的呢？人们总会看中这种品质，各行各业皆是如此：它能给政治家带来政绩；给内科医生带来病人；给律师带来案源。不论你将来进入哪一行业，想要受人欢迎，那么务必要培养这种品质。它能影响乃至取代资本的地位，其作用往往胜过大量艰辛劳动。所以，对它作出再高程度的重视也不算过分。

有些人天生具有吸引生意、顾客的能力，正如磁石天然具有吸引铁屑的力量一样。一切事物似乎都顺着他们，就好像铁屑由于受到吸引而纷纷指向磁铁一样。

这类人在生意场上，总是能够事半功倍，财源滚滚。他们似乎不费吹灰之力便取得了事业上的成功。朋友们都把他们的成功归因于好运气。但是，如果我们仔细地分析他们的发迹史，便会发现：他们身上那种磁石一般的吸引力，才是他们成功的最关键原因。他们是靠自己独特的人格魅力，赢得了所有人的心。

如果对自己的成功史进行一番总结，许多人都会惊讶地发现，很多时候，是自己长期养成的谦恭有礼和其他受人欢迎的品质，为自己赢得成功。如果没有这些品质，那么，即使拥有再高的学识智慧，接受再好的职业训练，也不足以给他们带来如此巨大的成功。这是因为，如果一个人令人生厌、举止粗鲁、言词无礼，他在职场上便常常受到客户的质疑和猜忌，更不用谈赢得别人的认可和支持了，合作成功也就无从谈起。

相反，那些温文尔雅的人身上永远散发着一种独特的魅力，这使得他们总是受人欢迎，很少遭人拒绝。不论你有多么忙碌，多么焦虑不安，也不论你多么厌恶被打扰，他们的魅力总能得到你的偏袒。不知何故，面对这些拥有令人愉悦个性的人，你总是无法硬起心肠。

这种人在与人初次交往时能给他人留下极好的印象，在与新客户接触时像熟知多年的故交，在获得他人认可和好感的同时，都极少冒犯别人的品位或是引起任何偏见。一旦具有了这种能力，巨大的成就、高额的薪资和好运气便会自然而然地来临。每个人都希望自己拥有这样的一种能力。那么怎么做呢？

培养一个好的名声，对此将是十分有意义的。它可以令你的心智迅速成熟，可以塑造你的个性，可以大大提升成功的概率。不仅如此，好名声还将让你广结朋友，也将大大有助于你未来的成功。即使在银行倒闭、恐慌来临、生意萧条的日子里，有可以和你共患难、默默支持你的朋友，这也将是一笔无价资本，足以令你重整旗鼓，东山再起。

那么，怎样拥有好的名声，怎样才会受人欢迎？首先，需要学会慷慨无私，学会控制自己的脾气，做到待人彬彬有礼、和蔼可亲、温文尔雅。其实，在你试着变得谦恭和尊重他人的过程中，你便已经迈上了通往成功和幸福的捷径。

其次，保持热情和快乐的个性，也是赢得别人欢迎的一大秘诀。因为充满活力的人，看上去总是更具有吸引力。如果你的身上散发出可爱与希望的光芒，那么，人们便会乐于与你为伍。毕竟，我们每个人都在找寻阳光，远离阴暗。相反，面对总是愁眉苦脸的人，人们只会皱起眉头避而远之。所以，在与人见面时，在与人握手时，在和人交谈时，请时刻保持微笑，那会让你看上去更明媚、更阳光、更具魅力。

人们总是被那些讨人喜爱的品质所打动，而对各种令人生厌的个性避而远之。成就受人欢迎的好品行有其内在的法则：彬彬有礼之人总能取悦他人，而粗俗野蛮者只会遭人反感。对于那些不辞辛劳提供帮助的人，我们往往心生好感。他们的乐善好施和同情心总能让我们感到欣慰。

所以，请认真修习这些为人处世的艺术。它能够使你的心怀更宽广，让你变得更有同情心，让你更好地表现自我。在所有生来就有的权利之中，恐怕没有什么比天生便具有极高的人格魅力更令人欣喜的了。

如果在家庭或学校的教育中忽略了这些，将会是很不幸的事情。因为，在很大程度上，我们的成功和幸福都有赖于它们。也许我们的知识面很广阔，但是，如果我们不能同时展现出我们的慷慨大方、富有同情心，而只是展示给别人尖酸刻薄。那么，我们可能连那些尚未开化的粗野之人都不如。我们的人生终将在狭隘和沉默中平庸度过。

很多人之所以备受大家欢迎，是因为他们竭尽全力训练优雅的风度和提高个人素质。有些人天性不善交际，但如若常常出入社交场合，在这些方面多加努力，假以时日，他们一样能够创造奇迹。

通过社交向他人学习

当我们与那些极富人格魅力的人交往时，我们内心深藏的、不为我们所知的力量，会被他们的强烈个性唤起。试问当一个人多次感受到这样的一股伟力时，当他的才华和能力获得磨砺，变得锋芒毕露时，对他来说，还有什么事情是无法实现的呢？那些演说家在听众面前展现出的强大能力，其实也是从听众身上汲取而来的。但他们永远无法做到像化学家在实验室里那样，使用数个烧瓶从化学物质中提取出所有的能量。只有通过交流和化合反应，新的创造和力量才能获得发展。

很少有人意识到，那些与我们一同工作的人，对于我们的成长和成功起着何等重要的作用。一个优秀的伙伴，将激励我们尽情施展我们的才华，将让我们的人生迸发出希望的光芒，并在精神上支持和鼓舞我们不断奋进。

我们总是高估了从书本上获得的知识和技能。书本上的知识固然可贵，但源自心灵间的交流的另一类知识则更是无价之宝。事实上，大学教育的主要价值，在于学生之间的相互交流、相互鼓励；在于一帮志同道合的年轻人的互相帮助和互相支持。在相互间思维火花的碰撞之中，他们的才华和潜能被不断发掘出来；在相互的竞争中，他们从此树立起更远大的理想。与此同时，一扇扇希望之窗就这样被打开，他们的未来也由此充满无限的可能。

两个志同道合的人也经常会在彼此身上发现自己以前从未发现的力量。这就像两种没有任何相似点的物质在发生化合作用后能生成第三种更强大的物质。许多作者将自己最得意的著作或是最经典的言语归功于自己的朋友，因为是他们激起自己沉睡的潜力。艺术家大多有过这样的经历：在某个人的鼓励下，或是从某位大师的作品的启发下，他们突然获得了灵感，心灵为之触动，激发出一股追求永恒的力量。

当一个人拥有志趣相投的好友时，他的人生便宛如开始了一场发现之旅，从此以后，随着和朋友们的交往不断深入，他将不断从他们身上获得启迪或激励，从而找到多年来一直潜藏于自己心中的新大陆。这是因为旁观者清，我们所遇到的每个人都会或多或少看到我们身上的一些本性，这很可能是我们自己看不到的。透过朋友这面镜子，我们将能够更客观地认识自己、发现自己。从而更快地找出我们的缺点和不足，及早地自我完善和自我提升，在丰富自己人生阅历的同时，踏上成功之路。

一旦我们懂得从别人身上反观自己、从别人的经历中学习经验，那么，我们将收获更多惊喜，你会为此惊叹不已。

一个人如果能抓住机遇打动社会各个阶层的人士，他便可以变得更成熟；一个人如果能够在志同道合者身上学到一些东西，他将更快地成为该领域的专家。所以，不要错过和我们同类型的人，特别是和那些社会地位高于我们的人打交道的机会。因为他们身上总有很多值得学习的东西可以帮助我们迅速提升自我，让我们变得更有魅力、更有风度。

每当与人交往时，如果你能将他视为一座宝藏，并且认为这座宝藏可以丰富你的人生、开阔你的眼界、使你成为一个真正意义上的"人";如果你打算将社会视为一所完善自我、培养优秀的交际素质、开发自己因疏于联系而休眠已久的脑力的一所学校,那么,你会发现,原来社会既不是你想象的那般厌烦和无聊,也并非毫无益处。从此你就不会再认为自己每次在客厅陪客人是在虚度光阴。

培养坦率热情的性格

无论年轻还是年老,坦诚与率真都是最令人欣喜的性格。那些具有开朗而直率的性格,不会想方设法掩饰自己弱点和错误的人,总是受欢迎的。凭借自己的坦率和单纯,他们将激发别人以同样的方式为人处世;因为心胸宽阔、慷慨大度,他们总能够激起人们的爱慕和自信。

坦率热情具有吸引他人的力量,与之相反,行事隐匿只会惹人厌恶。当一个人倾向于掩饰自己时,往往会招致怀疑和不信任。这一类人总是沉默寡言、城府极深,和他们相处就像在深夜乘坐一辆公共马车旅行一般,虽然在出发时一切顺利,可是总感觉前方潜藏着某种隐患。与那些拥有率直的阳光个性的人相比,我们始终无法对他们抱以充分信赖。出于对这些未知的危险的不安,我们往往显得十分不自在。这类人也许并没有可以怀疑的地方,也不一定像我们想的那样阴险,相反他们最后可能对我们也足够真诚和率直,但是我们仍然不能确定,更不敢相信他们。在我们眼中,他一直是一个谜,因为现实中他总爱戴上一张面具,他努力隐藏自己的每一处缺点。如果他一直控制自己,掩饰下去,我们便永远无法看到他的真实面目。不论他多么彬彬有礼,多么和善殷勤,我们就是无法消除心中的成见。相反,我们只会更强烈地怀疑他斯文的举止背后会藏有某种不可告人的动机。

相比之下,那些开诚布公、心怀宽广的人又是多么的不同!他们总是能够真诚地承认自己的过错并加以改正。他们的个性中有些不好的地方,也总是能被看到,而我们也乐意为这些白玉微瑕留点儿余地。他们的心灵健康而真诚,心胸广阔而积极。他们那么迅速地赢得了我们的信任,而我们又是那么深爱着他们,原谅他们的失误或缺点。因为坦率而单纯——这两种他们身上所特有的品质,将大大有益于他们成长为最高尚的一类人。

·第三章·

投资社交：帮你完成很多金钱不能完成的事情

切斯特菲尔德君主认为，令人愉快的技巧既是最优秀的天赋，又是一种极强的社交能力。倘若你想受人欢迎，就得让别人对你感兴趣。最重要的是，你必须是个有趣的人。如果你个性木讷、生活乏味，那么别人不仅不会对你感兴趣，甚至可能避开你。相反，如果你乐观积极，和善可亲而且乐于助人，并且你能一直保持这种积极的处世态度，人们自然都乐于和你交往，而不是试图回避你。毋庸置疑，你会变得越来越受人欢迎。

不仅要让别人对你感兴趣，你也要让别人觉察到你对他们很感兴趣，这是吸引人的最好方式。切不可抱着有所图的想法去做这件事情，而是要真正感兴趣，否则你的诡计很快就会被发现。如果一个人总希望他人以自己为中心，对自己的事感兴趣，只知道一味谈论自己和自己的成就，人们会渐渐对其敬而远之。换言之，这种人并没能做到取悦他人。

此外，学会宽容和欣赏别人，也是受人欢迎的一种好方法。如果你总是趾高气扬，对别人的所作所为吹毛求疵的话，那么毫无疑问，你在人群中一定不会受欢迎。

或许有人会认为，这些社交礼仪的繁文缛节太做作。他们也认为，如果一个人内心真诚，又有男子汉气概，并且能够实事求是，那么不管他的外表是多么的笨拙和粗鄙，他都会受人欢迎。

某种程度上而言，这种观点非常正确。但是，假如把一个人比作一颗钻石，确实，天然钻石也是真正的钻石。可是在经过精雕细琢之前，即使它价值连城，又有多少人愿意佩戴它，又有多少人能够欣赏它？对大多数非专业人士来讲，他们甚至不能将这颗钻石与普通的鹅卵石分辨开来。钻石的价值和美丽取决于耀眼华美的切面，而只有经过切割和加工，它们的光泽才有可能展现在世人面前。

由此可见：也许一个人身上有很多闪光点，但是当粗鲁笨拙的形象掩盖了这些优点时，那么，纵使他有再高的内在价值，也难以被别人发现和认可。除了那些少之又少的、独具慧眼的"伯乐"之外，几乎没有人能发现他的这些潜质。所以，对于具有"天然钻石"般素质的人而言，教育和社交上的学习与训练，就像是一系列精雕细琢的钻石加工过程。倘若他能吸取文化中的精髓，学会举止文雅，努力培养自己的人格魅力，那么，他的个人价值将会大大提升。

吸引力

想要改变对他人的第一印象，这是难度极大的一件事。在和别人初次见面时，对方的形象在我们的脑海中在不时地变化着。我们密切地关注着对方的优点和缺点。我们不自觉地观察着对方的一言一行，并且在潜意识中按自己的标准对其作出评判。每一言、每一行、每个礼节甚至每一个声调，对所有这些信息，我们的大脑都飞速地接收、分析、得出结论。我们不仅会很快地对他人作出评价，而且会在日后对这些评价固执己见，因而，想要完全改变对一个人的初次印象，几乎是不可能的。

粗枝大叶、举止粗鲁的人，通常得花费极大的代价来改变别人对于自己的糟糕印象。他们一次次地解释和道歉，但收效甚微。因为，他们留给别人的第一印象已经根深蒂固。相比之下，这些道歉和解释的力量是那么微不足道，完全撼动不了别人已经形成的"偏见"。因此，给人留下一个良好的第一印象至关重要，尤其对于渴望得到他人赏识的年轻人。如果与人初次交往时，总是留下不良的印象，无法取得别人的信任，自身价值也会被贬低，这恐怕将成为一个人成功的巨大障碍。相反，如果向他人展示压倒一切的大丈夫气概，如果能突出正直与高尚这些品质，那么你会给人留下良好的第一印象，并赢得他人的信任，对于自身日后的发展将有不小的作用。

有这么一种人，在社交聚会中，极少有人愿意和他交往，甚至对他避而远之。他发现身边那些能力不如自己的人却广受欢迎，而自己总是无法融入社交圈中。

当大家都在谈笑风生时，他却独自在一旁沉默无语，即便偶尔有一次他吸引了大家的眼球，那也是由于某种外部原因。好景不长，很快他又回到一个人的世界中。无论在哪种场合，他都极少受到邀请。虽然他才华过人，工作努力，但心情始终不能快乐起来。也许，连他自己都不明白为什么会如此不受欢迎。

其实，原因很可能只有一个：自私是让他不被接纳的罪魁祸首。他只会为自己打算，却不肯花心思去关注别人，每次和别人交谈，他的话题从来都不会离开自己。对整个社会来说，他就像一根"冰柱"，既不能给人以温暖，也不具有吸引力。

每个人都是一块具有强大的吸引力的"磁铁"。阻碍他在社交上获得成功的原因，在于他没有掌握产生魅力的秘诀。他只知将磁铁的力量集中到个人目标上。而一旦这块"磁铁"只为自己考虑，就只能是自我陶醉，无法吸引他人。甚至那些拜金主义者，最后会变成一块"金钱磁铁"，一门心思扑在钱上。的确，他们挣了不少，但除此之外他们一无所有。而其他一些品行不端之辈，则变得更加堕落。

与这类人形成鲜明对比的是另一类人，他们不仅生性善良，而且乐观开朗；他们富有同情心，总是对别人充满兴趣；他们心胸宽广，能够包容别人，在付出爱心后不求回报，大家觉得和他们相处就像和亲人在一起一样亲切。他们周围的人都喜欢他们，欣赏他们。他们像磁铁一样吸引着身边的每个人。

为什么会这样呢？先让我们来看看人与人之间这种吸引力或排斥力是怎样产生的。当我们对一个人产生好奇时，常常会出自本能地观察他们的人品。在了解其主要品格后，我们立刻就可得知：这个人既不独断专横，也不性情孤傲，是个慷慨、开明而又宽宏大量的人，他总是有求必应，与别人没有隔阂，自己也没有什么秘密。这是一个有魅力有爱心的人，值得交往。相反，如果一个人是冷漠无情、唯利是图的，那么他是一块只能吸引自己的磁铁。对我们而言，他就不具备任何吸引力，我们都会回避他，厌恶他，而不愿意和他打交道。

许多人不能被人接纳，是因为他们总是禁锢在自己的世界里，迷失在自己的琐事之中。久而久之，他们也就和外部世界失去了联系，他们的同情心也会随之日渐丧失。他们并没有意识到，长期的孤僻生活和对他人的漠不关心会使他们的吸引力逐渐衰退，同情心日益枯竭。除非及时醒悟过来，否则他们将成为人群中的冰山，其存在也只会让周围的人顿生寒意。

所以，一个人只有在设身处地为他人着想时，才会产生吸引力，才不至于受到别人排斥。只有更多地给他人以关注，才能拉近彼此的距离。如果不以自我为中心，并能站在别人的立场上，急人所急，想人所想，那么别人对自己的关心会立竿见影地体现出来。收获爱的唯一方式是付出爱，爱心能让所有自私自利变得不堪一击。所以，请多为他人着想吧，不要一味地为自己考虑。学会爱戴和尊敬他人，真诚地向他人伸出援助之手，只有这样，你才会受到爱戴和欢迎。

融入社会，从整体中汲取力量

人类社会是一个有机整体，没有谁能在离群索居的情形下过上正常的生活，因为美好的生活是以社会群居为前提的。人与人之间具有千丝万缕的联系，这些联系至关重要。个人一旦与社会相隔离，便立刻变得渺小起来。无论在生活上还是思想上，人们都在相互影响。某个人之所以伟大，常常是因为他能够向周围的群众学习，又能将自己的思想和理念播撒到他人心中。

群体之于个体，就像是藤茎对于葡萄一样重要。葡萄之所以甜美，是因为藤茎不断为它输送土壤中的营养物质。当藤茎的滋养被切断，葡萄就会丧失往日的新鲜透亮，变得淡而无味；从一串绿葡萄被人从藤上摘下的那一刻起，它就开始枯萎，变得毫无价值。那些认为葡萄能离开藤茎独自存活的想法是没有任何意义的。一旦能量之源被切断，它便会停止生长。换言之，它将走向死亡。

人类社会就是这样的一条葡萄藤，而个体就是藤上的一串串葡萄，一旦与母藤相分离，葡萄就会枯萎。正如吉卜林所说："狼的力量来团结的狼群。"在人类社会中，有些东西并不是个体所能具备的。如果与大众相分离，个人便丧失了这股强大的力量。这就好比一颗钻石，其之所以昂贵，是因为其中的微粒紧凑集中。如果其中的分子、原子相互分离，整颗钻石就无法形成。同样的道理，不管是谁，无论他才能多么卓越、引人注目，都必须站在社会这个大平台上，与其他社会成员不断地交流，才能获得无尽的能量。

和对物质食粮的追求一样，人类在汲取精神食粮时也需要丰富的组合。而个体要获得充足的、自己需要的精神食粮，就要频繁地参与到社会交往中。如果切断一个孩子与外界的所有交流途径，多年后他就会沦为白痴。倘若个人与整个人类社会相隔绝，个人的心智将不断退化和迟钝。

一个人从食物中所汲取能量的数量、质量和种类，决定一个人是否健康强壮；同样，一个人和别人在精神、道德以及其他方面进行交往的广泛程度，也决定着一个人是否能力卓越。如果脱离了人类这个大集体，个体在自己的人生之旅中将弱不禁风。

曾经有宗教组织尝试着建立一些大型的道德机构，将人们限制在修道院来阻断个人与外界的一切交流，然而结果证明他们失败了，因为这些做法都妨碍了造物主意图实现全人类同心同德的宏伟计划。

人与人之间强有力的心灵感应，是通过思维或心灵来传递的，其间散发的能量无法衡量。同样，任何试图激发、增强或是摧毁它的做法也属徒劳无功。其实有很多方法，可以给人类灌输全新的积极意识。如果我们忽视其中任何的一种，都会导致自身能量的丧失和思维功能的衰退。人体的五种感官可以将获得的印象和信息传递到内心世界中，但它们只占身体器官的极少数，还有其他不易度量的、尚且不为人知的心灵感应，帮助人们更好地思考。借助耳朵或眼睛，我们可以尽情地汲取能量，但这能量并非来自听觉或视觉神经。就一幅经典油画而言，其之所以经典，既不在于画笔的浓淡深浅，也不是因为其独树一帜的风格和形式，而在于那些隐藏在画布背后的东西，在于作者本人的个性中所透露出来的非凡能量，在于其与生俱来的天赋或人生阅历。

我们身心不断成长，很大程度上都有赖于心灵从各处汲取能量，而这光靠本能是无法实现的。我们需要从社会的阅历，与他人的交流中，慢慢学习，并积极汲取，直到化为我们自身的能量。

正视性格，完善自我

有些人天生有优越感，总觉得自己各方面都很优秀；也有些人生来自卑，觉得自己什么都不如人。其中不少人认为自己继承了父母的一些偏好或怪癖。父母基因中好的不好的，都将在他们身上得到重现，甚至扩大。他们老是浮想联翩，希望父母的优点能在自己身上无限放大；他们老疑神疑鬼，害怕自己继承了父母身上不好的基因。对于那些他们不喜欢的性格特征，无论是真实的还是虚构的，他们都很敏感，从来不愿提及那些特征，甚至一听到就惊慌失措。

其实，许多性格都是他们虚构或是通过想象夸大出来的。而一旦他们为此牵肠挂肚、忧心忡忡，这些个性也就很可能真的弄假成真了。另外一个需要注意的地方是，性格并不是先天决定的，而是需要靠后天培养的。只有不断地完善自我，才能拥有好性格，而不是幻想着父母给自己多好的基因。

那么，怎样改善自己的性格呢？

改善自己的性格，最好的方法是努力重视自身优点，忽视任何可能的缺点。造物主根据自己的形象创造了我，而完美的造物主不会创造有瑕疵的我，我的优点很真实，而我所认为自己身上所具有的那些怪癖和缺陷都是不真实的。当然，如果你总是自高自大，就更需要保持一颗平常心，时刻提醒自己：我并非独一无二，我只是茫茫人海中平凡的一只小舟，造物主既不曾为我留下任何瑕疵，也不会赋予我任何不好的性格特征，因为他希望每个人都是"和谐"的。只要能牢记这一点，只要坚信自己和普通大众没有什么不同，自卑的人就会重拾自信，自大的人就会放下傲慢，把那些反常的东西忘得一干二净。

比如，面对自身的腼腆和羞怯，不要一味地逃避，也不要因此过于担忧，而是应该试着找到自己的其他闪光点，勇敢地踏出与人交往的第一步。如果仅仅患有幻想的疾病，是可以轻而易举地被治愈的，只要你将腼腆羞怯驱逐出自己的脑海，坚信没有好事者会有闲心来关注自己，因为各人都忙于自己的目标和抱负，无暇关注他人的一举一动。

我认识一个喜欢胡思乱想的女孩，她相当的敏感和自卑，她总是为自己平淡的容貌和不雅的举止而感到烦恼，并因此悲观、沮丧。当她没有受邀和那些更有魅力的同伴一起去参加晚会或其他娱乐活动时，她会感到受了冷落，并因此忧心忡忡好几个月，甚至在精神上濒临崩溃的边缘。

她的一个好朋友知道此事后，前来开导她说：是否拥有吸引力，是否受人欢迎，不是天生的，也不是不可以改变的。只要敢于超越那些曾让她自卑的瓶颈，勇敢地走进人群中，展现自己的闪光点，那么原本想象出来的那些缺点便会消逝。

听了好朋友的话，她决定试一试。从此她不再过分地看重外表，努力忘记那些认为自己是丑陋不堪的人的想法。相反，她牢记自己是上帝意旨的体现，神在自己身上埋藏了金子，她下定决心要让这些金子发光，要将那些神圣的优点展现出来。这么一想，她整个人便彻底改变了。即使会有人暗示说她其实真的不受欢迎，而且的确是比较丑陋的，但她对此都持否定态度。她坚信自己是最受欢迎的和最有魅力的，也相信自己会变得越来越有魅力。

她尝试任何可能的途径来丰富自己的知识，比如阅读经典著作、学习各门课程等；她抓住每一次提高修养的机会，努力使自己变得更有品位；对于穿着打扮和行为举止，开始有意识地重视，并学习各种社交礼仪。可能有人会说：一个不受欢迎的人，其穿着和行为都是无关紧要的，再怎么注重外表，不受欢迎的人仍旧不会受到欢迎。但是，这些都是无稽之谈，当她开始着装得体，当她开始谈吐不凡，当她变得优雅而有品位时，她不再是让人讨厌的人。相反，她蜕变成了吸引人的"花蝴蝶"：无论走到哪里都引人注目；大家喜欢她的微笑和幽默感；她经常受邀外出，现在已经能和那些她曾经嫉妒过的、比她更有魅力的女孩媲美了。在很短的时间内，她不仅克服了障碍，而且在自己的社交圈中成为最有魅力的女性。

之所以取得这样的成果，是因为她用坚强的决心和惊人的毅力移除了脚下的绊脚石，用不懈的努力克服了各种致命的障碍。而排除万难之后，她也没有停滞不前，而是仍然不停地追求自身的全面发展，以弥补外表的缺陷。

我们应该牢记：性格是可以修炼的，只要我们渴望去实现它，只要我们肯努力奋斗去收获它，那么我们身上的缺陷将会有超乎寻常的转变，而且这种转变具有惊人的能量，它可以改变我们的人生，让我们活得更美好。

·第四章·
交际技巧带来的奇迹

处世精明是一个非常微妙的词汇，很难给它下个定义，也很难培养这种能力，但对于那些想迅速而稳健地融入社会的人来说，它是绝对必要的。

有些人拥有精明的判断力，而且已经达到一种既可以自由地表达自己的判断，又不致冒犯别人的境界。很显然，这种人在社交场合中总是左右逢源、无往不胜，他们几乎从不需要为说过的话而付出代价。

另外一些人，则恰恰相反。很多时候，尽管他们的初衷是好的，但是，不论他们说什么，总是不可避免地会惹人反感，很容易让人产生误解。这主要因为他们不懂得审时度势，他们时常在无意间伤害别人。如此一来，他们总是事与愿违，无所适从，好像手中握有一个线团，却从来都找不到它的活结，不但不能理清，最后反而将线团扯成了一团乱麻。

因处世不精而造成的损失，又有谁能算得清呢？

仅仅因为没有培养起这种处世能力而造成友谊出现裂痕、客户流失、资金受损等情况的人可谓到处都是。商人失去客户，律师失去了委托人，医生失去了病人，报刊失去了读者，神职人员失去了讲道坛，教师失去了讲台，政客失去了民众——这一切的根源，都是因为他们处世不精。

大错不断，小错连连。我们经常可以看到这样的情形：很多人空有一身才华却无处施展。岁月蹉跎，他们的能力和才干被白白浪费，因为他们缺乏那种难以形容的、微妙的素质——我们称之为处世之道，他们不懂得在适当的时候做正当的事情，从而导致自己无辜地去承受这些致命的错误。

不管一个人的才能多么卓越，如果他缺乏精明的处世之道，如果他不能学会表达得体，不懂得见机行事，那么他纵有一身本事，也难以发挥出来。也许你接受过高等教育，也许你在某方面天赋过人，也许你精于自己的专业，但日复一日，你的才学始终是"英雄无用武之地"；可是，如果你处世精明，并能运用上天赐予的天赋坚持到底，那么，终有一日，你会受到重用，实现梦想。

许多人正是凭借着精明的为人处世的能力收获成功，即使他们才能并不出众，却常常要比那些不谙世事的天才们要收获更多。在商界，处世精明是一笔宝贵的资产，尤其是对那些大城市里的商人来说，精明的处世方法和为商之道，在招揽客户、赢得生意上面，起着举足轻重的作用。

一位地位显赫的商人，把处世精明列为其成功秘诀的首位，然后才是积极热情、精通商业知识和衣着得体。下面这一段话是一位商人发给顾客的信，也是处世精明的一个例子：

"我们衷心感谢阁下提出的所有不满建议，并将立即采取措施予以完善。"

看到这里，再想想那些总是因为处世不当而赶走大批客户的人吧，面对这样的情况，他们不是感谢对方的抱怨，而是找各种理由逃避客户的不满。这就是懂不懂得精明处世的区别。

可见，处世精明的人，都懂得敢于面对别人的批评抱怨，并得体地解决它们，而不是逃避。此外，处世精明的人，会努力地赢得同伴的信任，和他们成为彼此忠诚的朋友。因为唯其如此，他才会在商业或其他领域中大获成功。好朋友常常会在关键时刻给我们的事情以关注，不遗余力地为我们的产品进行宣传，会详细报道法庭上的审判过程，或是盛赞我们高超的医术；当我们名誉受到诽谤时，他们会站出来为我们辩护，谴责诽谤者。曾经有这样一个年轻人，他资质平庸，却早早做上了美国参议员。他之所以能取得成功，其最主要原因便在于懂得与人交往的艺术。

可是，如果我们处世不精明的话，是很难得到友谊的回报的，相反将可能受人排挤，无法与人融洽相处。如果是这样，我们将很难和他人合作，而且总是招致他人的偏见。

我认识一个人，尽管他有成为伟人的潜在可能，也具备一个领导者所应具备的素质，但他从来都不能很好地与人相处。相反，他总是引起别人的抵触情绪，甚至因此毁了自己的整个人生。他经常做错事，说错话，经常不知不觉伤害了别人。他的工作效率低下，又处处冒犯他人。因为对于"处世精明"一窍不通，他几乎一生都在困苦潦倒中挣扎，却始终无力改变自己的命运。

说话不可太直率，要有所保留

说话拐弯抹角，喜好耍手腕的人是不可靠的。相比之下，那些拥有坦诚而率真品格的人总是引人注目，因为这种品格是诚实和耿直的象征。人们似乎更愿意相信那些直言不讳、直来直往的人。

但是，这些人也很难获得什么成功。不错，大家相信他们的诚实，但常常会质疑他们的处世力、判断力和领悟力。他们不懂得圆滑世故，他们说话有时不经大脑，也常常忽视听者的感受，因而总是惹祸上身。所以，那些以口无遮拦为荣的人，通常不会有很多知心朋友，也不会有成功的事业。毕竟，人们通常会回避他们，避免在他的话里受到伤害。

"一个管理上的细节问题也会遇到阻碍，而即使你费很大力气也是无法克服的。"另一个作家说，"一个处世精明的男人不仅会充分利用他所熟知的东西，也懂得去利用各种他不懂的东西。这样一来，他可以很熟练地隐藏自己的无知并赢得更多的信任，而不至于成为那种只知炫耀自己才学的目光短浅者。"

马克·吐温说："事实总是值得珍惜的，但我们在运用事实的时候，也应有所保留。"

当法国大革命发展到高潮时，激动的百姓涌入巴黎街道。一支小分队的士兵受命前往增援某条街道。他们的指挥官下令："谁不让开，就马上开火！"一位年轻的陆军中尉认为这样直接而粗暴的命令，很可能会引起群众的不满，也会伤害群众的感情。于是，他主动请缨前去说服百姓。他骑马来到人群前，脱下帽子，用商量的语气对民众说："女士们先生们，请散开吧，我们只受命对暴民开枪。"市民们心服口服，立刻就像施了魔法般散去了。没有任何伤亡，一切恢复了平静。

由此可见，站在听者的立场上去思考，恰如其分地表达我们的想法，常常会起到事半功倍的作用。相反，直接地表达我们心中的想法，而忽略听者的感受，则可能引起群怒，对于办事相当不利。

交际技巧助你成功

良好的交际能力，能帮助资质平庸者驾驭他人。而如果缺乏这种能力，纵使天才也可能无法做到。

一个其他能力都出类拔萃的女人，如果缺乏这种敏锐的社交能力，就只能默默无闻守在家里，日复一日地重复无聊的家务。相反，一个才能普通但处世精明的女性，也可以成为社会的领导者，发挥巨大的影响，甚至超过政客或其他行业里众多才华横溢的男性。

我曾经在这样一个家庭里待过。妻子所做的事情在我看来简直就是日常生活中的奇迹。由于繁重的工作，丈夫压力很大，也总是焦躁不安。每天早上，仿佛所有的一切都可能惹恼他。他总是手拿一张报纸急匆匆地进入餐厅，如果早餐还未准备好，或是发现食物还很烫，他就会暴跳如雷。而下班后，他经常选择到酒吧买醉，一直喝到深夜才回家。这样的丈夫，很容易让一个小家庭整天都不得安宁，仆人们也会被他的厉声斥责而吓得不敢动弹。

不过，幸好他的妻子拥有很强的交际能力去应付这些突发情况。无论她的丈夫多么暴跳如雷，她总能够用平静而温和的语调去平息风暴。有时如果食物不合他的胃口，这个男人会愤怒地将食物乱扔一气，但是耐心的妻子会主动替丈夫找到开脱的理由，说这是因为他的工作太紧张，不能迟到的原因。丈夫听到妻子处处站在他的立场上说话，心里也便为自己的行为感到内疚。如果丈夫对冲调好的咖啡不满意，她会微笑着把杯子端走。几分钟之后，再从厨房里端出一杯热气腾腾美味可口的咖啡来，这样丈夫很快就会恢复平静。

这位妻子用自己的温柔和善良来解决这些棘手的问题，她的那些话语、包容，就像一缕阳光，将光明、温暖和美丽洒满每个角落。举这个例子，并不仅仅想说明这位妻子多么贤惠多么宽容，而是想说这种"以柔克刚"的技巧，在我们交际之中能发挥很大的作用。它将化解矛盾，缓解冲突，最后对方也会因为我们的这种修养，而心平气和地与我们对话。

良好的交际技巧，不仅让我们能够更顺利地与人沟通，也会对我们的工作起到积极的作用。

如果一位医生能主动关心病人，那对于病人来说，这关照可以起到药物所不能达到的功效。许多病人之所以过早去世，很可能是医生或亲人不善于交际造成的，医生或亲人某种消极的语言暗示，可能会让病人失去康复的信心。试问一个心情低落、整日愁眉苦脸的医生，一个不懂社交的大夫，怎么可能助人恢复健康呢？只有那些积极乐观的医生才能成为病魔的克星。

患者应当远离那些让人心情低落、让人沮丧、让人希望破灭的事物。而医生的到来对他们来说往往会是一种鼓舞。医生应该愉快而充满自信地对待病人，因为他的出现对病人来说是一种很大的鼓舞，能给病人以希望。一个粗暴无礼、冷酷无情的医生将成为病人的灾难。事实上，一个医生的社交能力和工作态度，比起医术来更为重要。

比如，一个病人得了绝症，懂得交际技巧的医生，不会马上向病人透露这一致命的信息，因为他们知道这会使得病人看不到任何希望。虽然，结果迟早会被病人知道的。但是，过早地宣布事实只会将病人推向死亡，或是削弱他们与病魔作斗争的意志力。生硬而残忍地把生命中那些残酷的真相和盘托出，将产生不可言喻的痛苦。相反，振奋人心的鼓励确实能帮助很多人跨越生死的界线，能拯救许多生命。

不善于交际，不但不利于我们的工作，很多时候还将影响到一个人的威望和美誉度，对于伟人也不例外。即使是大名鼎鼎的拿破仑，因为在谈话中表露出粗俗和自私的语气，很多女士不仅对此感到害怕，也很反感。雷诺夫人任职于一家大公司，是当时最漂亮、温文尔雅的女性。她一直是宫中贵妇们嫉妒的对象。拿破仑见到她时就曾对她说："你知道吗？夫人，其实你年纪已经相当大了。"而她当时还只有 28 岁。她优雅地回应道："高高在上的您和我交谈，这本该成为我的荣耀。可是，我却要被这句难听的话折磨很久。"

这样的人还有很多。他们都不愿意去理会自己不关注的人。如果有人因为习惯或个性稍微触犯到他们，他们便不屑和这个人打交道，甚至会口出恶言，将自己的不满表露无遗。如果他们不得已和自己不感兴趣的人共事，他们的冷漠和无情可能会让那个人不寒而栗，或是耍些手段令他感到不舒服，很快对方也会和他们断绝来往。

如果我们不愿意变成这么孤僻的人，就要努力使自己变得合群，要对我们不感兴趣的人给予关注，这就是世界上最好的处世准则。即使对于我们不感兴趣甚至排斥的人，也要找到他们值得关注的地方，以此为切入点开始彼此的谈话和交流。对一个有智慧、有素养的人来说，从每个人身上找到一点儿自己感兴趣的东西并不是件难事。

当然，对于很多人来讲，如果对一个人第一印象不好，便很难说服自己与其进行深入的交谈。这也是人之常情。但是事实上，我们仅仅源于一个初次印象而产生的偏见，是很主观的，可能会造成很多遗憾。我们经常会发现：我们和那些起初看不惯的人，后来也成了好朋友，虽然开始我们觉得对方看上去既没有什么魅力，也找不到任何共同点，甚至还彼此有冲突，但是这些都是起初的误解和肤浅的偏见。既然如此，我们至少应该公平一点儿，公正地对待别人，而不要直接下结论说不喜欢他。一个善于交际的人，不会因为这种偏见，而轻易放弃与一个人的交谈。

不仅如此，善于交际的人，还常常会设身处地为他人着想。当有人对他们的想法持否定态度时，他们不会轻易排斥或抱怨对方，而是敞开心胸地去倾听，因为他们知道对方有不一样的想法，一定有其合理的地方。他们会试着站在对方的立场去思考问题，然后试着去理解对方，并衡量出事情的利弊与得失，甚至在必要的时候做出让步。

所以，与一个善于交际的人交往是件轻松愉悦的事情，即使是初次会面。因为他们总是处处为你着想，并借助他们极佳的交际能力，让你迅速融入一个社交场合中。不管场面多么尴尬或紧张，他们都能让你马上感到自在，觉得仿佛身在自己家中一般。这就是善于交际者的表现：他能让一个羞涩懦弱、没有社会经验的人立刻得到放松。而这也将让他拥有更多的朋友，并拥有凝聚各种朋友的力量，这将非常有利于他得到别人的支持和获得成功。

·第五章·

朋友是一笔巨大的人生财富

"我有一个朋友!"这比世界上任何事情更温馨更可贵! 财富的多寡丝毫不会影响他们的忠诚。相反,在我们身处逆境时,更能体会到珍贵的友情。

在美国内战爆发的年月,当人们讨论各位总统竞选人的资格时,曾有人这样评价林肯:"林肯一无所有,除了身边的一大堆朋友。"确实,林肯当时十分潦倒。在竞选州立法机关职位时,他甚至连一套体面的西装都没有;在当选总统之后,他为了把家搬到华盛顿,四处举债。但是,幸好他拥有一帮不弃贫择富的朋友,在他穷困艰苦的日子里,给予他物质和精神上的支持。

朋友是一笔优良的资产,他们彼此间有默契,志趣相投,同甘共苦,相互扶助。还有什么能比这种为忠于友谊的奉献更美好、更高尚的呢? 如果没有那些富于才干、始终如此热心协助和支持他的朋友,特别是他在哈佛大学求学期间结识的那一帮好友,那么,纵有过人的才智,西奥多·罗斯福亦不可能取得如此伟大的成绩,能否成功当选美国总统也很难说。不论是在参选纽约州州长,还是在后来的竞争美国总统的过程中,他的同学朋友始终在为他尽力奔忙。他在南部区和西部区拉到了成千上万的投票,几乎全凭他在"莽骑兵团"时所结识的朋友的帮助。

想一想,如果拥有一批总是记挂着我们的、意气相投的朋友,如果他们时时刻刻为我们着想,始终甘心为我们奉献,这意味着什么呢? 他们总在我们背后,默默地支持我们;他们总在我们有困难的时候,挺身而出。当我们受诽谤和中伤,他们总是站在我们这边,帮忙消除人们的偏见;当我们因为失误而犯错误,他们总是以耐心的劝说,设法让我们重新走上正轨,敦促我们积极向上!

如果没有朋友，我们之中将有多少人遭遇生活的不幸！当我们面对这世间的种种苦难与悲惨时，是他们给我们温馨的安慰和援助；当我们的名誉受到诋毁和伤害时，是他们替我们挡风遮雨！当我们生意萧条时，是他们为我们带来顾客和生意……朋友就是上天给我们的最佳恩惠！

当你看到一个朋友试图在默默地替自己掩饰各种弱点和伤疤，保护自己免遭各种苛刻无情的批评，同时热情地宣传自己的各项美德时，你难道不会对他们心生敬意吗？这个世界上还有什么比拥有这样的朋友更美好的事情，还有什么能比他们的情谊更高尚的呢？

真正的朋友，在我们自暴自弃之时，他们也从不言放弃，而是始终如一地支持着我们！我认识一个男人，因为酗酒和恶习而被亲人逐出家门，但是他的一个朋友仍然不愿意放弃他。甚至在这个男人被父母和妻儿放弃之时，这个朋友依旧忠诚地守护在他的身旁。当他夜晚出去买醉时，这个朋友总是跟随着他，多次在他醉得摇摇晃晃、不省人事时搀扶他回家，防止他冻死在路上。除此之外，还数次去贫民窟寻找他，使他免遭警察的拘捕。在这种伟大的友爱的感化下，这个堕落的男人最终迷途知返，重新回到家中，过上了有尊严的生活。这种奉献的价值，又岂是金钱所能衡量的？

朋友的援助之手，或者一句富于同情心的友好的话语所带来的鼓舞，改变了多少人的人生啊！如果没有朋友，他们将丧失生活下去的勇气。在我们遭受别人的误会与谴责时，只有朋友能坚信我们的清白，并始终激励我们要尽力而为！朋友之间的信赖和忠诚是驱策我们奋进不竭的动力。

西德尼·史密斯（Sydney Smith，1771～1845，英国国教牧师，《爱丁堡评论》的创立人）曾经说过："友情为生命之旅灌注勃勃生机。爱人和被人爱是人生最大的幸福。"

若不是朋友的鼓励帮助我们渡过难关，今日的那些成功人士，恐怕有很多已经在昨天人生的关键时刻放弃努力了。比如，在我们创业之初，如果不是朋友的支持和理解，或许我们的生意将无人问津，我们自己也可能半途而废。因此有人曾说："命运是由友谊决定的。"

如果仔细分析那些功成名就者的人生，我们会发现，他的成功秘诀如此有趣而有益。

我曾试着对这些人中的一位做过长期而认真的职业研究。他的成功，至少有20%是因为他拥有非凡的交友能力，并拥有一帮能同甘共苦的朋友。早在孩提时代，他的交际才能便崭露头角，他的魅力吸引了很多忠诚的朋友，他们乐意为他做任何事情。这奠定了他一生的人脉基础。后来，当这个人踏入社会，开始职业生涯时，曾经结交的这帮朋友给他带来了巨大的帮助：这些友情不仅为他的事业打开了无数扇非凡的机遇之窗，还帮助他声名远播。

综上所述，正是朋友的热心相助和真心付出，才让人们在成功路上一往无前。但是，很多人忽略了这一点，他们过于自以为是，把取得的各种成绩归功于自己的超强能力。他们认为，自己与生俱来比别人更加聪敏、睿智，所以取得了成功；他们没有意识到，事实上成功的背后是朋友不辞劳苦的帮助和长久以来的鼓励。他们沾沾自喜而忘记了感激友谊、感恩朋友，这是非常可悲的。

C. C. 克尔顿说过："真正的友谊就像健康一样，只有当你失去它时，才会明白它的价值。"所以，珍惜你拥有的友谊吧，不要等到失去了才懊悔。

真正的贫穷是没有朋友

在大多数美国人艰苦奋斗的生活之中，最悲哀的莫过于在对金钱的狂热追逐中对友情的残酷扼杀。对于真正意义上的友谊的形成，这种热火朝天、行色匆匆的现代化生活，没有任何积极意义。我们每个人的心中都充斥着过度膨胀的野心和欲望，无时无刻不想着如何去获得大量的资源与无数诱人的机遇。面对前方巨大的物质诱惑，人性中自私、残忍的一面暴露无遗，我们争先恐后地涌入这个致命的杀戮之地。友谊在我们的生活中已无立足之地。

我们根本没有时间去培养高尚的友谊，除了与那些能够帮助我们实现目标的人结为"利益同盟"之外。

而这样做的结果就是，我们只结交有权有势有钱有地位的"朋友"，因为只有他们才能对我们慷慨，给我们提供帮助。我们的大脑中生有硕大的"金钱腺"，在它不断生长扩张的过程中，我们逐渐丧失了自身无价的财富。我们已经将我们的友谊、才能、精力和时间——一切可能的东西都物化为金钱和商品。终于，在我们变得富裕的同时，却失去了太多的其他东西。成千上万的富人除了拥有他们自己的小生意圈之外，一无所有。他们的心智和脑力已无法继续向上发育，成为更高层次的人。在挣钱的本领上他们虽然一流，在其他方面却只能是二三流。他们拥有富裕的物质生活时，精神生活却一片贫瘠。虽说每天一大帮人在觥筹交错，看似朋友成群，事实上，其中能称得上真正意义上的"朋友"，又有多少？

一个人活在这个世界上，如果拥有大量财富，却缺少真正的朋友，内心始终孤独无依，那将多么令人悲哀和心寒啊？如果为了获得成功，我们背弃了朋友，牺牲了友谊这一神圣的事物，那么，这样的成功，还能称得上成功吗？我们认识的富人比比皆是，可是真正懂得友谊的可贵之处者，又有多少呢？

当我们荣华富贵、锦衣玉食的时候，这些朋友总是对我们"不离不弃"。可是，一旦我们变得潦倒和困窘，这些所谓的"朋友"便会无情地弃我们而去。这些建立在金钱关系上的友谊，只会让我们看到世态炎凉、体会人情冷暖，根本不可能给我们带来温暖和感动。

我认识这样一个人，他曾自以为拥有真正的友谊。可是，当有一天他突遭变故，变得一无所有时，昔日那些和他甚为友好亲密的"朋友"纷纷弃他而去。面对他们的无情，这个可怜的人是那么的哀伤和失望，以至于几乎丧失了理智。

所幸，一个曾经为他工作过的工程师依然忠实地守护着他，倾囊相助；他的两个老仆人也从银行取出自己所有的积蓄，他们让他拿着这笔钱从头来过。正是靠着真心朋友的帮助和支持，他重新站起来，不久便东山再起。

能够拥有几个关爱我们，为我们着想的真正的朋友，将是多么令人高兴和有趣的一件事情！西塞罗（Cicero，公元前106～公元前43年，古罗马政治家、雄辩家、著作家）曾经说过：在人类从不朽的天神那儿获得的恩赐之中，没有任何一笔恩赐能够比友谊更美好、更令人可喜的了。但是，友谊无价，它不能用金钱买到，而是有赖于人们的用心培养。如果你因为忙于追逐名利而渐渐疏远了自己的朋友，那么多年之后，请不要一厢情愿地指望你们之间的友谊能够回到过去，重新开始。一分耕耘，一分收获。试问谁曾有过不经付出便得到贵重之物的经历呢？

华盛顿曾说过："真正的友谊，是一棵缓缓生长的植物，只有经受住无数次的风雨和灾难的打击之后，'友谊'才有资格被称为友谊。"所以，不要吝啬你的时间和精力，用心去栽培你的友谊之树，那是这个世界上千金不换的东西。

　　只有那些甘愿为别人付出的人，才能得到真正的朋友。他们或许物质上并不富有，但是精神上却是富有的。比起那些物质丰裕、精神贫穷的人，他们的人生要有价值得多。

利益之交不可靠

　　永远不要相信那些将友谊视为交易的人。他们对友谊进行"投资"，只不过是为了有朝一日能够利用你。

　　有一种新的友谊正变得越来越流行，这就是"生意伙伴"。这种类型的友谊是建立在金钱之上的利益关系。而正是这样一种自私和利己的动机，让这种时髦的友谊类型充满着危机。它之所以危险，在于它常常借着生意和利益弄虚作假、混淆视听，我们很难辨别出真正的朋友。

　　我认识这样一个人，他不喜欢交朋友，更不愿意在友谊上面付出时间和精力。然而为了自己的生意，他努力地和自己的生意伙伴亲密接触、培养友情。他看起来对每个人都很友善，与他初次接触的任何一个人都会认为自己交到了一个真正的朋友。但事实上，他只不过是在这些初次见面的场合对那些可能日后能帮助自己的人大献殷勤而已。这种所谓"友情"的目的，只不过是在给自己的前途提供方便。

　　这种始终戴着一副利己的眼镜的人，实在可耻可恨。在纽约城这座大都市里，生活着很多这样的人，他们致力于将友谊变为一种交易，从中牟取私利。他们努力地提升自身的魅力，以便像磁石般能够快速而有力地将周围的人吸引到自己周围。很多不谙世事的人，很容易被他所吸引，天真地把他们当作好朋友甚至是人生知己。但事实上，这种人之所以不断地和他人建立友谊，只不过是因为这样的做法能够给他们带来回报，为他们带来名利和权位，带来更多的资源。他们自始至终都在编织着一张网。等到牺牲者发现这张网的那一刻，他才明白自己已经深陷其中，无法自拔了。这样的一种交友方式，是非常危险的，因为它将扼杀真正的友谊。

　　所以，一个珍视友谊、想拥有纯粹的友谊的人，应该尽量避免利益之交。既不要把别人当作自己向上攀爬的阶梯，在自己爬到目的地之后，便无情地将梯子踢倒，这很可耻；也不要被别人当成利用的对象，在实现他们自己的利益后，便扼杀友谊，这会让我们很受伤，何必呢？

将这个道理推而广之，珍视友谊的人还应当避免和朋友进行交易，特别是在向朋友借钱时更应如此。人性之中比较显著的一点便是：有些人几乎愿意为我们做任何事情，而我们也总是可以在不失去他们的信任和友谊之余，寻求他们的任何帮助，但是所有这些帮助中，唯独不包括借钱。因为虽然借钱时开口容易，但背后却隐含着彼此微妙的心理变化。有些人在借给别人钱之后，总不免对他们抱有一些鄙视的情感。这虽然并不适当，但现实如此。这些人几乎可以原谅别人的任何事情，唯独对他们在金钱和物质上的求助例外。我们也许得到了金钱或是物质上的帮助，但却为此付出了太大的代价：我们和朋友之间的关系由此变得疏远起来。

由此看来，不要让友谊跟现实的利益过多地沾边，尽量给友谊一个乌托邦，不求物质上的支持，不要利益上的交易，只作为一个感情的寄托、一种心灵的归属，给我们精神层面的理解、鼓励和帮助。

·第六章·

自我教育——阅读

耶鲁大学校长哈德利曾经说过："在现实生活中的各个阶层的人，经商的人、运输业的人，或者制造业的人，告诉过我说他们真正想从学校得到的是——能够拥有挑选书本的能力，从而有效地使用书本。而这种知识的获取首先最好是在任何房间里都提供一些优秀的书本。"

聪明的学生从学校生涯里收获最多的，就是识别各种知识类别的图书。从图书馆中挑选出那些对生活最有帮助的书本，这是一种很有价值的能力。这就如同一个人挑选工具去获取知识一样。

我们读书应该有选择性。有些书值得读，且应该精读、认真地读；有些书则不读也罢，甚至不应该读。区别对待，这是一种明智的做法，因为并不是所有的书都是有益的。我们应培养阅读品位，有选择性地读书，远离有害图书。

读一本好书，我们常常会在不知不觉间获得指引我们积极向上的力量和灵感。而读一本品位低下的书，我们就仿佛在吸入致命的"毒药"，隐藏在书本里面的"毒药"是极其危险的，因为它是如此善于伪装：从表面上，邪恶的事物都有美好的外表。虽然书中看似没有任何粗俗的单词，但是它们却隐藏着邪恶的思想。

印度有一位博学之人，某一天他在家中读书。当翻开书本的某一页时，突然感到指尖一阵刺痛；一条很小的蛇从书页上掉落下来，在他看不见的地方慢慢爬行。这位博学者的手指开始肿胀，接着胳膊也开始胀大，一个小时之后，他便毒发身亡了。

又有谁能意识到，家庭的藏书中也隐藏着"毒蛇"呢？它们会毒害孩子的思想，改变他们纯真的个性。倘能在年少时读一些好书，今日那些身陷囹圄的罪犯们，恐怕绝大多数会走上一条截然不同的人生之路。

有这样一个故事：克拉克在一座大城市里见到四处张贴着醒目的告示："所有男孩都应该读一读关于西部平原上的暴徒兄弟的传奇经历——他们成功地进行了抢劫和谋杀，这些奇特的、毛骨悚然的冒险经历是前人所不能相比的。定价5美分。"次日早晨，克拉克博士在报纸上读到："7名男孩因入室行窃而被捕，该盗窃团伙洗劫了4间商铺。其中的一个头目只有10岁大。"追踪报道发现，这7名男孩几乎每一个都在前一天用5美分去买了告示里的那本书。而最终这本书将他们推向了犯罪的深渊。

这样的例子不在少数。《落基山脉的恐怖杀手——红眼迪克》及类似的一些书，曾经毁掉了多少青年的一生啊！在没有翻开这些毒书之前，书里的一切内容似乎都是甜蜜、美好而有益的。但是，一旦你去阅读了，这些书便会像毒蛇一样潜藏进你的脑海里、心里，侵蚀着你原本美好的心灵和伟大的理想。它会引诱你对那些被禁止的愉悦产生更多的欲望，直到对一切美好、纯洁和健康的事物失去兴趣。这些疯狂的作品只会腐化你的精神，让你将所有的公正和道义弃之不顾，在人生的各个禁区铤而走险。

一个小伙子曾经得到了一本充斥着粗鄙不堪的文字和插图的书，之后不久他便递给了自己的同伴传阅。数年之后他告诉朋友：如果能回到过去，他宁愿用自己的一半所得来消除那本书的毒害。因为那些轻浮庸俗的故事书不但不能给人带来道德上的教育，还深深地毒害了他认识的一个开朗的年轻女孩的思想。她的思想逐渐腐化，她对生活的理想和抱负已经彻底改变。这时她已经对污垢熟视无睹，对生活中那些健康的一面视而不见。她唯一的乐趣就是阅读那些堕落的、不健康的文学作品并沉迷于幻想之中，无法自拔。

如果我们沉迷在轻佻和肤浅之中，那么我们原本健康的思想将迅速受到毒害。一本书如果不能真正地反映生活，没有任何纯粹或健康的哲学，对家庭没有任何帮助的话，那么即便它们还算不上真正的邪恶，也没什么积极作用。花费那么多时间去阅读，只是一种浪费。要当心那些能够动摇信心的书。要小心这些作家：他们会逐渐侵蚀你对男人的信念和对女性的尊重，动摇你对家庭的神圣信念，嘲笑你的宗教信仰，并逐渐破坏你对道德义务和责任的意识。

我们的时间很宝贵，要用来多多阅读那些能催促人们进行自我反思的书，以及能让你变得更自信，也更信赖他人的书。当你阅读这些具有建设性意义的书本时，它们就是建设者。不过你要避免把它们的思想拆散。

总之，读那些不思进取的书，是有百害而无一利的。要阅读那些有益身心的好书和让自己积极向上的好书，让自己成为更优秀的人，为社会贡献自己的力量。

在家庭中营造良好的读书氛围

家庭是个人获得人生中启蒙教育的地方。在这里，我们养成习惯，并且会一直影响着我们的职业生涯，乃至我们的一生。在家庭环境下进行的有规律的、持续不断的智力培训，可以影响到一个孩子的一生。

但是，有的家庭，因为家中某个家庭成员的影响，整个家庭的习惯便会被彻底改变。他们把大量宝贵的时间，浪费在打牌、开玩笑、看肥皂剧等等无关紧要的事情上，却忽视了阅读或学习。

很多拥有雄心壮志的孩子们，他们曾渴望通过读书或学习来提高自己，然而，由于受不好的家庭环境的影响，他们提高自我素养的途径被阻断。在家里时，家人从不付出任何努力去完善自我，不去树立更高的理想，都把晚上的时间用来说话逗乐。家人偶尔翻翻书本，也只限于惊险小说，没有谁去阅读那些有益的书。这些家庭的孩子们，即使他们拥有远大抱负，但是作为家庭中唯一有理想的成员，他们很孤立，甚至总是遭到他人的取笑和嘲笑。最终他们只得放弃。

相反，如果一个家庭能建立起自我学习的习惯，那将是非常令人欣喜的事情。这对于这个家庭的每个成员来说，都是相当幸运的。因为他们不仅能在家中找到志同道合者，可以彼此交流和分享，而且他们的阅读和学习时光也会轻松快乐，和平时玩游戏一样。

我认识一个新英格兰家庭，所有的孩子和父母亲住在一起。一家人坚持每个晚上定出一部分时间学习或进行其他形式的自学。他们拥有固定的游戏和休闲时间。晚饭之后，他们每个人都能自由地进行各种消遣，但整个娱乐时间加起来只有一个小时。当学习时间到来时，整个房间会立刻安静下来，甚至一根针掉下的声音都可以听到。每个人都在自己的房间阅读、写字，或者进行各种各样的脑力工作。不允许任何人讲话或者打扰其他人。每个人都必须保持安静，不得打扰到其他人，即使有人由于厌烦或其他原因而不想学习。建立一个理想的、适合学习的环境——这是他们拥有的共同理想。

可想而知，在这种轻松、欢快与和谐的气氛下，每个家庭成员都会乐于学习，并把读书和学习当成一件快乐的事情。每位家庭成员都会慢慢拥有积极向上的心态，并激励自己去追求更美好的事物。

如果一个家庭拥有这样的学习氛围，那么培养出来的孩子一定是出色的。要知道，我们在培养孩子的过程中，不仅仅要让孩子健康强壮，也要不断帮助孩子去充实他们的知识、去完善他们的精神世界。最好的家庭，是能把家里变成一座"图书馆"，让孩子徜徉其中，汲取知识的食粮。一个没有书本期刊报纸的家庭就如同没有窗户的房子，不能给孩子更舒适更广阔的呼吸空间。

奥利弗·温德尔·霍姆斯用"沉溺于图书馆中"来形容自己童年时代经常做的事情。亨利克雷说他母亲用在浴池工作挣得的钱供他买书。如果能给孩子提供诸如字典、百科全书、历史类和工作实务类书籍，以及其他各种有价值的书籍，那么他们会不知不觉地接受教育——这并不需要付出很高的代价，并且还可以让他们学到与自身年龄相符的很多知识。当然，也可以让孩子在学校、研究所或者学院学习，不过那需要花费相当于这些书本价格 10 倍的金钱。

除此之外，如果家中收藏好的书籍，那么整个房间都会因此而生辉，对孩子们产生吸引力，他们愿意待在这个令人愉快的地方；而那些被忽视了教育的孩子却急着逃出家门，随波逐流，落入各式各样的陷阱和危险之中。把孩子引入到书籍的氛围中去是很好的，让他们经常地使用书本、触摸书本，让他们熟悉书籍的封面和标题。一个聪明的孩子能够从好的书本里面汲取非常多的养分，这是多么让父母开心的事情。

所以，为了孩子的成长，也为了自己的提升，创造一个良好的家庭环境，让孩子在这里找到学习的感觉，陪孩子一起享受阅读的乐趣。

挤出时间，坚持阅读

对于自己喜爱的事物，我们大部分人都会想方设法地挤出时间。如果一个人想要完善自我，如果一个人渴求获得知识，如果一个人享受着阅读所带来的快乐，那么他就能找到各种机会。

只要有赚钱的意愿，你就会拥有财富；只要拥有雄心壮志，你就能挤出时间。

我们不仅需要作出决定，而且要坚决行动，将那些无关紧要的、仅仅只是享乐安逸的事情先搁起来，转身去追求最重要的、有益于我们自身发展的事情。生活充满诱惑，如果你贪图一时的安逸，把时间浪费在闲谈或琐碎的会谈中，却将花在阅读上的时间一减再减，一推再推，那么可能会牺牲美好的明天。相反，有一些人，他们合理地计划时间，在做好本职工作之余，坚持挤出时间来阅读学习，他们有朝一日会成就大事。对此，历史就是一个明证，看看那些曾在人类历史长河中留下深刻烙印的伟人们，他们都懂得时间的珍贵，都善于分配时间，将时间更多地用在有益的阅读和自我提升上面。

即使在最忙的时候，生活中仍然有大量时间被浪费掉。但如果作出合理分配，这些被浪费的时间就能发挥出很高的价值。

很多家庭妇女每天从早忙到晚，她们想当然地认为自己没有时间去阅读书籍、杂志或者报纸，但是有种观点很惊奇地表明：只要能更好地完成本职工作，她们就可以腾出很长的时间，将事情按轻重缓急排出顺序可以极大地节省时间。我们当然能够去安排自己的生活计划，让自己有一定的时间来进行自学和提高我们的生活质量。我们并不需要等到其他所有事情都完成之后，才来考虑学习这件事。

所以，从现在开始，挤出生活中、工作中的零碎时间，将它们有效利用起来。当你想感受一种令人愉快的消遣方式，去培养一种新的乐趣时，你将体验一种从来不曾经历过的感觉，它可以通过阅读优秀的期刊来获得，但是每天都要有规律地阅读。不要一开始就试图阅读过多，那样会使自己很快地疲惫。每次只阅读数页即可，但是一定要每天坚持。如果你确定自己很快就能享受阅读的乐趣——养成阅读习惯，它就会迅速给你带来极大的满足感和真正的乐趣。

勤于思考，把知识转化为自身的力量

书本里的知识绝不仅仅局限于文字表面。通过阅读时的思考，你可以从字里行间得到某种启发。这才是其真正的价值所在。如果你能联系自身的生活，认真思考书中的内容，你干枯的心灵便能从作者的思想里汲取养分，就如同从土壤吸收水分一样。此时你身体的潜力会像土壤中的微生物或种子一样，能够萌芽并产生新的生命。但是，假如你并不是真的想要读书，假如你的阅读动机并不是对知识的渴求和对广阔深奥的文明的渴望，那么你永远不可能从书中得到很多收获。

很多人都对读书有这样一种看法：如果他们永远都保持阅读的习惯——只要一有空闲就去看书，那么他们一定受过良好的教育，拥有丰富的知识和深刻的见解。这其实是个误解。就如同指望多吃饭就能成为运动员一样，这是不靠谱的。假如只是一味地阅读，填鸭式地吸收，而不能通过思考转化为自己的知识，那么阅读只是一种消遣，对生活未必有多大意义。

在我看来，最愚笨的傻瓜，正是那些只知一天到晚死读书，却思想僵化，从来不去思考的人。即便有片刻的悠闲时间，他们也会马上拿出一本书来读。换句话说，他们在不停地"进食"知识，却食而不化，没有能力将其消化或吸收。

我认识的一个年轻人便养成了这样的阅读习惯。他每天书本、杂志或者报纸几乎从不离手。他总是在阅读，在家里，在汽车里，在火车站。他对知识有着极度的感情。虽然他这样也获得了很多知识，但是由于受这种填鸭式方法的影响很久，他的思维能力却有所减弱。

每个读者都应该把弥尔顿的话谨记于脑海中：

"对于那些坚持阅读的人而言，阅读并不会给他们带来更高层次的精神和判断，不确定性和未决定性仍然存在：书籍具有深刻的内涵，而读者却往往是浅薄的；书本中各类或纯朴或迷人的琐事，就如同孩子们在海滩上拾到的漂亮的鹅卵石一样，值得我们去提取精华。"

思考比阅读更有必要。每次阅读后进行思考，就好像食物的消化和吸收过程一样，能够源源不断地为大脑输送力量。如果你像麦考利、喀莱尔、林肯一样博览群书，又善于思考，那么，通过阅读你将受益匪浅。

约翰·洛克说过："阅读只能给我们提供知识，而思考则能把知识化为己有、为己所用。"

任何一个读者若想从书中汲取更多的知识，首先必须学会思考。光掌握书本知识是不够的，因为这还不能让我们的心灵获得力量。

我们吃下的食物，如果在没有被完全消化和吸收并化为血液中的营养物质前，没有转化为大脑或其他组织的一部分之前，是不会产生能量或形成细胞组织的。

同样道理，如果我们的头脑中装满的只是那些毫无实用价值的知识，就会像一个房间里堆满家具和古董一样，只会让房间变得杂乱无章和拥挤不堪，丝毫没有价值。只有在大脑消化和吸收了所学的知识，并将其转化为思想的一部分之后，知识才会转变为力量。

如果你想成为一个智者，那么请养成良好的习惯：在坐下来全神贯注地阅读书本的同时，应该经常合上书本思考，或者站起来边走边思索。不论哪种方式都好，但一定要开动脑筋——沉思，斟酌，反复地琢磨，不断地回想书中的内容，并联系实际试着去解决生活中遇到的一些困惑和疑问。

知识只有被吸收到头脑里，然后运用到日常生活当中之后，才能真正成为你自己的知识。当你第一次阅读时，它只是属于作者的。只有当它和你融为一体时，它才会是你的。

·第七章·
自我完善比接受教育更重要

教育，通常指学校教育，是人类依靠书本和教师来实现心智发展和成熟的一个过程。然而，有些人由于没有受教育的条件或是错失了这个机会，而从未接受过教育。对于这种情况，要发展心智和提升自己，那就需要自我教育和自我完善。我们身边存在着众多完善自我的机会，也有着大量有助于完善自我的资源，诸如：免费的图书馆、质优价廉的书籍、夜校等。所以，以缺乏资源为理由而不进行完善自我，是缺乏说服力的。

回首半个世纪乃至一个世纪之前，我们发现，人们要获取知识遇到过诸多困难。那时学习条件和现在有着天壤之别，那时候图书馆、书店没有像现在这么普遍，图书出版业也不像现在这么发达，物质环境更没有现在这么舒适。那些想提升自我的人，在每天的繁忙工作之余，借着昏暗的烛光，克服身体上的疲倦全神贯注地投入学习，其中的艰辛可想而知。但是，就是在这样艰苦的条件下，还是有许许多多的仁人志士取得了杰出的成就。这不得不让人惊叹和佩服。甚至，有一些成功人士在面临着身体上的障碍——眼疾、肢体残疾或其他的病痛时，也顽强地克服了这些困难，锲而不舍地学习。

相比之下，我们的学习环境优越，完善自我的机会众多，书籍等资源汗牛充栋。但我们获取的知识却少之又少。难道我们不该以此为耻吗？

我们不禁要扪心自问：对改进自我，我们是否真的充满渴望？如果你有这样的渴望，那么只要战胜了自己，战胜那个玩物丧志的自己，就能成功地完善自我。看闲书、打扑克、玩台球、说闲话、盲无目的地闲逛等，这些无聊且毫无意义的事情，不应该占据我们宝贵的时间。我们应该把这些时间好好利用起来，学习有用的知识，趁早提升自己。对于那些力求完善自我的人来说，"在他们的道路上有一头狮子"，这头"狮子"就是自我放任。为了不断的进步，他们必须坚决地战胜这头"狮子"。

人们年轻时利用休闲时间的方式，往往为以后的人生定下了基调。这让人知道他们的内心是否已经死亡，或者他们是否把人生仅仅当做是一次享乐的旅程。

无需知道一个人平日在做什么工作，只要知道他晚上的时间在做什么，我就能够预测他未来的状况。如果他把玩乐消遣放在第一位，那么他未来的人生将碌碌无为，只知享乐，没有追求。反过来，他若把玩乐消遣视作自我放任，不愿意这样无意义地消磨时间，而是将这些有限的时间用来学习无限的知识，那么他的一生将会取得成就。

很多年轻人或许还没有意识到玩物丧志的危害。当你把整个晚上或休假的时间任意地挥霍掉的同时，你的品格也在逐渐堕落，对于你品格的塑造毫无益处。如此一来，你一不留神就落后给了自己的竞争对手。如果你能够好好审视自己，就会发现在玩乐上浪费了那么多时间是多么可悲的事情。如果一直这样放纵自己，有朝一日将后悔不及。

正确的做法是把休闲时间用于阅读和学习，这也正体现了你高贵的品性。历史上有许多利用休闲时间来进行学习的著名事例。玩乐对于成功人士不具有强大的吸引力，他们更愿意利用一切可利用的时间来学习，哪怕牺牲一部分睡眠时间和进餐时间。

伊莱休·伯里特，美国著名的慈善家、语言学家和社会活动家。在当年极其艰难的环境下，他坚持不断地学习和完善自己，最终创造了巨大的成功。若将今日的年轻人置于与他同样的环境，恐怕能成大器者寥寥无几。16 岁时，伊莱休·伯里特在一个铁匠铺当学徒，他整个白天在辛苦地工作，甚至有时还需要加夜班。但是，在这样艰苦的情况下，他还是不忘时刻充实自己。每天早上，当那些有钱人家的孩子或者贪于玩乐的孩子还在床上伸懒腰、打哈欠、刚将眼睛睁开的时候，年轻的伯里特就已经抓住这一机会在学习了。他还随身携带一本书在口袋里，一有空闲就拿出来看。他利用任何可利用的时间来学习，点滴的时间也不放过，休息天也看，晚上看，甚至连吃饭的时候也在看。而对大部分人来说，这些时间都常常是随意流逝、不加利用的。由于对知识的饥渴和对自我完善的追求，他战胜了前进道路上的一切障碍。一位富有的绅士曾提出资助伯里特去哈佛读书，但是被他拒绝了。他认为自己能够自食其力得到教育，即便每天需要花上 12～14 个小时的时间在铁匠铺里工作，但只要愿意，总是能够挤出时间学习的。的确，他是一个有坚定决心的孩子。他抓住工作间隙中点滴的空暇时间，并将它们当做黄金一样珍惜利用。他与格拉德斯通一样，都相信现在若是浪费时间，自己就会退步；而现在节约时间，以后就会有大的回报。果然不出他所料，在铁匠铺上班之余，他用自己挤出来的零碎时间，仅在一年时间里就掌握了 7 门外语。在如此艰苦的环境下取得如此惊人的成绩，始终令人不可思议，也令人敬佩得五体投地。

因此，我们应该知道，我们没能取得成功，是因为我们缺乏勤奋，而不是因为我们缺乏能力。有许许多多的例子可以证明，很多职员要比他们的雇主能力更强，脑子更聪明。但是，这些聪明的职员们却无心改进自己的能力，他们把时间和金钱都花在玩乐消遣上了，他们的头脑被享乐主义所占据而无暇自我完善。等到他们年纪越来越大时，他们就越发意识到自己这一生只能靠给别人打工为生，继而开始埋怨自己运气不好，没有机遇。正所谓"少壮不努力，老大徒悲伤"。

利用现有资源提高自己

现今，我们到处可以看到很多年轻的男女做着级别很低的工作。很大程度上，那是因为他们没有重视教育，没有集中精力学习，这样的后果就是他们只能做一辈子的小职员。而他们的雇主通常也认为，年轻人学写一手好字或掌握职业发展所必需的基础学科没有什么价值。这种无知，对于许多在工厂、商场或者办公室上班的年轻男女来说，是一种祸害。这将让他们停滞不前，从此日复一日做着低级的机械化工作。事实上，在教育机会良多的今日，那些年轻人本应让自己得到良好的教育，但他们却没有，这是一件令人悲哀的事情。

有许多天资不错的女孩，她们把人生中最富有青春朝气的那段时光，全都花在无意义也无激情的工作中。她们觉得没有必要去抓住可以使自己获得更好岗位的机会，也没有必要去发展自身的才智。她们过早地放弃了自己，放弃了现有的可提高自己的资源，从而导致她们人生的失败。她们失败的原因就在于，年轻时没有意识到学习也是一项任务，错误地认为学习毫无价值。因为她们觉得所有这些都远不如嫁一个好丈夫，而从没想过要依靠自己的力量生存。在学校里，她们不去学习有效理财，不去学习基础技能，不去找寻适合自己的事情并努力使之发展为将来的职业。然而，生活中有许多例子都证明了试图以婚姻来保障以后的生活是不可靠的，真正靠婚姻取得幸福的只是极少数。

类似的弊端也在年轻人身上普遍体现。他们不舍得倾注精力去发展自己的事业或实现自己的理想，而只希望能够每天工作几小时，干点轻松的活儿，又能得到丰厚的报酬。在他们的一生中，他们考虑最多的，不是如何锻炼自己，使自己有所进步，而是如何去玩乐。

许多职员都羡慕自己的雇主，希望也能拥有自己的事业，可以雇用他人。但是，一旦他们知道必须付出极大的努力才能改变现状时，就自觉选择了放弃。他们喜欢闲庭信步，喜欢过一种轻松自在的生活。但是我们要知道，为了能够获得更好的岗位，为了领取更丰厚的薪水，是需要不断努力拼搏进取的。

许多人都存在这样的问题，那就是他们不愿意因追求将来的所得而放弃当下的享受。他们更喜欢好好享受当前的生活，不愿意花时间来完善自我。他们虽然渴望干出一番事业，但这个渴望不够强大，若是需要其他代价去换取，他们便吝啬去争取；他们也渴望有所成就，但这个渴望并不足够强烈，若是必须牺牲一些当前的享乐，他们宁可放弃。

众所周知，只有努力拼搏，才能获得更好的生活。不思进取，则一无所获。大部分人都在抱怨生活碌碌无为，其实他们本来有能力改善自己的生活，但却因缺少热情和决心而未能做到。这些人宁愿轻轻松松地过着卑微的生活，也不愿付出必需的努力。

"如果没有机会，那就创造机会。"一个人若有了完善自我的打算，并对此作出了安排，那么他就能找到可利用的机会。这里就有一个来自我们身边日常生活中的例子。

有一个爱尔兰人，将近20岁的时候，还不会读书写字，因为他所处的地方根本没有学习的机会，那里盛行享乐主义和放纵的生活。于是他选择了背井离乡，并通过学习黑板报掌握了一点儿阅读能力。后来他在军舰上获得了一个乘务员的岗位。为了学到更多的知识，为了更快地成长，他选择到船长室去工作。他的衣服口袋里随时装着一本小便笺簿，当自己听到新词的时候便能随时随地把它记录下来。有一天，长官看到他正在记录，便怀疑他是一名间谍。最后，当这名长官从其他长官那里了解了事情的原委之后，他深受感动，就设法给了这个年轻人更多的学习机会，而这些机会让这个年轻人有了一个更好的锻炼和学习的平台，也促使他能够很快得到晋升，最终在海军部队里赢得了一个显赫的职位。

如果你能像这位海军官员一样，未雨绸缪做好各种准备，那么在通向成功的道路上，你将先人一步。千万不要在年轻的时候将学习视作无关紧要的事，认为没有必要花精力去学习。如果有这样的想法，等到迟暮之年，你会发现自己的人生是多么失败。

挖掘潜能，提升人生价值

爱默生曾经说过："世界不再是一团淤泥，而是钢铁工人手中的原材料。人类必须在严酷的风暴中，为自己锤炼出一个全新而稳固的世界。"

如果你拥有"原料"，不管它是布匹、钢铁还是天赋，充分利用它，有朝一日，这些普通的"原料"会提升为无价之宝，你就能获得巨大的成就。

有这样一个故事，一个铁匠学徒外出时，看到路边有一根未经加工的生铁棍。凭着自己极少的经验和知识，他所能预测到的这个生铁棍的最大价值，只不过是把这根生铁棍锻造成一块马蹄铁。根据他的分析，这块粗糙的生铁充其量每磅只值二三美分，依靠他粗壮的肌肉和粗糙的技艺，锻造后的生铁的价值，顶多从 1 美元提升到 10 美元。这么低微的收入让他很不屑，他认为根本不值得自己花上太多时间去付出劳动。即使锻造好了，也没有什么值得庆贺的。

过了一会儿，走过来一位受过稍高训练的刀匠，他的能力和悟性都略高一筹。他的眼光比学徒稍远一些，因为他学过许多通过加热或热冷交替增加金属的强度和硬度的回火技术，而且拥有必备的工具，如打磨和抛光用的转轮以及用来退火的熔炉。刀匠问学徒："这就是你的估值吗？给我吧，凭借头脑和技能，我们可以将这块生铁做成什么，我会用行动向你展示。"他先把铁棍拿去熔合，碳化成钢，再抽拉出来进行铸造和回火，然后加热到白热，插入冷水或冷油中以提高其韧度。接着，刀匠谨慎而耐心地将其打磨。当这些工序都完成以后，他把生铁锻造成的刀拿到铁匠学徒面前，炫耀这个价值 2000 美元的战利品。只会将铁棍制造成马蹄铁的学徒看得目瞪口呆。对于学徒来讲，刀匠的境界和技艺已经很高了，生铁的价值也已经获得了很大的提升。

但是，这时走过来另一个工匠，他看了这把刀，笑着说："如果没有别的好办法，拿它来做刀身自然是不错的。不过，我对生铁有些研究，知道还有更高级的方法可以将它加工成更贵重的东西。它的价值绝对比现在的高出不止一倍。"

这位工匠的领悟力更高，受过的训练更充分，技艺更加精湛，这些都使得他的视野更宽广，理想更远大，自然也就看得更远，超越了马蹄铁和刀身——他可以用肉眼将这块生铁制造成为显微镜下才能看清的最纤细、最精密的编织针。比起马蹄铁或者刀身，那些肉眼无法看见的编织针，要求更精密的技能和更精巧的工艺。他的产品比起刀匠的价值又提升了数倍，而他也认为这块生铁的所有价值已经被自己开发殆尽了。

但是，山外有山，人外有人。接下来的这位工匠，凭借更好的训练、更精细的方法、更大的耐心、更高的技能，让自己的产品轻松超越了之前的马蹄铁、刀身和编织针。他将这块生铁做成了钟表的精密发条。相比其他人只看到马蹄铁、刀身和编织针，只看到其潜在的数千美元的价值，能看到生铁有上万美元价值的人，对自己富有穿透力的眼光感到自豪与得意。

可是谁也没想到，一个技艺更高超的艺术家出现了，他告诉大家这块生铁还没有实现最高的价值。他说自己可以给生铁施加魔法，创造更大的奇迹。他知道一些高端的冶金技巧，可以控制生铁并使之变得有弹性。这种方法全世界并没有多少人能掌握，但是他却可以。他说，在给钢铁回火时把握时机，在钢铁即将变得坚硬和锋利之前，可以让它变成为一块"柔软"的金属。而这块铁棍将拥有全新的固有性质——柔软而有弹性。大家都觉得太不可思议了。

利用铁棍这种柔软的性质，这位眼光长远、富有洞察力的艺术家想到了用它来做弹簧。他懂得如何使流程臻于完美，也明白怎样提升金属的内在结构。对于他而言，即使是一根纤细的钢丝也可以拥有神奇的力量。他在生铁上施加了许多道提炼和回火的程序，历经无数的艰辛劳作，他实现了自己的预想，成功地将其变成一卷精细到肉眼几乎无法看见的弹簧丝。他改进每一道钟表发条的制造工序。他将这块生铁的价值提升到100万美元，而这相当于同等重量的金块的40倍！

然而，还有工艺精湛绝伦的工匠，他用这根铁棍生产出来的产品更是鲜为人知，甚至于百科全书和字典里都无法查阅到。他从这根铁棍截取了一小块，用精致的技巧和令人叹为观止的精度，进一步开发出铁棍的潜在价值。相比前面制造钟表发条和弹簧，他的产品要昂贵许多倍。他用铁棍的一小块做出了一套牙医用来拉抽牙龈神经的、带有精密倒钩的器械。其价值高达 25000 美元以上。按一磅（约合 454 克）金子价值大约在 250 美元，粗略地算，同等重量的这样一堆纤细的、带倒钩的细钢丝，其价值恐怕要在黄金的 100 倍以上了。

这听起来很神奇，但也许还有其他的专家能进一步提升这件产品的价值。总之，在这块金属被不断拉细，直到其颗粒在空中漂浮以前，我们无法预测它还有多少开发的空间，或许那是无穷尽的。

当然，任何潜力和价值的开发，都不是一蹴而就的事情，需要通过眼睛、双手和感知的训练、依靠决心和勇气、通过持久地辛勤劳作才能实现。

一块粗糙的金属经过加工和锻造，在价值上尚且能够获得如此神奇的提升，那么，对于一个人的潜力的开发，谁又能设定出限度呢？况且，在提炼一块钢铁上面，顶多只有数十道工序，然而一个人心智和个性的发展，却可能有成千上万种选择，其中蕴涵的可能性，可能开发出来的潜在价值，将是无法预估的。

不过，一块钢铁只不过是没有生命力的、依靠外力施加改变的东西。而人却是一个自身不断相互作用和反作用的力的集合体，而且个体自身拥有真正统治力和控制力，这将决定着一个人的人生选择和发展方向。所以，在无限的可能和潜质面前，最终的决定因素不是其他人或物，而是人本身。

人的天赋有大有小，这些看似与一个人的成就息息相关，其实并无直接关系。一个人想要获得最终的辉煌成就，最重要的不是靠天赋，而是依靠终生的教育和历练，依靠自身对理想的不懈追求和不断地努力，将"人生"这块生铁进行熔合、锤炼和塑造才能达到的。

一块生铁若想变得更坚固、更纯粹、更有弹性和柔韧性，能够用来成就任何一位工匠的梦想，能够实现更高的价值，那么这块生铁就必须经受一次次的打击和锤炼。正像那块生铁一样，我们的人生，如想实现自身最高的价值，也需要经过千锤百炼。那些忧虑和渴望的折磨，那些炼狱般的天灾人祸，那些逆境和困难的考验，那些反对者的打击，那令人心寒的回绝……所有的这一切，都是通往成功的必经之路。只有克服和战胜它们，最后才能攀上成功的最高峰。

正如不同的工匠看到那块生铁身上的价值不尽相同一样，每个人的人生价值都可能大相径庭。如果我们能看到的只是马蹄铁或者刀身，那么付出再大的努力和奋斗，我们终其一生也无法制造出精密的弹簧丝。而唯有视野广阔、志存高远，用自己的感悟力和洞察力看到自身潜在的最高价值，并以艰苦奋斗的决心，忍受各种严峻的考验，付出汗水和泪水，方能有朝一日换来成功的喜悦。

那些目光短浅的人，终究无法升华自己的人生价值。这些失败者和平庸之辈，他们无法达到完美，反而可能走向罪恶的深渊。就像一块生铁会被某些化学物质所腐蚀，并因此生锈和丧失价值一样，如果长期怠于加强自我修养和完善，一个人的品性也会逐渐败坏和恶化。

但是，很多人认为相比那些有天赋的人，自己天资过于愚钝，很难实现较高的人生价值。其实这是一种自卑自贱的想法。就像一块马蹄铁也会变成精致的弹簧丝一样，只要我们有决心，有毅力，不辞辛劳地学习，锲而不舍地锤炼，必定能够完善自我、提升价值。看看昔日的学徒印刷工富兰克林、纺织工人哥伦布、奴隶伊索、刀匠之子多姆斯典恩斯、乞丐荷马、普通大兵塞万提斯、砌砖工人本·约翰逊，还有潦倒的车匠之子海顿……他们都是凭借着努力与毅力，提升了自己的能力，拓展了自身的价值，直到出人头地。

科学数据表明，不论男女，每个孩子在出生之初，其天资上的差异其实并不大。然而，其中可能在 100 个孩子中就有这样一个孩子，尽管他的天赋并不比别人好，甚至还不如人，但是他从不抱怨自己运气不佳，也极少杞人忧天，他比别人更早地懂得学习锻炼，不懈努力，当其他 99 个孩子享受当下或困惑未来时，这个孩子却在默默地将自己的价值提升了 100 倍、500 倍，乃至 1000 倍。

同样一块粗糙的大理石，有些人心中会联想到美丽纯洁的天使，而有人心中却只想象出丑陋可怕的恶魔。同样的一块材料，有的人能用其建成宫殿，而有的却只能搭起陋室。能否实现人生这块"材料"的最高价值，完全取决于你自己。

如果你有远大的志向，如果你有坚定的决心，如果你有足够的勇气接受磨砺，那么经过无数次淬火的考验，你定能炼成真金。

第二卷

积极心态的力量

[美] 罗曼·文森特·皮尔　著

·第一章·
改变从自己开始

人生可以是篇华美的诗章，迎着旭日和风赞颂美好的一切；人生也可以沉浸在哀婉的咏叹中，只有灰烬与寒冬相伴。你会选择哪一种？积极向上，或是消极抑郁？

为了你的家人，以及你心中渴求的绚烂光环，你必须奋发有为，让种种阴郁的念头离你而去。

从改变自己做起

对于志向远大之人，改变世界才是生活的首选目标。可要记住，首先要改变的是你自己。如果你是正确的，那么你的世界也会是正确的。拥有一颗积极的心远胜过一切虚荣，困难与压抑终将在你的世界中隐退。

当然，每个人总会有弱点——伤感、失望、恐惧、愤懑，种种情绪挥之不去；你还会酗酒，为了女人哭泣。为什么许多人会深陷于自卑情绪中而痛苦呢？其实他们的真正弱点便是"不想成功"。所以，他们便有意无意地强调自己的弱点，似乎处处都不如他人。可无论是什么，我可以明确地告诉你，你终究不应该被打倒。

事实上，每个人的性格中都有优点和弱点。问题是，你所强调的是"硬币"的哪一面？你靠什么来生存？后者会让你愈来愈弱。而看到优点，你将会愈来愈坚强。只要你愿意，扼住弱点的咽喉，深情注视你的优点，你终将是强者。这也是一种信仰——用崭新的思想改造陈旧的身躯。

再者，更多的时候，你是在自我想象中贬低自我。正确接受自我才是改造的关键。自卑的人总是让目光沉寂在寒噤中，他们只能看见那些想象中的弱点。他们挑选出小缺点，然后又费尽心机使自己相信，"因为这个弱点，所以不能成功"。成功、快乐和坚强，这些美好的字眼距离自己并不遥远，你完全可以主宰自己。一旦迎向光芒，温暖就此升腾，而自卑的阴影将会抛诸脑后。

更多的人介于成功与失败之间，他们的弱点便是气馁。他们总在成功的前一刻停下脚步，有时仅仅需要多坚持一秒，便可以获得成功。多么可悲！这时他们所需要的，也仅仅是换种态度，用积极的信仰去武装自己。

事实上，你的生命可以变得更坚强、更富光彩。坚强的信仰、深刻的理解和无私的奉献将会为你开启人生之门。你会精力充沛地表现出卓识远见，进而影响你身边的人，改变自己的世界。

你生来就是一名冠军

你的诞生就已经意味着，你是独一无二的冠军。遗传进化学家设菲尔德说：请静静地想想吧。在整个人类的历史中，没有任何人会跟你一模一样。延伸至全部无限的时空，你永远是你，独一无二。

你的诞生更是一场宏大的胜利：数以亿计的精子经历残酷的竞争，只有一个赢得了胜利——这就是你！经历了残酷淘汰，你奔向了目标，一个包含微核的宝贵的卵细胞。尽管小到要被放大到几千倍才能为肉眼所见，但你的生命中却包含着厚重的承载——由23条染色体所携带的遗传因子，这是祖先所赋予的恩赐。

生命的历程已经开始，你赢得了比赛，生下来就成了一名冠军。你已经继承了巨大的积蓄，获得了生存所需要的一切潜在力量，走下去，你便能成就自己的人生目标。无论遭遇什么困难险阻，它们都不及你在孕育诞生那刻的遭际。

把自己视为成功者，用一个强有力的形象去打破沉积多年的坚冰，不再怀疑自我，不再习惯性地走向失败。用一种积极形象去改变自己，可以是一条标语，一幅图画或者任何别的什么，对你而言，它深具涵义。

积极应对人生困境

我想告诉你，有一种幸福的人，他们总能有正确的方法解决人生问题。他们遵从简单而实际的方式，用一次次的成功去获得幸福。这些人也极其平常，无论哪一点都与你我无异，面临相同的问题，在种种平常的烦恼中寻找出路。但他们总有恰当的应对方式，解决各种困扰。其实，把握住恰当方式，你我也会同样幸福。

解决人生问题之前，先要衡量我们自身，有没有具备解决问题的力量，再做出切实计划，然后才能付诸行动。但更多的人往往缺乏这种计划性，面临人生抉择时无能为力，他们在精神情感上毫无准备。

一位董事长曾告诉我，他完全相信"人的紧急应对能力"。这个理论的确可以成立，人在遭遇紧急事情时确实具备特别的能力，这种能力潜伏在日常生活中，一旦发生事故，便能发挥出来。

聪明的人可不会让潜力虚耗，他们会在日常生活中发挥这种能力。所以，在处理日常事务时总比常人更有效率，更富精力。他们从不惧怕遭遇难题——"你碰到了一个难题？那很好！"为什么？因为解决了一个个的难题，就意味着取得了一个个的胜利，成功之梯便为你铺就。取得了一个胜利，就增长了一些智慧。聪明的人每碰到一个难题，就会积极地面对它，让自己成为一个善良而富有智慧的人，这就是成功。

任何人都会遭遇难题，顺境总伴随困惑而生。宇宙遵循着自然规律在不断变化中，并不因为你的柔弱而生怜悯。对你来说，成败完全取决于心态。用你的智慧去控制你的情绪，用积极向上之态度去左右环境的变化。你能决定命运的走向，用积极奋进之心应对种种变化，一切终将归于圆满。

作家罗威尔曾说："人世之不幸如同一柄利刃，可以为我所用，也会让我们鲜血淋漓。那要看你握住的是刀刃还是刀柄。"被困难的稻草压垮，还是重新点燃生命之火，这取决于我们的态度。可要准确握住刀柄，或许并不容易，你需要合适的方法。懂得利用技巧去点缀人生，才称得上智者。

在处理困难之前，我必须告诉你，人生之所以精彩而没有落入平庸的深渊，正是得益于这些看似可怕的困难，这是你应该感到高兴的事情。无论困境如何面目狰狞，它总是不可缺少的养分，培育着人生之树，刺激我们的向上之心。可以说，正是这个辉煌的标记展现出人生的精彩，恰如勋章闪烁一般，愈多愈见持有者的卓越不凡。

面对难题，你只需沉着应对。可如果你的内心无法保持冷静，你就只能败下阵来。急躁不安的我们总是急切地想着应对之法，内心颤动不平——必须采取某些行动。可当你心慌意乱时，想要找出理性的答案似乎不太可能。唯有平静的心灵才能诞生出理性的光芒。

所以，我要强调这点，学会用沉默来应对困境。卡莱尔曾说过："沉默是走向伟大的初始。"以沉默来调整你的心灵，让睿智得以浮现。主要的诀窍是让你自己能完全放松，深入信仰的静谧中。如此便能冷静思考，困境自然会迎刃而解。

另一个处理困境的诀窍是，绝不放弃、绝不后退。当诸事不顺而你也疲于应付时，你该怎么做呢？你必须努力不懈，对未来有所憧憬，以虔诚之心去坚守成功。伟人之所以能彪炳史册，便是由于他们的坚持，身处困境却不坠其志。

获得胜利的另一个因素是信心——"相信你能，而且你一定能。"信心恰如利器，当你握紧它时，胜利近在咫尺。人之所以被击败就是因为心灵陷入困顿，自认为疲弱。学会相信自己，上帝会伸出援助之手，困难终可征服。也许你一时还不够强大，但不要忘记，成长是你的本能，心灵会日渐强大。换句话说，你可以比一切困境更为强大。

积极向上之心教导我们，请停止与自己的对抗，用强势的心态替代羸弱的灵魂。困难只是成长的滋养物。俄罗斯有一句谚语："铁锤能打破玻璃，更能铸造精钢。"愿你如钢铁般坚强，以千百次锤炼去磨铸你的意志和力量。

杰出的领导者都会遵循这条人生哲学。艾森豪威尔总统永远铭记他的导师——自己那位睿智的母亲。她的明智源自虔诚的宗教信仰，用自己的诚挚信仰去塑造子女，赋予他们强大的精神意志力。根据艾森豪威尔的回忆，一家人在安静地玩牌，可他总在埋怨自己的手气。这位母亲教导自己的孩子——"接受自己的牌，那是你抓来的，生活也是如此。"是的，上帝为每个人洗好扑克牌，再递到你的手上，而你只有尽可能地玩好自己的牌。总统从来没有忘记用这条教诲应对每副抓到的"牌"。

·第二章·

幸福与自信： 成功者心中的力量

比起成年人来，儿童最懂得享受幸福，在生活的某些方面，他们可以被看作专家。而那些能够始终保有赤子之心，以至垂暮之年尚能安享生活之美的人，更可称得上是一种天才。年轻人所特有的天赋便是，他们知道如何把握幸福，只是这种天赋太易消磨。生活之繁复，让我们的精神日趋衰老，让我们在迟钝和疲倦中失去纯真。

保持一颗年轻的心

"幸福是什么？"

我九岁的女儿伊丽莎白给出了自己的回答：

"告诉你吧！幸福是我身边的每个人。我的玩伴们使我感受到幸福，还有我的老师，我喜欢学校里的每个人。还有，我喜欢在礼拜日上教堂遇见的那些人。我爱家里的人，我的姐姐弟弟，我的爸爸和妈妈，在我生病时他们都关心我，家里有了他们才会温馨。"

这便是伊丽莎白的幸福。在她的回答中，无论是和她玩耍的朋友（这是她的伙伴），还是经常去的地方，比如学校（这是她读书的地方）和教会（这是她做礼拜之处），最后是她生活的家庭——姐弟和父母。这就是幸福，极其单纯但又是最为高尚的生活方式。

我也曾向少男少女们提出相同的问题，并认真记录下他们的答案——如此美妙，愈发让我感悟到生活之美：

"有一只大雁在水面游动，把头探入水中，清澈的湖水倒映着它的洁白羽毛；水流飞溅，前行的船身迅速地划过湖面；跑得飞快的列车；伸长臂膀的工程起重机；小狗的眼睛……"

"倒映在河上的街灯；树叶上洒满阳光，其间隐漏着红色的屋顶；烟囱中冉冉升起的长烟；红色的天鹅绒；从云间透出光亮的月儿。"

虽然这些答案并没有清晰地告诉我们那一刻他们的全部感受，但这些只鳞片羽无疑是美丽的，甚至可以说是宇宙所营造出的精美殿堂。想要触摸这华美殿堂的一角，请记住：荡涤尘俗，让心灵在清澈中窥见浪漫，保有赤子之心，用单纯的生活培育平凡的幸福。

让幸福成为习惯

"我觉得幸福，这只是一种习惯罢了。"事实上，是我们自己制造了不幸，心中惯常的想法会决定人生的方向，当然，我们也可以创造幸福。有一位名人说："困苦的人总在愁苦；心中欢畅者，则常享盛筵。"这便告诫世人，培养愉悦之心，会让生活成为一场欢宴。幸福只是一种习惯，它是生活的累积，作为生活的主人，我们完全可以主动造就一场动人的幸福。

如何让幸福成为习惯，需要借助思维的力量。请先拟订一份清单，记满有关幸福的所有畅想，每天都去看看，让不幸的想法从此摒除，代之以幸福的念头。当白昼重新来临，不妨先在床上静静冥想，让一天以幸福的感觉开始，在心中描绘出一幅幸福蓝图，去迎接所有挑战。如此一来，不论你遭遇何事，你都会积极面对，甚至将困难与不幸扭转为幸福。当然，倘若你一再告诉自己："事情不会那么顺利的。"你便是在制造自己的不幸，"不幸"已经将你围绕。

幸福需要和谐的人际关系，多多了解别人。要知道别人不可能和你完全相同，不同的思考方式、不同的喜好都会带来差异。当你认识到这一点，你便能积极地与人相处，急人之急，应人之需。

不要苛求他人，要知道，磁铁互相吸引，正是因为相反的两极能够互补。为人也是如此，性格相反往往可以成为挚友。一个乐观向上，雄心勃勃的人不会缺乏能力与意志力。可当他碰到一个极容易满足而时常表现出羞怯情绪的人时，他们似乎成了相见恨晚的朋友。也许对方的机智和谦逊正是自己最好的补充，甚至对方的缺乏自信心也成了优势。他们联合以后，便可融合各自的优点，缺点也就互相抵消了。两个性格相似的人结了婚，他们一定会感到幸福吗？答案也许是"不"。

再看看孩子与父母的关系。许多不幸的家庭中，孩子们并不了解、也不尊重他们的父母。这是谁之过？是孩子的，还是父母的，或者是双方的？

语言交流极其重要，既能相互吸引，也会造成对立。你可以被认为是一个绝妙的人！可有些人不是这样想。他们反应不当吗？还是故意抱有敌意？可不要忘记，他们同你一样理智，他们也总是通情达理。他们那些令人不愉快的反应，可能是你造成的，你的所言所行确实失当了，也许仅仅是你那不友善的语气泄露了心中的想法。要认识到这点并不容易，可要想改变，你就要主动地改正错误，这或许更加困难——但是你能做到这一点。别人既然不喜欢你说话时的语气态度，你就得注意，避免再次冒犯别人。

即使是他人的过失，莫名其妙地向你怒吼，让你心中不快，那你怎么回应？你如果也用那种声音对别人叫喊，他的感受也是一样的。所有人的反应都是如此，不会因为关系亲密就会改变，哪怕是你的家人或是朋友。

即便你出于好意却受人误解，请不要急躁，再次表明自己的真实意图，消除误会。你喜欢被人称赞，也喜欢被人铭记。将心比心，如果你称赞别人，写一封短信表达自己的思念之情，他们一定也会高兴。

分离既久，唯愿鸿雁传书，一封封满含情意的书札将会让焦躁的分离变成心灵的蜜月。许多分居两地的人之所以最终能步入婚姻殿堂，正是因为信笺传递着他们的爱情，而无视空间的阻隔。

书信是一种绝佳的交流方式，增进理解，培养感情。它有一个绝佳的优势，不必面对尴尬的场景，可以自由地表达各自的真实感受，这不受任何制约。马克·吐温在婚后依旧书写情思，传递他对妻子的深厚情谊，他们并没分离，他们在家中依旧用这种方式过着真正的幸福生活。

信笺是提炼思维的最好方式，你把思想提炼在纸上，可以借助回忆过去、分析现在，你会越来越清晰地描绘未来图景。一旦提起笔你就欲罢不能。当然，书信需要往来，为了方便别人回信，你可以提些问题，让他也成为作者，你就可以体验到收信人的欢乐。

你可以让收信人按照你的指引进行思考。经过周详的考虑写好信件，收信人读你的信时，信中令人鼓舞的思想将不可磨灭地深印在他的记忆里，而他的理智和情绪就会沿着你指引的路径前进。

拥有美好的姻缘

对于某些人来说，婚姻是一座迷宫。能够进出自如，尽享婚姻的乐趣是一种成功。当人们建立起亲密的关系，这就意味着，双方能互相鼓励，互相合作，共度幸福而健康的人生。在这种和谐的婚姻关系中，子女们也会倍感温暖，互敬互爱。家庭本应是播撒幸福的场所。

婚姻中的男女往往面临许多敏感的困惑。两个不同的人彼此调整成为一种亲密的结合，这可绝不能期待运气，必须建立起明确而实际的计划，双方借此得以成熟。而子女们也能享有充实而圆满的幸福人生，这正是婚姻的目的。快乐的婚姻能让夫妻及子女获得最大的满足。

我们常听到婚姻的双方抱怨彼此。比如缺乏共同兴趣。丈夫每天一大早上班、下午六七点钟回来。他从不把一天的工作情况讲给妻子听，妻子也不感兴趣。而妻子呢？她每天的生活就是逛街、购物。又总喜欢把这些琐事一一讲给丈夫听，不管丈夫认为这些有多么无聊。结果，彼此的兴趣差异越来越明显，两个人越来越难以沟通。许多女性有意或无意地将自己视为一件艺术品。婚前受到父亲的照顾，结婚之后，这个保护者的角色理所当然由丈夫取代，如同一个长不大的孩童。在这种心态驱使下她们想处处受到宠爱。婚姻的全部，便是丈夫要提供幸福，而她只需要享有一切。但是，事与愿违，没有哪个丈夫愿意扮演爸爸的角色。他期待的伴侣是成熟的女性，对于生活能有共同的奉献。如此一来，妻子因为观念错误，而对丈夫有了强烈的不满，他们的婚姻便面临解体。

夫妇间要培养成功的婚姻，关键在于双方都要成为成熟的人。"好莱坞式的爱情"总用花前月下的动人场景感染着我们，可放在现实中，这种浪漫的观念已经危及我们的婚姻生活。

两性间的兴奋可以造就幸福婚姻，可许多年轻的夫妇却偏执地认为，性即爱情，当性的兴奋消去，爱情也将丧失。他们不肯在性以外取得协调。夫妻双方性关系失调，的确会造成严重的后果，可生理方面的关系绝不是婚姻生活的全部。性行为不能视作单纯的生理行为，更是两个人精神上合二为一时的神圣行为，是爱情之中最高尚、最纯真的情绪表达。《圣经》上说："汝等合为一体。"请你注意，我们讨论性爱一事，正是因为婚姻生活中的精神因素是如此重要，它才是真正的力量来源。有了积极的精神力量，我们才能克服婚姻中的所有难题。

沦为自己的俘虏最为不幸，遭遇自卑感的侵袭，背负不幸命运的重荷。如此的人生，还能得到拯救吗？毫无疑问，自信足以克服自卑，若能采取适当的措施，痛苦也可轻易地去除。

改变自卑，自信让自己更有力量

自卑从自我的精神中萌育，而为何形成，其原因又扑朔迷离，也许始自孩提，又或者是别的什么因素造就。

有一位企业家相当看好公司内的一位年轻人，想大力栽培他成为事业上的助手。这位年轻人能力卓著，可有个缺点却阻碍了他的前途——他太多话，无论什么秘密，只要让他知晓，必然泄露无遗。他因此无法参与公司的机密工作，前途堪忧。

经过心理分析，这位年轻人之所以守不住秘密是由于自卑。换言之，他是为了弥补自卑感才忍不住向他人透露秘密，以炫耀自己。原来，公司里大都是相当优秀的大学毕业生，然而这位年轻人却没有他们幸运，他自幼生长在贫穷家庭，没能进入大学校门。因此，自觉出身贫寒的他为了与伙伴取得平等地位，无意中用炫耀来弥补自我压抑的潜在意识。

这位年轻人多次参与公司的重要会议，也经常陪同上司参加各种会议。因此，他能轻易地得知有关资讯。这些所谓的内幕消息便成了年轻人炫耀的资本。这的确满足了他本人的自我表现欲望，在同伴钦慕的眼光中，他感到了前所未有的成功。

幸而他遇见了一位知人善任的企业家。当董事长注意到年轻人这项缺点时，便给予了他适当的工作职位，让他既发挥才能，也逐渐了解到自己的性格弱点，不再泄露秘密。经过自觉自省，年轻人终于能够恢复自信，终担大任，成为公司的精英分子。

自卑感往往躲藏在我们人格的深处，被迷蒙的过去所笼罩，在我们的人格形成过程中，足以构成巨大障碍。其形成因素多样，或者是少年时期所遭遇的感情挫折、甚或被某些记忆深刻的环境左右，在这些内外交集中灵魂困顿不已。

举例而言，你有一个近乎天才的哥哥，在他优异的成绩面前，你总是无颜以对。一个看似简单的事情，极有可能成为你终生的包袱，每当信心稍有所动，它又会将你死死压住——你觉得自己这辈子再怎么努力也不及他的一半。你给自己画了一个无形的圆圈。从此，你如同自缚的蚕蛾，不敢期待炫目的阳光。事实上，那些在学生时期总获得优等成绩的人，日后未必能成为大人物。究其原因，他们的学业成绩成了成长道路的羁绊。迈出校园后，他们便停止了追求，很难有优异的表现；反倒是那些在校成绩平平的人，一心想在社会上博得一席之地，于是努力不懈，成为佼佼者。此番事例比比皆是。

病态的自卑感侵蚀着我们的心灵，让怀疑心态根深蒂固地左右着我们的生活。以坚定的信仰充斥内心，方能遏制它的肆意蔓延！这种做法虽然听起来并没有什么惊人之处，但是它的确能让你的灵魂更加纯净有力。坚定的信念会给予我们莫大的帮助，不再有不安和软弱，长久以来由于消极的观念所形成的障碍，也终将破除。但是必须要注意的是，一定要抱定信念持之以恒，方能真正地完成自我。

困难一旦累积，就会使自己不断衰弱而濒于崩溃。就如同身悬半空，你只能窥见身下的无尽深渊，早已不知道双腿还能攀缘。失魂落魄之下，你的所有能力均化为乌有。此时，能拯救自己的唯有冷静，务必重新衡量自己，评估自己的所有"资产"。如果能够以合理的态度应对，无疑会有助于你认清事实，进而化解困境。

我们遭遇到的任何困境，无论多么糟糕，甚至近于绝望，若能以正确的心态应对，其后果或许并不那么可怕。由此我们得出一个结论，决定事情走向的是你自己。不妨问问自己：我对这件事情怎么看呢？千万不要在采取措施之前，已经在心态上败下阵来。如果能秉持自信和乐观之心，你便极有可能克服逆境，直至反败为胜。

这是一个相当特别的人，不仅拥有卓越的才干，更是时刻显得充满自信。他是公司的伟大人物，简直无人能比。每当同事们陷入困境，他便会立刻施展自己的魅力打消他们的悲观念头，继而冷静地分析，引导他们重新审视问题。可以说，他是这家公司的"精神导师"，是一切乐观氛围的创造者。事实上，他的最大能力就是拥有自信。自信是一个成功人士必备的优良品质，它能让人客观冷静地看清事实，避免为病态的自卑感所控制。是成为自己的主人，还是沦为自卑的奴仆？这正是我们所面临的重大抉择。我们需要矫正观念，保持积极健康的心态，才能不堕"牢狱"。

因此，当你有了挫败感，感觉颜面尽失时，不妨冷静地坐下来，在纸上记录下思想。不要肆意地诅咒，不妨把你的对立面赞颂一番，集中心思去应对挑战。用这种方式激发内心的力量，全力以赴地扭转局面。

自信往往只是某些人的习惯，他们的思想意念储存着能量。以心灵的至大之力去应对生活的纷纭复杂，正是生命强者的写照。而羸弱的灵魂总是亲近失败的念头，自然输掉了人生。不妨让阳光照进胸膛，泰然处之地看着潮起潮落，借蓬勃之生命谛听宇宙之静谧，这该是一次多么美好的生命历程啊！贝希鲁金曾说过："放肆起来吧！你将手握至伟之力量。"这本就是诚挚的信仰程度，愈纯净地信仰自己，愈能清晰感觉生命力量的潮汐往来。

让信仰的力量扎根心底，让静谧的自信驱除疑惑。这便是我寄予大家的期望。

·第三章·

我们要面对的敌人应该是自己

我们可以清晰地看见世界，却很少有人能用心观察。我们只是在表象的迷雾中徘徊，而本质总淹没在水底。更多时候，我们就如其他动物一般仅仅获取了视觉印象，却无法领会宇宙的奥秘。当生理视觉出现缺陷时，我们会向医生求助，而谁又能想到，心理视觉也会被扭曲。当心理视觉被扭曲，你便只能在一层虚假概念的薄雾中东奔西窜，鲁莽又不知所措地伤害着别人。如同眼睛的生理弱点一般，心理视觉也会有近视和远视——正相对立着折磨我们。

心理观察也有近视和远视

如同近视的人易于忽视远方的物体，某些人从来不知道未来的模样。他们只注意身边的问题，从不为将来着想。也许有时仅需要做些准备，那些不断涌现的机会就会赐予他辉煌，但他们总是错过。不懂得展望未来，为今后的生活制订计划，这就是心理近视患者的典型表现。有心理近视的人只能看见鼻子底下的东西，在他的远方，无论是灯火辉煌还是绿叶成荫，他毫无知觉。没有远眺的欲望，他们也不可能有计划地创造明天。时间对他们来说，仅仅意味着被动等待，毫不懂得去思考时间的价值。而当他们疲于应付的时候，便又一次将心灵捆扎在荆棘中。对于这样的人，我们多希望能帮助他们，给他一颗安静的心，不要在眼前的浮躁中失去理智，远处有更新的图景，那里才是宏伟的去处。

心理远视者，恰恰又陷入了空想，未来对他们来说，美好却无法触及。因为他们看不见近前，梦想世界的阶梯无法搭建，生活将永远因此断裂。他们只能看到远处的东西，却白白丢失了脚下的机会。而活在当下的我们又怎么经受住这等损失？盯住眼前，又能展望未来的人将会得到丰厚报酬。想想那些发明家们，他们正是发现了眼前的问题，进而考虑到别人的需求，一个个实用的创造就诞生了，哪怕是一个巧妙的发卡，也能为他们收获可观的酬金。看看你的周围吧！要学会观察！也许宝藏就深埋在你家的后院里。处理日常事务时，如果遭遇到困境感到苦恼时，不妨看看近前的情况，筹划一下事情的进展。这时，你就会知道，一颗健康的心灵该有多么宝贵，能够洞察眼前，又可以触摸未来乃是我们最壮观的成就。

当然，需要指出一点，观察是一种能力，可以习得也会忘却，像任何复杂的技艺一样，必须勤加练习。

用心灵洞察他人

我们大都很自信，智慧赋予我们非凡的勇气，可面临困境时，才发现，我们从未仔细审视过自己。我们像个盲人一样，毫不知情。比如一位自以为称职的教师，他总认为自己既懂得教育，也知晓人情。但他可能从不知道自己学生的优点，也看不见他们将来的前景，某些潜在的能力可能就此被埋没。

当然，每个人都需要改进，我们并非生而卓越者，蜕变伴随着我们的一生。再伟大的人也可能长期徘徊在疑虑中。丑小鸭在没有看到春光之前，它还在灰黑色的世界中游荡。不过，一旦他们窥见心灵的智慧，知道信心的可贵，并就此展示潜藏已久的才能时，他们会很快达成目标。

爱迪生小时候一直是老师眼里的"愚笨的、昏庸的蠢货"。他在回忆起童年的不凡遭遇时，总是称赞他的母亲。她是一位洞察心灵的引路人，她维护了孩子的热情期盼。爱迪生说："我的母亲给我的影响使我终生受益。她总是亲切地安慰着我，富有同情心，又准确地指引我的生活。"这种建立在洞察心灵基础上的信任，往往让困惑者得以重新审视自己，正视自己的才干。也正是源自母亲的传递，爱迪生用激情去浇灌自己。而正是这种审慎的态度，让他感受到了洞察力的可贵，他认真地思考，以创造人类的未来。

仅仅依靠听闻未必能够用心其中，倾听却会让你洞察一切。请你精心应用这一原则，在生活中汲取精华，使睿智成为灵魂的一部分。当你见到新鲜的东西，就请问问自己："为什么?"用心去观察它,你可能会有惊人的发现。

把握崭新机遇

当我们用心去接纳崭新理念,重新审视事物时,我们心中会涌现许多想法。也许并不立刻被人接受,甚至会被视为狂妄。这些可能会吓倒我们的想法,会给我们带来巨大财富。遵循理智的号召,行动起来!

这个故事的主人公叫做哥尔德斯通,一位普通的珠宝商。恰逢经济萧条,一切都成了变数。而哥尔德斯通"看到了"好机会——他获悉日本可以生产美丽的人工珍珠,售价也低于天然珍珠。他和妻子爱斯瑟,变卖了所有的资产,动身到东京去。不景气的市场已经让他们所剩无多,幸而,他们还有崭新的计划和乐观的未来——他要把日本人工培养的珍珠推销到美国去。他们夫妇会见了日本珍珠商协会的领导人喜田村先生,请求喜田村先生给他 10 万美元的贷款。在经济萧条时期,这是一个惊人的数字。然而几天之后,喜田村先生同意了。珍珠销售也很好,他们就此发家。

几年后,他们决定自己养殖牡蛎(又是一个别人所未能看到的机会)。但问题是,牡蛎的死亡率高达 50%。"我们如何才能避免这个巨大的损失呢?"他们问自己。经过许多研究,哥尔德斯通夫妇采用医学方法把牡蛎的外壳擦洗净,借助简单的医学消毒法以减少牡蛎受感染的危险。"外科医生"们用一种液体麻醉药使牡蛎松弛,然后把一粒微小的片丸塞进牡蛎,逐渐形成珍珠的核心。他们再把这些牡蛎置于水箱中。每四个月检查一次。通过这种技术,他们的牡蛎存活率高达 90%。

我们再一次看到了洞察力的不凡效果。他们的成功源于精心的观察。这种人类所特有的能力,远远比视网膜接收光线要复杂得多。我们不仅要看见表象,还要经过反复地思考,对其做出解释,一切微妙的变化便会产生。

学会观察,我们可以抓住更多的机会,在以前看来这实在不可思议。积极地向生活求教,让知识不只是停留于感知,以行动去征服人生,这就是成功之道。

克服心病,让人生更健康

综合各方面数据,有 50%~75% 的现代人曾遭受精神疾病的困扰。虽然情况轻重不一,却都使他们的生活痛苦不堪。有许多人千方百计寻找良方,可惜的是,并没有出售这类药品的店铺；此种药品也无法以我们所知的形态存在，不是液体，也不是固体。

然而，上帝早已为我们写下处方——在信仰的粉末里掺杂上乐观的药水，这就是最佳的特效药！

科罗拉多医科大学的富兰克林·耶伯博士认为，一般症状中，可以确诊为器质性病变的占到1/3；由情感刺激和身体病变共同导致的占到1/3；剩下的1/3很明显属于单纯性的精神疾病。《精神与肉体》一书的作者富兰达斯·丹巴斯博士也提出相同观点：问题不在于疾病是由于什么而引起，无论肉体的或感情的，但它们都属疾病。

事实上，经历过疾病的人，大都有着同样的经历，糟糕的情绪（怨恨、憎恶、恶意、嫉妒及复仇等等）往往会恶化我们的病情。如果从纯生物学的角度观察我们，肉体上的化学反应构成身体的全部。然而，这种化学反应往往因为某种特定的"催化剂"（我们的心理作用）而产生变化。比如，长期处于兴奋状态会让机体迅速衰弱。概括说来，精神境况事关我们的健康。因此，如果你的健康情况不甚良好，我建议你慎重分析，究竟是哪里出了状况，可别以为只是吃错了东西。你必须认真地反省，最近是否憎恨过某人，或者在心中藏着小小的妒忌，摒除了它们，你才能重新获得健康。

须知不当的食物可以腐蚀肉体，灰色的情感也能腐蚀灵魂。凡是疾病，都足以造成持久的破坏，精力低下，工作无力，凡此种种，你绝无幸福可言。

论及不良情绪的危害，我们不能不说到其中最为常见的一种——愤怒。这种情感发起无端，又最具破坏力。因为一件小事，我们失去了美好的一天，这样的事情屡见不鲜。可如果出于愤怒而伤害了他人，那后果将不堪设想。它的到来淹没了智慧，分裂了信仰，让我们慈爱宽大之心不再。在这样蒙昧的心智下，将会发生多少或大或小的悲剧。可见，我们需要采取措施，尽可能将其遏制。下面我将为诸位提供一些建议，希望可资借鉴。

第一，愤怒是一种炙热的感情，来去匆匆，极喜欢借助你充沛的精力产生爆炸效果。因此，当感情逐渐炽热时，提醒自己，设法冷静。但该如何冷却情感呢？一般说来，你需要调动自己的意志力。人在生气时会紧握拳头、大吼大叫、肌肉紧张、身体僵硬（从心理学来说，你已经在做战斗准备）。因此，你需要将这种战斗准备中断，用明澈的心智将激情冷却，重新审视情况，一切并非要用极端方式去解决。在举止上你也要作出调整，用意志力去控制音量，设法伸直手指，强迫自己先坐在椅子上，甚至闭上眼睛躺下，用这种姿势去休息片刻。

第二，反复提醒自己："不要做些无聊的事，这毫无用处。要冷静处理！"这时，设法祈祷，如果在心里压抑不住，不妨高声地念诵出来。

第三，愤怒通常是由小事引起，长久累积而成。事情本身很微小，但累积起来的力量却威力巨大，终于如烈火般地燃烧起来，使我们完全失去理性。因此，当你感到愤怒时，不妨做些记录，无论巨细。借此，将它们及时排解开来，将愤恨写在沙粒上，风吹过后，你又回归平静。

第四，愤怒堆积时，请逐次化解，不要企图一次就赶走所有的愤怒，那样反而损伤耐心。

第五，训练自己，即使在愤怒如潮时，也能延缓片刻，随时留出时间自省："这件事是否值得自己生气？这样做了我会不会丢脸？会不会就此伤害了朋友？"为了能及时反省，请让自己树立这样一条信念："不管什么事，冲动毫无意义！"

第六，如果发生危及感情的事，应当尽早解决。既然无法忍受，就不必漠视，以至于郁结成怒火，愈是因此闷闷不乐，愈会加大愤怒的可能。请及早沟通，把矛盾消除掉。你要知道，如果听之任之，伤口只能愈来愈痛，心灵一旦有了创伤，总有糜烂的一天。

第七，不要抱怨，开心才是正道。与其在郁结中自缚，不如打开心胸，让怨气随风消散。找到一个值得信赖的人，把你的抱怨完全吐露出来，倾诉殆尽，你就能将其忘却。

内疚本来是通往美德的门户，我们为过错而忏悔，并因之而改善自我。我们不妨将愧疚感视为人类演进的保护者，因为它的帮助，我们分清是非，明辨黑白。你可以想象一下，如果一个人做了错事，却毫不内疚，他将会如何？

经历了祖先的传承，我们的基因中蕴藏着这种情绪，我们视其为道德的向导，在生活中不断重复。我们知道，道德标准随历史演进而日趋完善，而我们能有这样的傲人成就，便是因为我们掌握着指针——违背了道德标准就会感到愧疚。当然，出于历史发展的局限，社会道德标准并不完善。而那些社会先驱便勇于探寻，他们不惧怕旧有的道德约束，因为理智照耀下的愧疚感指引了他们。因为坚信真理，他们不会为触动腐烂的旧习而感到愧疚。

既然说到这里，我们得重申，负面情绪往往是把双刃剑，利弊如何，还要看持有人的态度。尽管它也许能激励人的美好德行，可前提是，人们要能积极应对。如果只是单纯难受，一直无法排解，其负面效应就会显现：强烈的自责、挫折感、无法释怀，进而演变成心理障碍。可以预见，一旦处理不好负面情绪，就会后患无穷。

伟大的心理学家弗洛伊德在长期病理研究中，曾发现：一些人长期生活在负面情绪的阴影中，这些致病因素里就包括愧疚感。我们可以听听他的论述："我们的工作进展得愈远，对神经病患者精神生活的认识便愈加深入，我们就愈清楚地感觉到两个新因素成为我们关注的焦点，它们正是导致患者困苦的根源。这两个新因素的头一个就是内疚感，或称之为犯罪的觉悟……"弗洛伊德是正确的。因为内疚情绪常常不容易被人发觉，即使是当事人。它深埋进人们的心里，直至爆发。它的可怕之处在于，能在无声无息中激发人们的自毁程序：受害者用种种手段残害自己，以赎清罪过。很幸运的是，当中世纪的殉教方式逐渐淡去，今天很少有人会采取极端方式惩罚自己。可我们也不能忽略因此而带来的苦痛，即使是潜意识中的自残行为也足以剥夺个人的生存权利。我们并非没有应对之策，如若能尽早发觉潜意识中的危险情绪，用意志力逐渐祛除之，一切都会消弭在萌芽中。

愧疚感本身并不意味着苦痛，只要当事人能具备良好品德，就不会受到丝毫伤害。人的天性中往往存在着对立面，初生的婴儿很少注意到别人，他们"为所欲为"，不妨称之为天性中的自私。但是，当他们长大成人，就会逐渐顾及他人的感受，懂得与别人分享世界。道德修养就是一个此消彼长的过程，我们的愧疚感始终与之伴随。如果人们的道德修养处于正常水平，他只需要遭受内疚感的轻轻刺痛。比如，年幼时一次调皮行为，又或者年轻气盛的一句恶语，这些都不为过。一旦不能跟上正常成长的脚步，等到大错铸成，你便只能等待严惩。愧疚感迫使我们不断反思：选择快乐的人生，还是无尽的忏悔呢？这全看你自己了。

黑色的恐惧

恐惧，是黑色的夜，四顾无人，让你在惊慌失措中陷入无尽的迷惘。当人们无法控制周边的环境，就会因为无力而陷入惊慌，这就是恐惧心理的由来。你可以回想自己的童年经历，是否被人置于高高的阶梯中不知所措，是否在无意间点燃后院的柴火，是否被人遗忘在车库里孤单无助。幼儿无法应对突然而至的境况改变，往往借助哭泣呼唤父母的帮助，也借以抗拒恐惧的侵袭。成年后，你无缘无故地突然觉得心跳加快，这时的感觉会怎么样，生命受到威胁？恐惧感顿时冒上心头。而当你前去拜访重要客户，却发现忘记了相关文件，眼看就要失败，很可能就此遭到解雇，这时的感觉又会如何？你会察觉，个人的能力无论怎样增长，也无法应对那些麻烦事。幼儿如此，成人也是如此。

现代人类依旧如此。本以为随着科技发展，我们已经能深入宇宙，可隆隆运转的机器并没有帮助我们多少，我们依然无法主宰世界，也常常因此陷入深深的恐惧，甚至无法主宰自己的内心世界。

不知是否出于自怜，我们被称为"受惊吓的一代"，实际上我们确实是迷失在这个"恐惧的世纪"（法国文豪加缪的说法）里。这种世纪性的通病深深刻印进普通人的心中，我们用艺术品、用交响乐、用文字去表现时代的焦虑。的确如此，这可不能简单地理解为原始社会的遗存，我们的祖先从没遭遇过如此沉重的危机——原子武器正高悬在我们头顶，也许可以在它的攻击下存活一时，但高度污染后的地球也会夺取剩余的生命。我们再也不会有未来，忧虑无所不在。原始人类听到剑齿虎的嚎叫，还能有生还的机会，他们可以逃开，也可以用木棒石块合力打死老虎。可我们，即使享用着美酒佳肴也时刻提心吊胆，也许一场小小的车祸——仅仅因为爆胎，就会夺走一切。

我们该怎么办，惶惶不可终日？很明显，为此而花费大量时间和精力极不明智，我们要面对的敌人应该是自己。困扰我们的正是难以名状的焦虑感，以及由此引发的恐惧。如果我们想一个个找出根源，再去清除这些恐惧感，只会徒劳无功。毕竟，保持相当的警惕性才能避免遭受失败，而在某些人心中，这就意味着步步惊心。其实，我们根本不知道自己在害怕些什么，恐惧并非来自一种具体的可以言明的威胁。它看不见摸不着，像笼罩在我们头上的阴云，给我们的生活投下浓重的阴影。唯一可行的办法就是自我解放：恐惧的敌人是快乐，不妨在警惕感的保护下，增添些乐观的思维。毕竟，它能让眼前的生活变得美好。既然能做个身心愉悦的人，何乐而不为呢？

·第四章·
立即行动起来

"立即行动起来!"缺乏自我激励成为某些人的痼疾，他们很需要这句话语，不妨抄录在自己的心里，以示警醒。当它下意识地闪现出来，你就该立即行动。如此，便可以养成一种良好习惯，即使是一些小事，也要做出有效反应。这样，一旦发生了紧急事件，或者机会来临，你同样能做出强有力的反应。

现在就行动，改变你消极的态度

假如你应该给某人打电话，出于习惯迟迟拖延，请"立即行动"。又假定你准备在 6 点起床。然而，当闹钟铃响时，你睡意仍浓，请"立即行动"。可如果起身关掉闹钟，又回到床上去睡，久而久之，你很难准时起床。习惯之不同完全可以决定你今后的人生走向。建功立业的关键在于积极争取，勿让惰性毁弃每个愉快的清晨。

乔根入住华盛顿的魏拉德旅馆时，账单已经有人预付。可是，上帝同他开了一次危险的玩笑——他发现钱包不见了。刚刚到达美国，假期尚未开始，乔根完全可以就此放弃美国之行，幸而我们的主人公非同寻常。

"现在和昨天一样，除了钱包我什么也没有损失。那时我很愉快，现在我应当也很愉快。刚刚到达美国，我有权在这个伟大的城市里享受一个假日。"他步行出发了，参观了白宫和国会大厦，爬上华盛顿纪念碑的顶部。虽然少去了几个地方，可站在巨大的博物馆里，他还是看得很仔细。随身带了一些花生和糖果，细细咀嚼，又让旅程免于饥饿和单调。

当他回到丹麦后，回忆起这段美好的旅程——徒步参观华盛顿，"那一天变得极有意义"，他没有在无谓的自我责罚中度过。乔根很懂得生活的智慧，眼下才是最重要的，必须在逝去之前，把今天抓紧，好好度过每段时光。

故事有个令人喜出望外的结果。五天后，乔根的钱包、护照被找到了，华盛顿警察局将原物送还给了他。

现实往往充满意外，随之而来的，还会诞生一个神奇的结果——上天赐予我们的灵感。而我们出于自我防护的本能，在胆怯中可能会放弃了这一恩赐。我们有时会为自己的疯狂念头而颤抖，这些突然而至的东西珍奇却又显得荒唐无稽。毫无疑问，遵从一个未经试验的想法需要勇气。然而正是这种勇气，却会让灵感迸发出最美的光芒。

我们可以看看纽约皮货商的女儿露丝和她妹妹爱丽娜的故事。"我父亲是一个失败了的画家，"露丝说，"他有才能，却总为生计所迫，无法静心创作，最终在低水平的劳作中耗尽心力。"然而，在父亲的熏陶下，她们具备了优异的美术鉴赏力，成了朋友们的艺术品咨询师。她们建议朋友应当买什么样的装饰画，把自己的藏品借给朋友们欣赏，这个家庭有着浓郁的艺术气息。

一天夜里三点钟，爱丽娜唤醒了露丝，她被精彩的梦想打动，并且惊叹不已。"不要争论，但我有一个极好的想法！我们马上结盟。""结盟?"露丝睡意未消。

"对，我们一起努力，还可以跟别人一起合作，出租画作!"露丝同意了，这是一个极好可又很冒险的想法：名贵的画作可能会丢失，从而引来一系列法律诉讼，以及索要保险赔偿。可就在当天，她们开始工作了（朋友们并不完全赞同）——筹措了300美元的资金，说服了父亲把皮货店的底层提供给她们。

"我们从珍藏的图画中选出1800幅，装在画框中。"露丝回忆说。父亲为女儿们的莽撞感到担忧，从心里并不赞同这次毫无把握的冒险，残酷的经营现状也冲击着她们。但她们坚持了第一个年头，还在四处奔波。她们的公司称为"纽约流动画廊"，大约有500幅图画常年出租给公司及个人，形形色色的艺术爱好者光顾她们的店面，有医生也有律师，还会引来家庭的其他成员。最为惊奇的是，她们的一位老顾客竟然曾经蹲过牢狱，在马萨诸塞州忏悔所中待了8年之久。当初，得知有这样一个特别的业务，他很谦卑地寄信索取，其实并不抱太大希望。他提供的住址太过敏感，他仅仅支付了运费，画作就免费寄至。监狱当局为了回报这个画廊，致信以示感激，正是她们提供的画作使几百个囚徒可以近距离感受高贵的艺术品，而他们的心灵也纯净了许多。露丝和爱丽娜从一闪灵光出发，开创了精彩的事业。其结果不仅成就了她们，更增添了他人的幸福。

"立即行动！"学会在生活中，用迅疾的反应圆你最初的梦想，即使看似荒诞，也终可能成为现实。可当你犹豫片刻，这些想法就会在脑海里不断盘旋，然后会被贴上大大的标签——"不着边际"，从此你休想妄谈什么建功立业，再简单的事情也不会做成。

记住这句警言："立即行动！"它是点燃动力的火花，你的无限潜质会就此迸溅光彩；生活的方方面面也会就此改变；那些想做又不敢做的事情，就此实现。至于些许小事，再不会拖延你前进的步伐。抓住宝贵的时机——一旦失去，你将后悔终生；打电话给你的敌人，让你们和解。不管你曾是什么人，也不用考虑你将会怎样，只要行动起来，命运便握在掌中。

亲近财富，把握财富

不管是谁，无论你的年龄、文化程度和职业如何，你都有可能获取财富。人天生是财富的制造者，所不同的是，一些人亲近财富，而另一些人排斥财富。

所以阅读以下章节，请先问问自己，你想致富吗？你排斥财富吗？

走进成功者的创业历史，我们常常发现：他们的成功并非偶然，他们也不是因为一时冲动而走上奋斗之路，我们如果追溯他们的过去，会发现源头都是读书学习。成功者都善于学习，他们从不低估书籍的力量。书籍是一种工具，说它能塑造灵魂也许太过玄虚，但当你身处黑暗，它确实能照亮你的生活。在书籍的激励下，你能大胆地走进一个别开生面的境界。

留出一段时间，静心思考，愈能沉得下心的人愈能亲近财富。正是在十分宁静的情况下，我们才能想出最卓越的主意。所以，请不要抱怨为此而耗费的时光，"无所事事"有时会创造更大的价值。勤于思考，正是人类建设宏伟事业的基石，由此及远，我们才会见到不断出现的美景。

替自己制一个计划，你的一天有1440分钟，将这个时间的1%——仅仅14分钟——用于学习、思考。养成这个良好的习惯，你就会惊奇地发现：无论任何时候，在任何地方，你都会获得创造性的想法。比如洗刷碗碟抬头看着窗外时，骑在自行车上的时候，甚至躺在浴缸里安适地闭目养神时，你都可以成为一名敏锐的思想者。有了创意后，你只要拿起纸笔，记录随时来到你心中的灵感。爱迪生那样的天才就是这样做的。说起来，纸笔该是人类最伟大的发明，简单却又无可替代。

学习的目的在于看清自己，而要创造财富，你必须学以致用，树立适合自己的目标。很多人都认识到树立目标的重要性，却不知道如何做好这一步。那么请牢记以下 4 件重要的事项：

第一，写下你的目标。当你书写时，你的思维活跃，目标会自然地浮现在眼前，清晰而又深刻，给你留下不可磨灭的印象。

第二，确定时限，安排通往目标的时间表。这一点至关重要，你可以按部就班地向目标迈进。

第三，把你的目标定得高一些。达到目标的难度愈大，而你付出的努力也会愈加巨大，你为达到这个目标所付出的精力也就愈加集中。

第四，胸怀大志。敢于仰视星空的人，会有如星空一般的胸怀。而成功者所能达到的成就，正取决于其胸怀与抱负。故而，请树立一个更高的目标，不断地向自己提出更高的要求。

此外，若能给你的目标规划制订出详细的蓝图，那就更易操作了。

消极的心态会排斥财富

人们渴望财富，谁会愿意将它们拒之门外呢？诚然，有愿望，却还需用心争取。成功者之所以创造世界，正因为他们有着广大的胸襟。而失败者，却总在消极自责中拒绝前行。许多人距离成功仅一步之遥时，却受困于孱弱的心灵，只能停下脚步。

这个故事的主人公叫奥斯卡，一位石油公司的探测员。1929 年的下半年，他在俄克拉荷马城西部沙漠地区已经待了好几个月，尽管当时气温高达 43℃，但他已经成功在望。这位麻省理工学院的毕业生制造了新式探矿仪器——仅仅是一些旧式工具，比如探矿杖、电流计、磁力计、示波器、电子管什么的，经他改造却成了效率极高的"金钥匙"。他的卓越才干得到初步展现，原本只需静静等上一段日子，他就能功成名就了。然而，奥斯卡所在的公司破产了，他失业了。既然前景黯淡，他决定踏上归途，可这意味着所付出的努力就此化为乌有。沮丧与疲倦包围着他，在火车站等车的几小时里，他百无聊赖地架起探矿仪器。无法置信，上帝跟他开起了玩笑，仪器上的指针竟然旋转起来——车站地下蕴藏有石油！哦，可怜的奥斯卡可不想相信这一切，该死的玩笑，他在盛怒中踢毁了那些仪器。"这里不可能有那么多石油！这里不可能有那么多石油！"他十分反感地嚎叫。也许我们可以把这一切举动归因于"魔鬼"的指示——奥斯卡太过于沮丧，就此与宝藏擦肩而过。俄克拉荷马城地下埋有石油，甚至可以毫不夸张地说，这座城就浮在石油上，而他丢弃了这个全国最富饶的石油矿藏地。

奥斯卡的糟糕境遇为我们留下了深刻印象，他似乎用失败的泪水告诫后人：总有沮丧的人主动拒绝财富，财富创造者必须抱着积极的心态，方能百折不回。

靠有限的资金也能得到财富

"获得财富，这是成功人士的标志。而想取得成功又谈何容易，那些做梦也想得到的财富并不会凭空得来，而且我一无本钱，二无机会，怎能得到财富？"这些话语可能代表了多数人的立场。想成功，却苦于没有资本，无法踏上关键的一步。

在这里，我想跟大家分享我的意见，也许凭借不多的金钱我们也能有所作为。请看我的三条建议：第一，从你赚得的每1美元中节省下10美分来；第二，每6个月去银行提出储蓄金拿去投资，你会收到更多的利息；第三，当你投资时，请听取银行家的忠告，安全投资才不至于丧失本金。让我们再重复一遍：以上3条正是面向普通人的致富原则。对我们而言，从赚得的每1美元中节省10美分，并进行安全投资，就能得到安全和财富，这样做似乎并没有什么困难。应当何时开始呢？何必等待，干吗不从现在就做起？下面，请看看一个普通人的经历。他健康，也曾有过种种尝试，然而此时他已50岁。当他遇见拿破仑·希尔——一位成功学的资深导师，又一次感觉到了机遇："你能富裕。你的前程远大。但必须有所准备，抓紧可以利用的机会，重新拾起斗志。"神奇的是，这几句似乎空泛的话却让他信心倍增，他确实很用心地创业了。5年后，这个人还是不算富裕，但他已经摆脱了贫穷，偿还债务的同时已经有了小笔投资——资本都是节约所得的。

借用他人资金

小仲马在他的剧本《金钱问题》中说道："商业？这是非常简单的事，就是借用别人的资金去做自己的事情！"是的，商业并不那么复杂，只是简单地吸取资金，再以此生利。富兰克林是这样做的，立格逊是这样做的，希尔顿是这样做的，所有的商业大亨无一例外地遵循这一规则。这与你富裕与否并无关联，即使你很富裕，也不应该放弃每一次融资机会。不很富裕的我们，更应如此。

当然，在这个问题上应该慎重，你的行动要合乎道德，不诚实的人是不能够得到信任的。遵守信用，你方能受人尊敬，别人才会将资金暂借与你。诚实远胜过其他品质之处，在于其无法掩饰的纯洁性——诚实与否，会自然而然地体现出来。你的言行举止，甚至细微表情，都会被人关注，即使是最漫不经心的观察者也不例外。不诚实的人总会露出马脚。而对于曾经辉煌的企业，一次不道德的行为就足以使它的全部努力都落空。因为各个行业不可避免需要流动资金，而他们的财富又建立在银行信贷的基础上，信誉不失，他们便可以用担保得来的钱获取更大利益。然而，一旦信誉有失，银行家就会向他们追讨贷款，而由此导致公司市值下跌，在一系列恶性循环中，他们会因无力偿还信贷而致破产。也就是说，商业财富的根基是商业信誉，丧失信誉也就会丧失财富。可以说，道德标准足以衡量你的事业水平。

对于那些依赖贷款的人来说，必须牢记一点：按期偿还欠款。经济交往应当遵循既定规范，如果你不能在借贷期取得足够利润，你便偿付不了本金及相应利息，你也不会获得下一次的放贷机会。因此，不能盲目借贷，应当认真计算你所从事行业的收益情况和借贷周期的关系。罔顾事实，你就会陷入信贷恶化的泥淖。在 1970 年的上半年，数以千计的人失去他们的财富，仅仅因为未能及时售出产品，以致无法还清信贷，更有甚者，盲目求大，在旧债未偿的情况下负上新债。

当你借用他人资金时，你一定要做好还款计划。如果你已丧失了部分财富，甚至一贫如洗时，也不必太过沮丧。借贷周期并不是坏东西，你善于利用的话，就可以东山再起。关键在于你要有勇气，在适当时机毫不犹豫地奋起。美国富翁们很少有从未经历过失败的，可他们都没有因为胆怯而停滞片刻，从自己的教训中获得教益后，他们获得了更大财富。

积极的心态能带来非凡的勇气。商业行为也可比喻成探险，在成功的殿堂外探寻一组神秘数码，以此打开成功之门。而你可能会一次次失败，最初的急切慢慢被灰色心境所笼罩，你可能哭泣，就此放弃。借用他人资金并非易事，这不仅就技术层面而言，更是考量我们心态的一次挑战。有一位薪酬不菲的青年销售经理写道："我有一种感触，自己站在硕大的金库前面，你已经快要打开暗门，只缺一位密码还在摸索中。人人都会觉得自己距离成功仅一步之遥。"贫穷和富裕的距离并不遥远，希望我们的文字能助你一臂之力。

富兰克林给予我们的忠告

富兰克林于 1748 年写作《对青年商人的忠告》一书，其间提到："金钱是一种可资利用的东西，借助它的特有属性——金钱可以生产金钱，其蘗生物不断，使得资本拥有无穷魅力。"至于投资的重要性，他说道："每年 6 英镑，你可以在日常花销中慢慢消耗掉，对你而言，它们可有可无。但如果积攒下来，把它不断地积累到 100 英镑，你就可以借助担保进行投资，这时它便不仅仅是 100 英镑，这就是资本的开端。"富兰克林的忠告适用于任何时代。商业规则并不因年代推移而变更，你可以按照他的忠告，从几分钱开始，不断地积累，在资本的叠加增值中，不断得到更大回报，直至百万，甚或更多。

希尔顿酒店管理公司声名显赫，而他们起步时仅仅依靠数百万美元的信贷（当然，希尔顿拥有良好的信誉），开始在一些大机场附近建造豪华旅社，并提供便捷的停车服务。借助诚实的美誉，他建立起自己的商业帝国。诚实是一种美德，无可替代，在希尔顿的商业历程中，它扮演了非凡角色。

·第五章·

无论你是谁，你都可以很幸福

　　人生是否幸福，只有当事者知道，并不完全由外界条件所决定。无论你的职业待遇是否优厚，也无论你的性别是男是女，你都可以很幸福。也许你是一厂之长，或者只是一名普通工人，这都没有关系。医师和护士，律师和助手，教师和学生这些看上去主次分明的社会关系都无关紧要。只要你有寻找幸福的能力，你就能找到幸福。幸福是一种心态，你的心态是为你所有，受你控制，又何必受外界因素干扰呢？

　　善于满足，便能寻找幸福。做些寻常事情，从中发现你"天然的才能"，循着天性所引导的路径，你就很容易于从生活中找到快乐。即便接受了一项你并不喜爱的工作，也不必就此沮丧，只要慢慢适应、积极工作，当经验逐渐丰富，对工作应付自如的时候，你就再次找回了幸福。

在工作中寻找快乐

　　如果把我们的时间分为两块，除去夜晚，我们要把大部分白昼花费在工作上。如果工作不顺心，我们还有幸福可言吗？在这里我得说说一个人的故事：阿赛姆的幸福故事。

　　阿赛姆是幸福的人，他很爱自己的工作。阿赛姆是谁？他做什么工作？他是夏威夷族长的后裔，如果在过去，他可以做一个显赫的土著酋长，现在他只是一名普通的公司职员——夏威夷办事处的销售经理。

　　阿赛姆热爱自己的工作，因为他对工作驾轻就熟，既有旺盛的热情，也有熟练的技能。即便遭遇困境，也会专心思考，借助详细计划来克服困难。至于他如何能长久保持良好心态，阿赛姆归因于自己的好学不倦。阿赛姆经常阅读励志书籍，以此激励斗志，琢磨思想。他提出了 3 个很重要的原则：

第一，使用警句自我激励，以控制自己的心态。

第二，确立目标。盲目从事你便无法认清事态。如果你的雄心广大，就把目标定得高些，你的成就也将愈大。

第三，要想取得成功，就必须了解行业状况，懂得行业的发展规律。必须定期总结，以便于研究和思考，制定出合适的规划。

阿赛姆实践了这些原则。他研究公司的销售手册，将此贯彻在自己的销售工作中：制定出较高目标再力争达到。每天早晨他告诉自己："我很健康！我热爱我的工作！在这里我大有作为！"积极自信的他取得了惊人的销售业绩。当阿赛姆确信自己可以轻松胜任销售工作时，就把众多销售员召集到身边，将其所学传授给众人。阿赛姆用最新的销售方法训练他们，让他们树立长远的目标。

每天早晨阿赛姆小组都聚会一次，热情赞颂道："我很健康！我热爱我的工作！在这里我大有作为！"然后开怀大笑，互相拍拍背，祝贺一天的好运气。相互鼓励之后，众人开始了一天的忙碌，好去收获崭新的业绩。这些人所制定的销售目标，远远超出了同行的预期，甚至让资深的销售人员都感到吃惊。而每逢周末，销售员们递交销售报告时，我们才知道这不是空谈。机构老总们都为此兴奋不已。

阿赛姆和他所领导的团队真的很愉快，尽管高目标意味着巨大的压力，然而他们有理由高声欢笑，原因也并不复杂：

第一，技艺娴熟，深谙销售之道。他们深刻了解行业规律，运用起来得心应手。

第二，他们定期确定目标，并能努力达成目标。他们知道：只要用积极的心态去干，就能达到预期的目的。

第三，他们借警句来激励自我，持续地保持积极心态，但从不流于空谈。

第四，他们圆满完成工作，并尽情享受随之而来的快乐。

因心而生的不同结果

情况正是如此：阿赛姆以积极之心激励属下，在心灵的传递中找到了共有的快乐。如前文所述，心态受人控制，能力也随之变化。且看看你的周围，注视一下那些工作优异的人，再看看那些整天垂头丧气的家伙。他们有什么不同呢？懂得寻找幸福的人总会有能力很好地控制心态，以满腔热情投入工作之中。他们总在寻找快乐，遭遇不顺，他们并不躲避，而是选择在不断摸索中让情况得到改变。他们不会沉迷于既得成就，而是盯紧前方，努力学习工作知识，以期更好地投入到工作中。他们正是雇主的宠儿，也是自己的宠儿。

而痛苦者往往自寻烦恼，徒然伤神。因为一时的不快，他们停住了脚步，只能在徘徊中错失又一次良机。真的，他们宁愿处于疲惫中，也不愿意打起精神改变环境。请看看他们的抱怨：营业时间太长、午餐时间太短、老板太执拗、公司没有给足够的假日或奖金。有时他们竟然会抱怨一些不相干的事，例如，汤姆每天都穿同样的衣服，会计员字迹不清，等等。他们失去了笑容，工作和生活都暗淡无光，心灵在消极的逃避中左右碰壁。

在此必须说明，工作难易与工作是否快乐并不挂钩。你的幸福感完全由心态决定，不妨将心态比喻成果核，不同的种子结出的果实自然不同。如果你想获得幸福，就请控制你的心态，用阳光般的热情去创造幸福。如此，你的工作会饶有趣味，你会用更多的微笑和成果去回报自己。

成功者往往出身贫寒，他们可能出售过苏打水，或者刷洗过汽车，当过劳碌的清洁工。然而一位天资聪颖、雄心勃勃的青年人终究不会被埋没，这些普通的行业将成为他们远大前程的第一步。也许，平凡的过去恰恰激励着他们，这些工作仅仅是他们达到某种目的的手段。一旦确立了远大目标，无论工作怎样辛劳，只要有助于最终的成功，他们都会欣然接受。成功的代价固然昂贵，而与灿烂的未来相比较，他们总能承受。

更多的人可能早早厌倦了这些单调而又寒酸的职业，沮丧的情绪逐渐蔓延，毒害了生活，也碾碎了未来。可不付出代价，又怎能收获？激励斗志才会永不满足。这两种人都不满足于现状，前者抗争，后者怠工，而根源在于心态迥异。

贝克（富兰克林人寿保险公司前总经理）说过："你们不要满足于现状，也不要因此而心灰意冷，而要奋进。这种不满足造就了我们，人类的历史一次又一次地昭示其不朽的业绩，变革由此而生。为了这个原因，我希望你们抱有迫切感，意识到自己正需要改进和提高，进而改变你周围的世界。"因为不满足，我们从弱者变成强者，从苦难走向幸福，从贫穷走向富裕。

犯下了错误，你又该怎么办呢？事业不会顺利到随心所欲，你总会出些纰漏：事情办砸了；别人误解了你；甚至糟糕到家庭也出现不和。当一切似乎都是暗淡无光时，看似毫无办法，你又该怎样做呢？你有选择的权力：或者无所作为，听任嘴中呛满了苦恼的味道，又或者默不做声地逃离。可我们最希望看见的是什么？坐下来冷静思考，想想你还有哪些有利条件，你还需要些什么，距离改变还差几步，你都要有所觉察。然后，积极行动起来，既然逆境中同样孕育着机遇，你为什么要白白错过？种种逃避方式只会让一切恶化。如果缺少勇气，请你想想那些曾经战胜过的困难，那些遭遇过的巨大困难。用不幸的经历来鼓舞自己，既然你曾经坚强，你会依旧坚强，成功和幸福总会眷顾勇敢者。

永不满足，不满足于平庸的现状，也不止步于懦弱的等待。故此，我们看见了一个又一个伟人的诞生。想想吧，爱因斯坦不满足，因为牛顿的定律不能解答他的问题，所以他不断地探究，终于提出了相对论。如果说牛顿照亮了中世纪的迷雾，爱因斯坦又展示了现代人的聪颖。我们找到了击破原子的方法，懂得了质量与能量可以互相转换，我们成功地踏足外部空间。这些只是源自那一刻爱因斯坦心中萌发的不满。

你适合这项工作吗

个人素养不同，拥有不同的个性，能力各有长短。但就自身潜力而言，很难有高下之分。可见，能力并不能决定我们的事业成就。在这里我要提出一个理论：态度决定命运。其实与前文所言一脉相承，甚至有些重叠，当然我们的侧重点有所不同——该如何对待工作环境。

大多数人将爱憎分明的感情因素带进了工作：这个环境让我感到愉快，那个环境让我沮丧。结果必然是：我能做好前者，后者我注定干不下去。恰恰是这种倾向毁坏了我们的前程。我们没有绝对权力决定自己的工作环境，当你做不称心的工作时，就会从心里抵制它。如同一块倔强的坚冰，你永远不愿融化在盒子里。过于分明的情感倾向会让你和工作环境格格不入。

究竟是改变盒子的形状，去迎合冰块的需要，还是让冰块融化成随遇而安的清水，填满盒子呢？答案不言而喻，可惜太多的人不愿意改变一下态度。你的个性和才能很难改变，但不能说你不适合某个工作。工作环境和你之间只是缺少黏合剂——一个适合的态度。态度改变，环境也就变了。其实所谓环境是个很主观的概念，你改善了，一切自然会改善的。令人愉快的情境中，你便能拥有一席之地，你的地位还能继续提升。

保持你的美德，改变你的旧习，这本身就是人生品德的提升过程。品德磨砺大都伴随着精神冲突，一个旧有的我阻碍了前进道路，那么请坚持，付出点儿代价，其收益却巨大而深远。有了这种改变，你不再质问自己：我适合这份工作吗？也无需为失眠和烦躁所折磨，更无需怀疑过去和将来。优良的品德胜于美好却短暂的外表，更带来无尽之财富。

健康长寿的力量

我们都不能否认健康对丁一个人的重要性，健康包括多个方面，比如个人的生理卫生和心理卫生，以及所处社会的卫生安全等。我们要足够重视我们的健康，因为你只有拥有生理健康、心理健康和道德健康，你才能更为平衡地取得成功的事业。

如果你拥有了健康，你就更容易拥有积极的心态，进而在你的生活和工作上都充满了活力。你可以在起床后对着镜子对自己说："我每天过得愈来愈好。"你要相信，这些表现积极态度的话语，并不是华而不实的语言。

通过我们在生活中的体会，我们都明白，积极心态有利于人的健康；消极心态则可能引发疾病。所以，如果你的心中有消极思想，这将是一件危险的事。

在现实生活中，我们很多人都面临着巨大的压力，很多人内心都在被挫折、仇恨、恐惧或罪恶感侵蚀。而这一切，也让我们的健康受到损害。所以，清除你内心的消极想法和不健康思想，可以帮助你保持健康。

在现在的美国，心脏病是最为致命的杀手。引发心脏病的原因除了我们不健康的生活方式之外，那就是急躁和愤恨不满的情绪。一位美国政坛元老就曾说过："有两件事对心脏不好：一是跑步上楼，二是毁谤别人。"这两件事情，特别是后一条，不仅影响你的身体健康，也影响你的心理健康，自然它也会影响你的人际关系。所以，学会宽恕很重要。一旦有一颗宽恕的心，你就会体谅他人，平和的心境会对你的一切产生奇妙的效果。

其实，除了在心态上保持积极，你还要在语言和行动上有积极的表现。许多心理学家说，多使用积极的表述，也有利于身体健康。语言文字对我们的情绪、行为乃至健康也是有影响性的。如果你对自己的身体感到悲观，经常用消极的话语来描述你的健康，这可能会让你的身体也出现某些消极的症状。也许你听说过"臆病"，有的人并没有病，然而一旦外界的信息暗示自己可能有病，不自信的人便会出现相应的症状。这就是消极的心态影响身体健康的最好例证。

全美精神治疗协会前任会长卡特博士曾在一次演讲会上说，个人所持的态度对自己的健康有影响。他解释了语言的影响。如果有人说："我今天不会生病。"他认为这仅是半积极的态度。真正的积极态度应该这样说："我感觉今天比昨天好。"这才是积极的语言表达，表示你内心拥有一种更健康的想法。卡特博士还说："有科学依据表明积极、正面的态度与生物学、心理学、医学等息息相关。正确地运用积极的态度将有助于改善你的健康，使你精力充沛，倍感幸福，从而在各方面取得成功。最重要的是这让你的心境平和，并且延长你的寿命。"

下面是一位名医师的建议，他认为坚持肯定的态度对身体健康会有所帮助。这些都是积极的话语，记住要每天坚持训练自己的思想，以积极的态度考虑问题。

第一，我的身心是一个系统的整体，我身体每个器官的活动与上帝的意愿完全一致。

第二，我的整个身心都是健康的，我的想法健康，感知健康，目标也是健康的。

第三，我明天一定会过得更好。

当你在运用这些积极话语之后，你将会很惊讶地发现自己可以享有新的能量及活力。

你不要让你的思想和精神过早疲惫、生病或老化。所以你首先应该改变你对自己的看法。你应该相信自己是健康的，而且遵守并实行各种健康的法则。这样，你就很自信地拥有充沛的活力、十足的精神。

柏拉图有句名言："你不可以尝试只救身体而不救灵魂。"一定要记住这句话。健康不仅是身体的健康，还有你的灵魂、心理健康。

珍惜你的健康

一位事业颇有成就的汽车销售经理情绪非常糟糕。因为他经常感到自己呼吸急促、心跳很快、口干舌燥。他悲观地认为自己命不久矣，虽然他的家庭医生说他仅仅是因为劳累才会出现这些症状，只要适当休息就可以恢复健康了。可是他仍然不相信，他甚至为自己选购了一块墓地，还为自己的葬礼做好了一切准备。他在家休养了一段时间之后，心中的恐惧依然没消失，当然这些症状也没消失。这时他的医生劝他到科罗拉多州去度假。

那里有怡人的气候，壮丽的山河，但是这位销售经理仍然处在恐惧之中。一周后，他回到家里，等待死神的降临。

在这个时候，我遇见了这位等死的人。我劝他到明里苏达州罗契斯特市的梅欧兄弟诊所去做一个全面检查。诊所的医生给他做了全面检查。最后发现他仅仅是因为呼吸了过多的氧气才会这样。他听到这个结果自己都忍不住笑了。医生告诉他解决的办法："当你感觉到呼吸困难、心跳加快的时候，你可以暂时憋住呼吸，让自己的呼吸正常。"结果他的心跳和呼吸变得正常了，喉咙也不再难受了。

其实这都是因为这位汽车销售经理杞人忧天，才会让自己小小的毛病有了死亡的感觉。当然，并非所有的疾病都能这样简单地得到解决。有时候需要你运用更多的智慧，才能找到效果较好的疗法。然而，归根到底，一切的方法都需要你以积极的心态作为支撑。

本地报纸报道了一起交通事故：因为急着赶去参加葬礼，一辆汽车以不可思议的时速 169 千米行驶，最后导致车胎爆炸，车上 6 人全部丧生。这是多么值得警示的悲剧：我们曾经自以为强大的生命在转瞬之间就遭遇横祸。所以，健康的另一大保证是安全。

生活在这个安全事故频出的社会，你不仅要保证自己的身体和心理的健康，如果你想活得更久，还要注意安全。没有了生命，本书中所谈的一切都没有了意义。事实上，安全第一是积极心态的象征。由此，你该听取这个建议：要机敏，要有强烈的生存愿望。

注意安全是我们必修的人生课程，就拿交通安全来说吧。作为行人，你要遵守交通规则，小心那些因为不守交通规则带来的危险。当你作为乘客时，你要坚决地拒绝乘坐酗酒的司机驾驶的汽车，要坚决地拒绝乘坐有安全隐患的汽车。你不要为了争取所谓的时间，从而失去了生命所有的时间。

·第六章·

坚持：精神与毅力的力量

你的脑海中不能有这样的思想：我可能会失败，或者是我不可能取得胜利。如果你的脑海中残留着这样的思想，那么，我将要对你提出这样的忠告：赶紧把它从你的脑海里抹去，否则你必会因它而招致失败！

我们在前面讲述的成功故事都可以说明这个道理，因为这些成功者从来都没有这种主动放弃的思想。他们在成功之路上不屈不挠，所以才克服了那么多困难，走向了成功。如果你能以慎重的态度去思考、研究这些案例，并且效仿、学习这些成功之人的奋斗精神，你也会和这些人一样积极，你也有可能克服那些阻碍你前进的困难。

不因失利而气馁

现在我们来讲一个很久以前的故事。这是国际网球冠军冈萨雷斯的真实故事。冈萨雷斯原本只是网坛的一个无名小卒，在一次淘汰赛中，不料天空飘起了小雨，这让他无法完全发挥实力。虽然他的实力并不出众，在比赛之前就有体育记者评论他的球技颇有缺陷。不过他还是有着自己的技术特长，也正如这个记者所评论的那样，冈萨雷斯具有超强的发球技巧和截击的技术。

但是这些都是技术层面上的，更重要的是，冈萨雷斯具有不屈不挠的精神。他凭借自己的稳定性和耐力在雨中鏖战。赛前并不看好他的人们在比赛的时候惊讶地发现，这名网球选手"从来不因比赛的不利情况而气馁"。这是赛后媒体对他的评价，毋庸置疑，正是这种精神，帮助他赢得了胜利。

很多人在顺境时有着良好的力量，但是一旦遭遇逆境或者不利的情况，他就会顿减或丧失面对困难的能力。因此，如何让你在逆境中越战越勇才最为关键。而让你保持有战斗力的精神力量就是不因逆境而气馁的坚持。

在此，希望你记住，没有跨不过去的坎，没有不能克服的困难。你知道聪明的人如何克服困难吗？一位朋友告诉我：他遇到困难时，他不是直接向困难奋力冲过去，而是在困难的周围徘徊，看看有没有克服的办法。"如果这个方法行不通的话，我就寻找其他的办法。你知道条条大路通罗马，所以要一直找到出路为止。"接着他补充说，"我是跟着我的信仰一起走出去的。"

他的做法可谓是克服困难的真理：面对逆境，寻找各种方法克服困难，同时心中有虔诚的信仰。

但是，并不是每个人都这么善于克服困难，特别是我们的潜意识经常误导我们。当你面对困难时，你的潜意识就会提醒你曾犯过的错误，这些不愉快的经历就会闪现在你的脑际。其实，这就是你的潜意识在制造消极的心态。因此在你的思考过程中，潜意识可能会误导你的思考方向和结果，最后甚至会让你放弃努力。

那我们如何扭转潜意识的误导呢？最好的方法就是把积极的立场和认知灌注于潜意识中，让你的思考得出积极的想法。这样，你就是在自己的潜意识里灌溉真理之花，这些真理之花将会让你收获真理的成功。

当然，你先要摒除那些潜藏在大脑里的消极思想或者想法。你可以这样试试，比如当你的大脑出现消极的想法时，你要对自己的这些想法作一番仔细的分析，这会得到让你感到十分诡异的结果。

很多人都有这样的消极想法。如"下雨天我无法做事了""我想，我办不到那件事""这个工作我大概无法胜任，因为我会忙不过来"等。但是你若是试着换个角度去思考，用积极的想法来面对，结果就不一样了。如："哦！我相信我可以做好的"，或是看见天空布满乌云时，你会带着雨伞说："我原本就知道会下雨！"

上面那些"消极心态"都是我们生活中经常出现的，也许你会认为出现这些小小的想法无所谓，至少它并没有影响你的远大理想，但我们千万不可忽略"积少成多"的道理。当你的生活中不断出现"消极心态"时，它会不知不觉地渗入你的思想深处，并且腐蚀着你的积极心态和行动能力。你可千万不要低估这些消极心态的力量，它们甚至会在不久之后使你陷入"无能症"的泥沼中。

曾经我偶尔也会说点儿似乎无关痛痒的消极话语，但是发现这些消极思想正在我的内心扩张。于是，我下定决心要做出改变，首先告诉自己，不能说消极的话，然后是尽力不要出现消极的想法。我知道对于这种消极的心态，最好的消除办法就是积极。以肯定的心态来面对任何事情，事情就会很顺利。我能够胜任这项工作，肯定不会失败。你甚至可以将这些积极的想法，喊出口或者写在你经常看见的地方。这样做，就好像这些话语、字条在呼应你心中的积极力量，因此你会感到一切都会如你预计的一样顺利地进行。

我曾看到一句引擎油的广告词："洁净的引擎是力量的供应源泉。"我想广告词的创意者肯定拥有积极的心态，我相信这对他的事业必定产生积极影响。我们也可以将这句话推演下，洁净的心是力量的供应来源。所以，请洗净你消极的思想，赋予你本身一颗洁净的心吧！

此外，克服困难时，你还可以采用"不相信失败"的哲学之道。大多数时候，人们面对困难时，总是会想到负面的、消极的结果。这就是一种惯性的心态，这种心态是你克服困难的障碍。

概而言之：困难并没有你想象的那样难以克服，只要你有积极的想法。

也许在你建立积极想法时，还没多少信心，但是只要你持续保持这种想法，你必能获得成功。

以弹性的认识了解事物

我们面对困难时，不必过于执着眼前的难题。就像你在沼泽地行走，你不能太用力，你要灵巧地渡过。如果我们对近代至今的美国人作一番心理分析的话，我们会发现有三位哲人对美国人的心理产生了巨大的影响，他们是爱默生、梭罗和威廉·詹姆斯。爱默生的人生哲学观点是："人格能够接触到宗教的力量，并从那里创造出伟大的成就。"梭罗则如此表示："在心里描绘成功的蓝图是我们完成事情的秘诀。"威廉·詹姆斯指出："在进行一切事物时，你对它的信仰影响最大。"这三位哲人的教诲其实可以总结为一句话，那就是美国人所具有的一种特质——"不向困难低头，创造那些看似不可能的奇迹"。

当然，我们也深受美国的开创者富兰克林的影响，他创造的人生原则影响了我们。也许你不知道，另一位开创美国的伟人托马斯·杰弗逊和富兰克林一样，为自己制定了一套人生准则，这是他一生修养的必修课。其人生准则之一是"经常以弹性的想法来认识事物"。我认为这是一条极为睿智的人生格言，它让你不用直接抗拒困难。因为直接的抗拒可能引起物理学上所谓的"摩擦"或者"断裂"。而弹性的认识则是灵活的认知，你用灵活的思考去面对消极的力量时，你不会遇到太大的阻力，你会慢慢减弱、消磨掉消极的心理力量。

请你认真记住这句话，我相信你今后在生活中肯定会应用到此则哲言。即使你开始时可能会遭遇失败，也必能反败为胜，最终获得成功。

坚持：以积极、自然的方式

一名专业棒球队的投手在近40℃的高温中参加比赛，他消耗了巨大的精力。但是他却快速地恢复了精力，继续比赛。而这继续的动力就是他内心虔诚的宗教信仰，他在不断地祷告。他认为祷告可以不断补允他的力气，所以他有充沛的力量完成比赛。他认为，如果我们的体力在比赛中透支了，只要我们的心还没有屈服，那么我们就还可以继续战斗下去。以他本人为例，他不知疲倦的力量来自他坚定的信仰。

不论你是否有着坚定的信仰，其实你也可以找到催促你不知疲倦、不断前行的力量。比如你的目标、你的热情或者理想。

我有一位朋友，他是俄亥俄州一家大工厂的实业家，他说在他的工厂里最好的工人是能与工作的机械规律相协调的那些人。

他断言工人如果在工作时能与自己的机械规律协调，那么这个工人在下班时就不会觉得疲倦。他表示，你若爱机械、了解机械，那么你将会明白它所具有的规律。

那种规律，与身体、神经和心灵的规律是一样的。在我们的生活中，到处充满电脑、打字机、办公室、汽车的节奏规律，以及你的工作节奏，为避免疲劳、保持精力，最重要的是要感觉自己已经进入各种基本的节奏中。

健康的身体就是我们的动力来源。通常的情况，如果一个人摄取适当的营养、有适当的运动和充足的睡眠，没有过度耗损体力，而且平时关注自己的身体状况的话，他的身体就能长期产生令人惊讶的力量。当然，除此之外，还要拥有充分均衡的感情生活和平和、积极的心理，这样他就能保持精力。反之，其精力都难以让自己保持很好的状态。

如果我们评价一个人："他是个自然的人。"这就是说他与大自然完全调和。他没有任何妄念、心理上的纠葛、身心的不调和，不会给自己找借口，当然更不会让自己有不安的情感。这种人的生活和工作很有规律，可以说数十年如一日。正因为有着与身体的自然相协调的关系，这种人的能量源源不断。

本质说来，人也是大自然的一分子，所以我们的生命运动也要符合大自然的规律。我们仔细看看那些历史上的伟大人物，他们都有做大事的能力，也都是能与大自然和谐一致的人。他们都很注意自己的感情及心理的调和，所以能够激发出创造卓越成就的能量。

如果你很多精力都浪费在一些消极情绪上，比如忧虑，甚至是某些罪恶的想法和行为时，我想这些会对你的精力造成不良影响。因为如果一个人被忧虑或者其他的消极情绪占据着，那他的精神肯定不会很好，活力也无法唤起。从而在工作上萎靡不振，甚至会想放弃工作，而变成昏昏欲睡、有气无力的样子。

所以你应该在你的内心除掉罪恶和忧虑等消极情绪，让积极的情绪以及虔诚的信仰和坚定的信念照耀你的心灵，让你充满能量。记住：消极情绪会消解你的精力，而你需要积极的情绪来面对每一天。

·第七章·

改变心态，就能改变生活

威廉·詹姆斯曾说过："我们这一代人最伟大的发现是，若改变我们本身的心态，我们就可以让生活本身发生变革。"这就是说，我们的想象力构建的世界可以成为事实。所以，把你脑袋里那些陈旧的、疲惫不堪的和消极的想法全部洗去吧！然后将信仰、爱和善意，特别是那些具有独创性的想法充满你的心和大脑。因为这些神奇而新鲜的奇思妙想，可以让你的生活和工作更加有效，也许会彻底改变你的生活。

想象力改变环境

古代伟大哲人之一马克斯·奥雷留斯说过："人的生涯乃是由他的思想所造成。"这句话如果换成一位当代心理学家的话，你会更加明白，他说："在人的本质中，如果我们有想成为'那样'的倾向，我们就可能真成为'那样'。"

这似乎有些夸大心理的力量，但我们不得不承认确实如此。很多人悲观地将自己的未来想成是失败或不幸，最后也就是在不幸的失败中度过；但也有人很乐观地想到今后的自己会成功而获得幸福，其后果然也获得了相应的幸福。我在这里要说，人不能屈服于外在的条件或环境，而是要让你内心的想法主宰你的人生。每个人的想法对其都有很深的影响力，所以你要珍惜你那些积极、乐观的想法，不要畏惧世俗认为它们过于新奇。曾经华特·迪士尼先生想要修建一个童话世界似的公园，很多人都对此表示怀疑。可是现在的迪士尼在全世界都很受欢迎。好的想法就是好的创造力，如果你对未来或者某个领域也有新的想法，你也能创造出完全不同的新事物。换而言之，你的思考可以激发你的创造力，并且鼓励你为此而努力。

记住，人不是受困于环境的动物，你不要屈服于你所在的环境。因此，如果你要改变环境，那你必须先改变想法，你要在你的内心中描绘出理想的环境。你要付出努力，让你脑子中的想象成为现实，而且深信它一定会到来。

俯视泥土还是仰观蓝天

如果一个人有着创造性的想法，他还能持续地坚持和勤劳地付出，我想，这就是一个成功者。其实不管任何职业，你去留心那些做出成绩的优秀人士，他们都有着自己独特的见解。

著名工程师亨利·凯撒曾给我提及一段往事。他曾经负责河堤的护岸工程，可是一场暴风雨翻滚着洪水，就将所有的运土机掩埋在泥土下了，而且更糟糕的是以前完成的工程也完全被破坏掉。洪水退去后，他到工地去查看现场。工人们都忧心地看着泥土及被掩埋的机器，向他忧心忡忡地说："你看看四周吧！全是一望无际的泥海。"他却笑着说："不，我没看到泥土。我只看到蓝天白云，只要天气很好，泥土就会干燥，你们就能轻易地发动机器，重新开始工作了！"的确，那次工程就这样随着机器的重新启动，慢慢完成了。

当你低头看着目前的困难时，你可能一筹莫展。但是当你放眼未来，也许就可以找到机会。我再给大家介绍一位朋友，他是贫穷出身而获得成功的人。你无法想象，他曾经只是一个笨拙而害羞的乡下青年，但是他拥有独特的个性，敏锐的头脑。现在他已成为一位杰出人物，我曾问过他成功的原因是什么。他回答我：那就是他面对问题或者困难时的态度和想法。他给出了以下几条，你可以借鉴学习。

第一，当出现问题或者困难时，我以我的心志尽全力去粉碎它。

第二，我会由衷地向上帝祈祷，我相信信仰的力量。

第三，我会在我的心中想象不久的将来，成功时的模样。

第四，经常反省我的所想所做是否正确。如果我的想法有错误，那么行为也会跟着错，所以我要不断反省、改正自己的想法和行为。

第五，我坚持一项原则，那就是：与他人分享获得的成功。毕竟，很多工作都是大家协作才能完成的。

第六，随时保持积极想法，这是克服困难达成一切目标的最基本原则。

具备积极想法的 5 种方法

我们都知道了积极想法的力量，我们也试着将自己的消极心态转化为积极的心态，从而把新的独创性想法解放出来。那么如何让自己的内心持续地拥有积极的想法呢？我在此给你 5 种方法，你若能耐心地去做，必然会产生良好的效果。

第一，你要保持乐观。你要对任何事保持积极的希望，不管这是工作、生活还是身体健康或者人际关系。请你务必充满乐观的态度。也许你已习惯了某些悲观的看法，而且你内心已经向环境屈服，认为自己无法改变。我希望你，试着用积极的想法来改变，当然我们不能期望骤然改变，但只要你坚持就能渐渐地脱离消极的想法。

第二，就像滋养自己的身体一样，你也要好好滋养你的精神。你应该有积极、健康的想法，摒弃那些罪恶、急躁的想法。这样，可以让你的想法和行动都变得更为积极。

第三，慎重交友。我们知道物以类聚、人以群分。你朋友的想法可能会影响你，你的想法也会因为朋友的态度而受影响。所以你要仔细看看你的朋友是否拥有积极的想法。但也不要放弃有消极想法的朋友，你应该用你的积极和乐观感染他们，让他们逐渐消除内心的消极。

第四，如果你出现了消极的想法和态度，请你以积极而乐观的心态来化解它们，而不是与其激烈的冲突。

第五，如果你有宗教信仰，那么你可以多做祈祷。因为一旦你心中存有虔诚的信仰，你的信念就会更为坚定。

总之，如果你想要过上更好的生活、取得更伟大的成功，那么请驱除你内心不健康的想法，用新的、充满活力的、强烈信仰的心态取代它。因为这些积极的心态拥有巨大的能量，它们可以激发出你的潜能，更有力地触摸到美好的未来。

第三卷

自己拯救自己

[英] 塞缪尔·斯迈尔斯　著

·第一章·

天助自助者

从长远来看，国家的价值在于组成这个国家社会个体价值的实现。

——约翰·斯图尔特·密尔

我们过于相信制度，而忽略了人类自身的能力。

——本杰明·迪士累利

"自助者，天助之"已被众多人类实践所证实是句至理名言。自助精神体现在生活的众多方面，是个人成长进步的源泉，是国家强盛的真正源泉。从效果上看，外界的支持经常显得软弱无力，而内在的支持才是生命真正的动力。你为一个人或阶级做了什么，从某种程度上讲，反而消磨了他们自力更生的动力和需要。在一个管理过度、指挥过度的国家，其必然趋势是使人们不能自立，更加无助。

即使是最完善的制度，也不能给予人无所不至的帮助。或许，制度所能做的最有意义的事情就是给予人们发展自我与改进个人状态的自由处境。但是，人们往往相信他们的幸福和成绩是通过制度的手段而不是自己的行为来获得的。因此，我们经常大大地高估了作为人类进步之保障的立法价值。尽管我们每隔三五年选举一两个代表来执行立法权。但无论他们多么地尽心尽力，人们的生活和天性却并没有受到积极的影响。而且人们日渐懂得，政府的功能是消极和有限的，而不是积极和无限的。政府的职能主要在于保护人们的生命、自由和财产安全。如果司法公正的话，它能保护人们享受他们的劳动果实，无论是脑力上的还是体力上的，而他们无需付出多大的代价。然而，再严厉的法律也无法使懒惰之人变得勤勉自持，使奢靡之人变得未雨绸缪，让嗜酒之徒变得清醒如初。这种改变只有通过个人的节俭和自律才能完成，即通过好的习惯而不是依靠更大的权力去改变。

伟大的民众铸就伟大的国家

我们发现，一个国家的政府通常是组成国家的个人的写照。位高于人民的政府不可避免将被拉回到人民的位置；同样，位低于人民的政府早晚要被提升到人民的位置。自然而然地，一个民族的集体性格总是能符合立法和政府的水平，正如水总是能找到平衡一样。高贵的人将受到高贵的统治，无知的人则受到无知的统治。事实上，所有经验都证实：一个国家的价值和力量并非依赖它的制度形式，而是取决于其子民的天性。因为国家仅是社会个体的集合而已，而文明自身也只不过是个人发展问题，即组成社会的男人、女人和孩子的发展问题罢了。

国家的进步是个人勤勉、正直的结果，正如国家的衰败是个人懒惰、自私和邪恶的结果一样。我们通常所谴责的社会邪恶，在很大程度上，则源于个人生活的堕落。尽管我们企图通过法律手段尽量减少甚至根除它们，但是，它们却会以各种各样的形式死灰复燃，除非个人生活及民族天性赖以存在的环境得到彻底改进和根本改善。如果这种观点是正确的，那么我们就可以得出结论：爱国主义和博爱精神不是通过改变法律和修改制度产生的，而是通过鼓励人们独立自主、完善自我的行动而产生的。

生活是一场"士兵的战斗"

自助自立的精神不仅是个人行为的动力，而且一直都是我国人民一个显著的性格特征，是我们民族力量的真正源泉，也是衡量国家力量的真正标准。在大众之中总有一些脱颖而出的杰出人物起着领导作用。但是我们民族的进步则要归功于成千上万的无名小辈。尽管在战争史上只有将军们名垂青史，但在很大程度上，战争的胜利是通过普通士兵发挥个人的勇猛和英雄主义才赢得的。同样地，生活也是一场"士兵的战斗"。

普通民众是最伟大的创造者，普通人对文明和进步的影响跟名垂青史的伟人一样伟大。其中绝大多数人终其一生默默无闻，他们对人类文明进步的影响力虽然无法与那些有幸名垂青史的伟人们相比，但是，即便是最卑微的人，也可成为同胞勤奋、节俭、诚实的典范，对祖国的美好未来产生深远的影响。因为他的生活和品行潜意识地影响着别人的生活，并在未来的时代被推广为典范。

艰难困苦是人生成功不可或缺的条件

上述所有例子表明，要取得杰出成就必须依靠个人奋发向上，好逸恶劳的懒惰品行必然与出类拔萃无缘。正是勤劳的双手和大脑才使得人们富裕起来——有教养，有智慧，就会有成功。一个人即使出生于富裕人家，社会地位很高，他也得靠实干才能获得稳固的社会声望。人们可以继承几英亩土地，但不能继承知识和智慧。富人也许可以雇用别人为他们干活，但却无法雇用别人来替自己思考，更不可能买到任何形式的自我修养。事实上，勤奋是成功的唯一途径。这种说法在某些富人的经历中得到了验证，就如同在德鲁和吉福特的经历所验证的一样，他们的学校就是补鞋店的摊位；休·米勒也是一样，他的人生大学就是克洛马迪的采石场。

很显然，富裕和安闲不一定使人有最好的教养。相反，社会的发展一直都离不开社会底层的人们。安逸和奢华的生活不能培养人们战胜困难的勇气，也不能给人以顽强拼搏的力量。事实上，贫穷并非不幸和痛苦，通过坚持不懈的实干，不幸也可以成为一种幸福；它能激励人们奋发向上，勇敢地去战斗。虽然有些人追求享乐、自甘堕落，但是，那些意志顽强的人则会从中获取力量、信心和胜利。培根说得好："人类没有很好地理解他们的财富，也没有很好地理解他们的实力：对于前者，人们竟把它信奉为无所不能的东西；对于后者，人们又太不把它当一回事，对自己的实力太缺乏信心。自力更生和战胜自我将教会一个人从他自身能力的水池中汲取动力，从自己的实力中品尝到甜蜜的面包。劳动是生存的根本，信赖自己，做良善之事。"

亦有富者多豪杰

富裕容易使人放纵和堕落，这是人性使然。但是，一些生来衣食无忧的人仍然能蔑视享乐，艰苦奋斗。绝大多数的富人仍然能够奋发努力地工作——他们

"鄙视享乐而生活在辛勤劳动的时光里"。值得庆幸的是我们国家的富人阶层都不是懒汉；因为他们为这个国家恪尽职守，无私无畏，甚至在国家危难之时付出更多。值得称赞的是，在帕尼苏拉战役中，有一个陆军中尉带领着他的骑兵团独自穿过了湿地和沼地。今天，塞巴斯托波尔荒芜的斜坡和印度烧焦的土地见证了他们勇敢顽强的斗志和自我牺牲的精神。众多的贵族同胞们，他们拥有社会地位和财富，但仍然冒着风险，活跃在为祖国服务的各个领域。

就是在和平时期，在哲学和自然科学领域，富人阶层中也不乏出类拔萃之人。例如，大名鼎鼎的现代哲学之父培根，以及科学家沃塞斯特、波伊勒、卡文迪希、塔尔波特和罗斯。罗斯是贵族阶层中一位伟大的机械师；如果他不是出身贵族的话，他将会摘取发明家的桂冠。他熟知铁匠的工作，据说一个不了解他身份地位的制造商曾试图说服他当一个大型制造车间的班长。著名的罗斯望远镜就是由他组装而成的，这无疑是当时最杰出的仪器。

但是，贵族中涌现的最为杰出的人物恐怕是在政治和文学领域。在这些领域里获得成功同在别的领域里一样，也只能靠勤奋、实干和学习。杰出的部长或议会领袖，肯定是最辛劳的工人，如巴麦斯顿、德比、罗素、迪士累利和格拉斯通。这些人也许没有从《十小时工作法》中得到多少益处，放弃享受工作不超过10小时的权利。在议会最繁忙的时候，他们总是加班加点，夜以继日地干。当今最具代表性的人莫过于罗伯特·皮尔爵士了。他在连续进行脑力劳动方面具有非凡的能量，且从未吝啬过自己在这方面能量的发挥。事实上，皮尔爵士的人生经历给我们树立了榜样：一个普通人可以通过勤奋实干完成很多事情。在他当国会议员的40年里，他的工作量异常庞大。他是一个脚踏实地的人，无论做什么，都能做得很出色。他发表的所有言论，无论是口头的，还是书面的，都证明他所说的每一句话都是经过深思熟虑的。他总是精益求精，尽可能满足各种不同听众的胃口。此外，他还具有深刻的洞察力和强大的意志力，用坚定的双手和眼神指挥行动进展。从某些方面讲，他超越了同时代的绝大多数人。他与时俱进，年龄的增长没有给他带来什么不便，却使他的个性变得更加成熟丰满。他很开明，愿意敞开心扉接收各种新观点。尽管许多人认为他过于谨小慎微，但他不允许自己因循守旧，因为那会麻痹心灵，旧时代的遗物有可能只是遗憾。

布莱汉姆勋爵的辛勤工作更是有口皆碑。他为社会服务超过60年。在这期间，他涉猎过很多领域——法律、文学、政治和科学——而且在所有领域都取得了卓越成就。他是怎么做到这一点的，这对许多人来说至今仍然是个谜。有一次，有人要求塞缪尔·罗米利爵士从事某种新的工作，他抱歉说自己没有时间。"但是，"他补充道，"可以去找布莱汉姆这个人，他看起来有用不完的时间。"这其中的秘密在于，他从不让自己有一分钟的空闲，而且他有着钢铁般强健的体魄。当大多数人到了他这个年龄的时候都已经退休颐养天年了，布莱汉姆勋爵却展开了一系列有关光线规律的精确调查活动，并把他的调查结果呈献给巴黎和伦敦的众多科学读者。与此同时，他又在新闻界发布了论文《科学的人和乔治三世统治文献》，并在上议院中继续关注法律业务并进行政治辩论。西德尼·史密斯曾劝他别老是把自己投身于要 3 个强壮的人才能完成的工作和事务中。但是，布莱汉姆就是如此地热爱工作——习惯不间断地工作——无论多么繁重的工作，对他来讲都不在话下。他对自己在工作上表现卓越的渴望是如此强烈，以至于有人说，如果他的人生岗位是擦鞋匠的话，那么，在他成为全英格兰最好的擦鞋匠之前他是绝不会满足的。

巴威尔·利顿爵士则是另一个具有相同社会地位但仍勤奋工作的人。很少有作家能像他一样同时在不同领域都取得卓越成就——小说家、诗人、戏剧家、历史学家、散文作家、演说家和政治家。他工作起来踏踏实实，一步一个台阶，不贪图享乐，时刻饱含热情和斗志，并不断超越自己。从勤奋这个角度来说，在仍然健在的英国作家中很少有人写过数量那么多，质量那么高的作品，巴威尔的勤奋可以说是非常令人惊叹了。在社交"活跃季节"，他完全可以去狩猎，去射击，去休闲娱乐——出入各种俱乐部和欣赏戏剧，旅游观光，住乡间别墅，享受应有尽有的珍藏，追求乡间户外无穷无尽的乐趣，还可以到海外旅游，去巴黎，维也纳或罗马——所有这些对一个爱好玩乐和富有的人来说都是非常具有吸引力的，谁也不愿辛辛苦苦地工作。尽管有着这么多令人快乐的诱惑，而且对他而言也是轻而易举的事情。巴威尔却没有跟其他有钱人一样。他拒绝了这种享乐的生活方式，继续追求一种文人的生活方式。与比隆相似，巴威尔艰辛努力创作的首部诗词《杂草和野花》是个失败的开始。他再次努力的成果是部小说《福克兰》，同样也是失败之作。如果他是个意志薄弱者，早该放弃创作了。然而巴威尔却坚持着。他继续创作，坚持不懈，不达目的誓不罢休。通过不断努力，广泛阅读，他从失败的阴影里走出来，最终走向成功。继《福克兰》之后，他在一年之内写出了成功的作品《伯尔哈姆》。从此笔耕不辍，30多年来写作了一系列成功的作品。

迪斯雷利先生的公职生涯同样为我们树立了一个勤奋和苦干的榜样。像巴威尔一样，他是在文学领域取得第一个成就的。他也是在遭受了一系列失败的打击之后才获得成功。他早期的作品《阿尔罗伊的神奇传说》和《革命的史诗》遭到人们的冷嘲热讽，甚至被人们视为满纸荒唐。但他继续努力。《康宁斯比》《西比尔》和《坦康雷德》便是他创作出来的精品。作为一个演说家，他在国会下院的首次演讲也是个失败，被人们戏称为"比阿德尔菲的滑稽剧还要厉害的尖锐叫声而已"。虽然他的每句话都慷慨激昂，但人们都报以"哄堂大笑"，庄严的事情完全成了一出闹剧。最终，他以颇有预见性的语句结束了这个插曲。自己悉心准备的演说遭受到别人的冷嘲热讽，他在苦恼之际大声疾呼："我已经尝试过很多事情，而且最终都成功了。现在我不讲了，但总有一天，你们会洗耳恭听我的演讲。"这一天终于到来了。迪斯雷利是通过勤劳和实干获得成功的，在世界第一次绅士大会上他发表了扣人心弦的演讲，展示了他的力量和决心。迪斯雷利的成功完全归功于他的勤奋和努力。与许多其他年轻人不同，迪斯雷利先生遭遇失败后没有一蹶不振，也没有自暴自弃，而是继续勤奋努力，发奋工作，重新再来。他认真查找毛病缺点，仔细地研究听众的性格，不知疲惫地练习演说的艺术，努力丰富议会知识。为了成功，他忍受着一切，成功终究是到来了，尽管来得慢了点。最后议员们同他一起开怀大笑，而不是对他冷嘲热讽。早年他失败的记忆从公众的头脑中消逝，最后，公众一致认为他是议会里最成功和最有感染力的演说家之一。

别人的帮助不可或缺

虽说个人的勤奋和实干是成功的保障，但同时我们应该承认，接受别人的帮助对我们的人生历程也很重要，甚至是不可或缺的。诗人沃兹沃斯说得对："自助和受助这两个事物，虽然看起来是相互矛盾的，但他们无法分开，有效结合才是最完美的——高尚的依赖和自立，高尚的受助和自助。"所有的人，终其一生，都会因被抚养和受教育而多少受人恩惠；真正优秀的人和强者往往是最乐意接受和承认这种帮助的。例如，法国作家阿列克西斯·德·托克维尔的人生经历。托克维尔的家世很好，父亲出身法国一个颇有名望的贵族，母亲则是马拉舍伯公爵的孙女。巨大的家庭影响力使他 21 岁就被任命为凡尔赛审计法官。但是，可能是觉得自己的才能不足以胜任那个职位，他决定放弃，独自开创未来。"真是个愚不可及的决定。"也许有人会这么说。但托克维尔勇往直前。他辞去职位，决定离开法国到美国游历。此行的成果就是他后来出版的那本伟大的《论美国的民主》。对于托克维尔在游历中的那种孜孜不倦的精神，和他一起游历美国的朋友古斯塔夫·德·波蒙是这样描述的："他的本性就是勤快，无论是在旅行中还是在休息时，他的头脑一刻也没有休息，总在活动……同阿历克西斯在一起，聊得最投机的问题都是最有用的问题。他最不能容忍的就是无所事事或虚掷光阴，哪怕是浪费一点点时间都使他如坐针毡。"托克维尔在给朋友的信中写道："生活中，人们没有一刻是完全停止行动的。外在帮助和个人的内在努力同样都是必不可少的，否则，我们只会增长年龄而不成熟智慧。生活在世上的人好比在寒冷地区艰难跋涉的旅行者，他走得越高远，就走得越快，永不停歇。心灵最严重的病变就是冷漠，为了抵抗这种可怕的罪恶，人们不仅需要内在精神力量的支持，也需要与生活上的朋友携手共进，共渡难关。"

尽管德·托克维尔有力地论述了充分发挥个人吃苦耐劳和独立精神的必要性，但他更充分地肯定了人的一生中都会或多或少地得到别人的帮助或支持这一事实的价值。因此，他时常充满感激地承认他的两个好友德·克尔格雷和斯托菲尔所提供的帮助——前者给托克维尔精神和智力的帮助；后者从道义上支持和关怀托克维尔。对德·克尔格雷，托克维尔写道："你是我唯一信赖的人，你的影响对我的一生都会起作用。许多人影响过我，但没有一个人能像你那样影响我的基本思想和行为准则。"德·托克维尔也从不掩饰他对自己的妻子玛丽深深的感激之情，她良好的脾气和性格使得托克维尔能够成功地进行他的研究。托克维尔确信，一个具有高贵心灵和气质的女人会在潜移默化中提升她丈夫的品性，而一个低级庸俗的女人只会败坏她丈夫的心灵。

自己是自己最好的救星

总而言之，人类的品格是受各种潜移默化的影响而塑造成的：榜样和观念的影响，生活和文学的影响，朋友和邻居的影响，我们所生活的环境的影响，先辈精神的影响，我们继承了他们品德言行的优秀遗产。我们必须承认这些影响，但我们也必须清楚，一个人的发展进步主要靠自己，无论他人的帮助有多大，从事物的本质属性来讲，自己才是自己最好的救星。

·第二章·

命运总是站在勤奋的一边

财富来源于勤奋。谁能把握时间，就像一粒粒种子那样，不断从大地母亲那儿吸取营养，辛勤耕耘，持之以恒，谁就能成就大业。

——达维隆

人生的伟大成就往往是在平凡的生活中通过简单的方式获得的。日复一日的平凡生活，尽管有种种牵挂、职责和义务，但它仍然能为人们提供各种最美好的人生经验。对那些勇于开拓者来说，生活总会给他们提供足够的发展机会和自我提高的空间。踏实肯干是通往人类幸福的必经之路。那些持之以恒，忘我工作的人往往最能成功。

天才就是耐心

人们总在责怪命运有眼无珠，其实命运本身却不如人们那样盲目。那些脚踏实地的人都会发现：命运总是站在勤奋的一边，正如大风大浪总会帮助好的水手那样。即使探究人类最高深的奥秘也需要最平常的品质，如专心致志、讲求实际和不屈不挠，即使最杰出的天才也离不开这些品质。事实上，那些伟人并不相信天才的力量，勇于实践和坚忍不拔才是成功的关键。甚至有人把天才定义为仅仅是常识的精华或浓缩。一位杰出的教师兼大学的校长说，天才就是不懈努力的能力。约翰·福斯特认为，天才就是点燃自己智慧之火的力量。波芬说："天才就是耐心。"

"我总是想它们"

牛顿毫无疑问是世界一流的科学家。然而，当有人问他，到底通过什么方法获得这些伟大非凡的发现时，他谦虚地回答说："我总是想它们。"还有一次，牛顿这样介绍他的研究方法："我脑子里总是想这个问题，反复思考，慢慢地，由最初的一缕曙光到豁然开朗。"牛顿是这样，其他伟人也是这样，他们的盛誉就是靠勤奋、专注和毅力获得的。即使休息也只是换个题目来研究，放下一项研究又开始下一项。牛顿曾对本特利博士说："如果我为公众做了点儿什么的话，那要归功于勤奋和勤于思考。"另一位伟大的哲学家开普勒在谈到自己的研究和成绩时也曾这么说："正如古人所云'学而不思则罔'，对此我深有体会。对所研究的东西勤于思考才能逐渐深入，我常常如此，全心思都投入其中。"

勤奋和坚韧创造奇迹

单靠勤奋和毅力就能取得非凡的成就，这使许多杰出人物开始怀疑人们所说的天才是否存在。天才比人们通常认为的要稀少得多。因此伏尔泰认为天才与常人只有一步之遥。贝克莱甚至认为所有人都可能成为诗人和演说家。热罗德斯则相信每个人都能成为画家和雕刻家。如果真是如此，在意大利雕塑家卡诺瓦去世后，那位古板的英国人就不会向卡诺瓦兄弟问这个愚蠢的问题了："他是天生的吗？"洛克、海尔特斯和狄德罗认为所有人的天赋都是一样的，真正使人们智力水平不同的是每个人的不同追求。最杰出的人都是最勤奋的人，没有全身心的投入，没有艰辛的劳动，无论如何也产生不了莎士比亚、牛顿、贝多芬或者麦克尔·安格罗。

化学家道尔顿（1776~1844）不承认自己是什么天才，他认为自己所取得的一切成就都来源于勤奋和积累。约翰·亨特曾自我评论道："我的心灵就像一个蜂巢，总在嗡嗡作响，仿佛一片混沌、杂乱无章，实际上一切都规整有序，而且贮满了从大自然中辛勤采回的精华。"只要翻一翻伟人的传记，我们就会发现，那些杰出的发明家、艺术家、思想家和各行各业的杰出人物在很大程度上都把他们的成功归于不屈不挠的勤奋和实干。他们是点石成金之人，也是惜时如金之人。年轻的迪斯雷利认为成功的秘诀就是精通所学科目，持之以恒地倾心钻研是达到这个目的的唯一途径。因此，对世界影响最大的人，严格地讲，并不是那些天才，而更可能是那些资质平平却勤奋异常、不知疲倦之人；不是那些天资卓越、出类拔萃之人，而是那些在自己的岗位上勤勤恳恳、埋头苦干之人。一个寡妇在谈到她那聪明异常而又粗枝大叶的儿子时曾叹息："唉！他天生没有耐性，又怎能成大器。"在生存竞争中，缺乏毅力恒心，天才也难于超越平庸之辈，甚至智力迟钝之人。正如意大利谚语所云："走得慢但不停歇的人才是走得最远的人。"中国民间也有句俗语："不怕慢，就怕站。"

因此，关键的一点就是培养良好的工作品质。一旦养成良好的工作品质，在激烈的竞争中就很容易取胜了。"熟能生巧，业精于勤。"没有这种品质，甚至最简单的技艺也无从掌握，取得成就更是完全不可能的。已故的罗伯特·皮尔正是靠这种训练有素的平凡但伟大的品格，才成为英国参议院中赫赫有名的人物。当他还是个小孩时，他父亲就让他站在桌子边练习即席背诵，即席作诗。他总是尽可能多地背诵一些礼拜日的训诫。开始没有多大进展，但他坚持不懈，终于训诫的全部内容他几乎倒背如流。后来，在议会中他常常以无与伦比的口才驳倒对手，这真是令人叹服。但几乎没有人能想到，他在辩论中表现出来的惊人记忆力正是以前他父亲严格训练的结果。

"时间和耐心能使桑叶变成织锦"

在最平凡的事情上反复实践也能产生奇迹。拉小提琴看似轻而易举，然而要达到炉火纯青的地步，需要长时间反复练习。一个年轻人问卡笛尼学拉小提琴需要多长时间，卡笛尼说："每天12小时，连续练12年。"俗话说：勤奋是金。一个芭蕾舞演员要经过多年艰苦训练才能练出优美的舞姿，才能出类拔萃。泰祺尼准备她的晚上演出之前，常常得接受父亲两个小时的苛刻训练。她本该筋疲力尽地倒下，但她还要换服装、擦洗、准备，全然不觉劳累。舞台上轻灵如燕的舞步，让人赏心悦目。但是，这成功来之不易。练功的辛酸苦辣，想必泰祺尼体会最深。

然而，进步是循序渐进的，成功不会一蹴而就。生活如同走路，千里之行，始于足下。德·迈斯特说过："懂得等待就是成功的最大秘密。"没有播种就没有收获，耐心等待才有收获的喜悦；最甜的果子往往成熟得最晚。东方有一句格言："时间和耐心能把桑叶变成织锦。"

有乐观的态度才能有耐心的品质。愉快是一种可贵的工作态度，它使人轻松自如。正如一位基督教主教所说："平和是基督徒的基本品性。"所以，愉快和勤奋是智慧的本质。它们是成功的生命和灵魂，同时也是幸福的源泉。或者人生的最大快乐就在于干净利索地完成一个工作，力量、信心和其他种种优秀品质都仰赖于此。当塞迪·史密斯在约克郡的弗士顿勒克区当教区牧师时，尽管他觉得自己不能胜任那份工作，但他依旧欣然前往，并决心尽心尽力去做。他说："我已下决心喜欢这份工作，我尽量去适应它，这比装腔作势、满腹牢骚、忧心忡忡强得多。"当霍克博士离开利兹去从事一项新工作时，他说："无论我在哪儿，我都以上帝的名誉发誓，我会竭尽全力工作。如果我找不到一份工作，那么我会自己创造一份。"

那些为大众谋福利的人则需要更大的耐心和更漫长的等待，他们的努力往往不能立竿见影。他们播下的种子有时会深埋于寒冬积雪之下，也许春天还未来临，冬雪还没融化，那些辛勤播种的人就已长眠地下。并非每个为大众谋福利的人都像罗兰·希尔那样，能在有生之年，看到自己的伟大思想开花结果。亚当·斯密在古老而又黑暗的格拉斯各大学精心耕耘多年，播下了社会改良的伟大种子，奠定了《国富论》的基础。但他的果实获得丰收已是在70多年以后了，而且至今还未全部收获。

让希望成为生命的支撑

没有什么能弥补希望的空洞，没有了希望就没有了一切。"当我失去所有希望的时候，我怎么能工作出色？我怎么能幸福？"一位伟大而又痛苦的思想家说。最欢快、最有勇气、最有希望的传教士之一卡瑞在印度时，他一个人干三个执事的活是常有的事，他几乎很少休息。卡瑞本人是一个鞋匠的儿子，木匠的儿子韦德和织布工的儿子马塞姆是他的助手。经过努力，一所富丽堂皇的神学院在塞尔姆波建了起来，16个分站也建了起来。《圣经》被他们翻译成了16种文字，在英属印度播下了一场道德革命的种子。卡瑞从不因为自己低贱的出身而感到羞愧。一次，在总督的桌边，他听到对面的一个官员问另外一个，卡瑞是否曾经是鞋匠。那声音很小，卡瑞却听得清清楚楚。"对，先生，"卡瑞立即说道，"我以前就是一个鞋匠。"有一个众人所知的逸事说明卡瑞小时候特别倔强。有一天爬树的时候，他脚一滑，跌到地上，摔断了腿。他不得不在床上休养了几周，当他刚刚康复，走动不用别人搀扶时，他所做的第一件事就是去爬那棵树。卡瑞一生都是靠这种勇气从事他传教士的事业，他干事雷厉风行，永不退缩。

第一次靠的是乐趣，第二次靠的是热爱

哲学家杨格博士有一句名言："别人能做到的事你同样能干。"只要他自己决定要做某事，他就决不中途退缩。据说有这样一件事，他第一次骑马是跟巴克里先生的孙子一起，后者是个著名的运动员。当面前的这位马术师骑马从一道高栅栏上一跃而过时，杨格希望自己也能一跃而过，但却从马背上掉了下来。杨格二话没说，又跨上马背进行第二次尝试，可是又失败了，不过这次他抓住了马脖子，没被抛出去。第三次，他成功了，他骑马一跃而过。

身陷逆境的鞑靼人学习蜘蛛不达目的誓不罢休这种精神的故事家喻户晓。美国鸟类学家奥多本讲述他自己与此相仿的一段经历时，说："我曾经绘制了200多幅鸟类原画，然而遭遇的不幸几乎使我放弃了鸟类学研究。我详细记述这件事，只想表明热情是多么的重要——我无法用其他字眼来形容我的坚韧——能使人战胜各种难以想象的困难。我在哈德逊——俄亥俄州肯塔基的一个小村子待了几年。后来因为有事去了费城，临走前，我把我绘制的草图小心地放进一个木制盒子里保存起来，交给了一位亲戚，并再三叮嘱他要妥善保管，不要损坏了这些东西。几个月后，我回来了，连续几天与家人畅叙天伦之乐，随后，我询问那只箱子。我多么想见我的宝贝，我内心多么的激动呀。亲戚把木箱拉出来，打开一看，一对挪威老鼠已占据了整个箱子，在满箱子的碎纸屑中哺育了一群幼鼠，仅一个多月时间，它们好像已居住千年之久。一股无名之火冲上心头，一连数天，我极其烦躁，度日如年，只得闷头睡觉。昏睡了几天之后，我又恢复了理智，重新鼓起勇气，背上枪，带上笔和笔记本，就当什么也没发生过，高高兴兴地向山林出发。

一想到我可能比原来画得更好，我就忍不住高兴。不到 3 年，我又完成了自己的作品，档案柜又满了。

伊萨克·牛顿先生也有同样的遭遇。一只名叫"钻石"的小狗把他桌子上的油灯弄翻了，牛顿辛勤工作多年的精确计算成果瞬间被毁。据说这次意外使这位哲学家身心俱损，非常痛苦，理解力衰退。卡利里先生在写作《法国革命》第一卷时，也发生了同样的事。他想把手稿送给一位有文学素养的邻居仔细审阅，结果邻居不小心把手稿扔在客厅的地板上，忘了。几周之后，出版商催着要稿子，他急忙派人去取，邻居莫名其妙。经过一番仔细调查，才弄清了事情的原委。原来，家里佣人把稿子当成"废纸"丢到厨房和客厅壁炉里烧掉了！当卡利里知道后，他目瞪口呆，茫然不知所措，但为时已晚，无法补救，只好下决心重新开始写作。可是原来没有打草稿，所有实事、观点都只从尘封的记忆中搜索。起初创作这一著作是一种乐趣，而第二次重写时就成了一种痛苦和折磨。然而他在这种煎熬中，以顽强的毅力完成了该书的重写任务，为后人树立了坚韧不拔战胜困难的榜样。

许多的杰出发明家一生也是持之以恒、不屈不挠的。乔治·史蒂芬孙曾给年轻人演讲，他经常把自己的人生经验总结成一句话告诫他们："不达目的誓不罢休。"他花了 15 年时间改造火车头，最后在莱希尔取得了决定性成果。瓦特发明蒸汽机用了整整 30 年时间。在科学、艺术和实业界的每个行业里都有同样感人的事迹。其中最有趣的或许要数尼尼微大理石花纹的发现了。这种刻在碑石上的箭形书写符号是自马其顿征服波斯以后早已失传的楔形文字。

有职业的伟大文学家

文学家中也不乏具有非凡毅力和百折不挠品质的人。瓦特·司各脱先生就是最典型的代表。他的坚韧品格是在一个律师事务所培养起来的。当时他从事抄写工作，一干就是几年，这种工作十分枯燥乏味。但瓦特想，既然是我的工作，我就有责任尽心尽力把它干好。白天烦琐的公务让他觉得晚上属于自己的时间倍加珍贵，他通常利用晚上的时光读书和研究。他曾开玩笑说，作为一个文人所必需的扎实稳重而不是浮躁的品质正是在他从事抄写这一工作中逐渐养成的。每抄一页纸能赚到 3 分钱，有时一天他能抄 120 页，能够赚到 3 元 6 毛钱。有时候，他用这点儿微薄的额外收入买一点儿零散的书籍，如果不是辛辛苦苦加班加点地干，他肯定买不起书。

到了晚年，瓦特仍然以自己有份职业而自豪。与很多所谓的文人不同，他认为那种愤世嫉俗、无视日常生活责任的人与所谓天才毫不相关。相反，他认为花点儿时间干些实事是有益于人的自我发展的。这对于那些好高骛远的人来说，似乎尤为重要。瓦特本人曾担任爱丁堡议会的议员，他每天准时到议会，签发各种文件，办好该办的事情，而早餐前则是文学创作时间。洛克·哈特说："最可贵的是，在瓦特创作最活跃的时期，他每年总要有大约半年的时间踏踏实实地干工作。对于自己的本职工作，他兢兢业业，从不懈怠。"必须靠自己的职业而不是靠"创作"来谋生过日子，这是瓦特为自己定下的规矩。有一次他说："我认为文学应该是业余爱好，不能靠它挣饭吃。尽管文学创作的收入来得容易，但不应该成为我日常生活的来源。因为文学是件很严肃的事，只有心与情浇铸而成的作品才富有感染力，这种感染力与金钱没有任何关系。"

瓦特非常珍惜时间，从不浪费一分一秒。他最注意培养的习惯就是守时。如果不是这样，他根本不会在繁忙的工作之余完成如此浩繁的文学创作。他给自己定下一条规则：当天的信件当天处理，除了那些必须经过调查研究的信件。毫无疑问，这大大提高了他的办事效率。他每天早晨 5 点起床，点起炉火，然后认真地洗漱穿戴。6 点钟，他准时坐到桌前开始写作。所有文件都整整齐齐摆在桌子上，各种参考文献也整齐有序地放在地板上。此时，只有一条可爱的小狗瞪着明亮的眼睛望着他辛勤地工作。当 9、10 点钟家人围在一起吃早饭时，他已经干了很多活儿了。用他自己的话说，已经干完大半了。尽管瓦特一辈子勤勤恳恳、孜孜不倦，尽管他学富五车、学识渊博，尽管他成就惊人，但每当谈到他的成就和能力时，他总是谦逊地认为这并没有什么。有一次他这样说道："我这一辈子，曾无数次为自己的无知和浅陋而苦恼，常常有'书到用时方恨少'的感觉。"瓦特在说这话时，字字诚恳，使人感慨良多。

的确，真正的智慧总是与谦虚相连，真正的哲人必定像大海一样宽宏。一个人懂得越多，就会认识到自己知道的越少。这是一条人类认识的规律。曾经有一名三一学院的学生认为自己已"学有所成"，向老师辞行。这位老师深谙自己学生的能力，看着这位自信的学生，老师感慨道："其实，在学问方面我刚刚入门。"有这样的箴言："一桶不满半桶摇。"浅薄的人总是扬扬自得，自以为无所不知、无所不能，其实他们无一精通。而渊博的人却总感到学海无涯，学无止境，总是谦虚地说："我唯一知道的事情就是自己一无所知。"牛顿就如此，他评价自己说，自己只不过是一个在大海边拾到几只贝壳的孩子，而真理的大海他还未曾接触。

·第三章·

无论干什么，均需全力以赴

一颗勇敢的心能一往无前。

——雅克·邱维埃

世界属于勇者。

——德国箴言

对于他所从事的每一项工作，他都全身心地投入，自然就成就斐然，硕果累累。

——《编年史》第二部第三十一章第二十一页

一位古代斯堪的纳维亚人在一篇著名演讲中，精彩地概括了条顿人的性格特征。他说："我既不崇拜偶像，也不信奉鬼神，我唯一相信的就是自己肉体和精神的力量。""要么我去寻找一条别人走过的路，要么我自己另辟蹊径。"这一充满智慧的古老格言，描绘了日耳曼人自立自强的个性特征。时至今日，这仍然是日耳曼后裔区别于其他民族的一个显著特点。事实上，斯堪的纳维亚神话中带着一把随时用来敲打的锤子的上帝形象就是他们精神的最好反映。见微知著，从一些小事中可以看出一个人的性格，甚至从一个人使用榔头的方式也可以推断出他力量的大小。因此，一位声名显赫的法国人在他的朋友提出到某地定居和购买土地时，他简练精准地描述了那里居民的个性特征。他说："到那儿做买卖得加倍小心，我了解那儿的人。从那里到我们巴黎兽医学校来的学生在解剖实验中敲击动物的砧骨都不用力，他们缺乏的是力量，而不是心术。如果在那儿投资，不会得到令人满意的回报。"这段经过认真思考的话，反映了一个有心人对当地居民敏锐的观察，它也极其有力且生动地说明了这样一个事实：个体的力量汇聚成国家力量，个人的力量赋予他所耕耘的土地以价值。诚如一句法国格言所说："人类的力量，正是大地的力量。"

力量在土地耕种中占据重要位置；而在人类对价值的追求中，坚韧不拔的决心则是一切真正伟大品格的基石。决心使人们勇往直前，不怕艰难困苦，不怕单调乏味，一步步攀登人生的阶梯。在这种过程中，各种令人沮丧和危险的磨炼造就了天才。在任何追求中，达到成功所需要的不是过人的天赋，也不是杰出的才干，而是对目标坚持不懈的追求和勤劳坚定的意愿。目标不仅会产生实现它的能力，而且还会产生充满活力、不屈不挠为之奋斗的意志。因而，意志力可以说是一个人的核心品质。一句话，意志力就是人类本身。它给人们每一个行动提供推动力，为每一次努力输血打气。它是人们种种努力的灵魂，是人们真实希望的基础。正是它使得生命芳香弥漫。在战争修道院的一顶破头盔上铭刻着一条格言："希望就是力量。"这是每个人都应记取的格言。赛亚克的儿子说："懦弱使人悲哀。"的确，没有什么财富比顽强的心灵更加珍贵。即使一个人的努力最后惨遭失败，他也会因为自己的尽心尽力而问心无愧。在庸庸碌碌的生活中，没什么事情比一个人与困难搏击更感人、更美好的了；我们看到一个人满身鲜血、四肢失灵，却依然奋勇前进，我们自当为其欢呼喝彩。

对于年轻人来说，如果他们的愿望和要求不能及时地付诸行动和成为事实，那么它就会成为心灵的病菌。然而，要达到目标，正如许多人那样，不应该只是耐心等待机会的来临，"到平凡的布柳彻最后成为普鲁士的元帅"，而且还必须坚持不懈地奋斗和百折不挠地拼搏，就像在滑铁卢击败拿破仑的惠灵顿将军一样。一旦有了良好的目标，就应该毫不懈怠地去努力实现它，并且坚定不移。在生活中的绝大多数情况下，艰难困苦是对心灵品质最好的锻炼。阿雷·谢弗尔说："在生活中，只有全身心地努力才能结出丰硕的果实。努力，努力，再努力，这就是生活。在这方面，我可以骄傲地说我做到了，没有什么能够动摇我的信心和勇气。一般来说，如果一个人具有强大的精神动力，一个高尚的目标，那么一定能如愿以偿。"

休·米勒说过，他所受到全面教育的唯一学校就是"广阔的社会，在那儿，艰难困苦是最严厉而又最为崇高的老师"。那种三心二意、浅尝辄止的人终究会失败。如果我们凡事都坚持到底，那我们一定会有圆满的结果。瑞典的查尔斯九世在年轻的时候就坚信意志的力量。每当儿子在艰巨任务面前遇到困难的时候，他总是摸着儿子的头大声说："你能行，你一定行。"像其他习惯一样，勤奋用功的习惯也容易慢慢养成。如果一个能力平庸的人，在某一时间，只要全身心地、不屈不挠地投入某一工作，他也会取得很大的成绩。福韦尔·伯克斯顿深信成功来源于工作方法和勤奋刻苦，他坚信《圣经》的训诫："无论你干什么，均需全力以赴。"他把自己的成功归于"一门心思地做一件事"。

没有勇敢的奋斗，就不可能获得真正有价值的成就。人们把自己的成长主要归功于积极的奋斗和战胜困难的坚强意志。而且，令人吃惊的是，许多貌似绝无可能实现的结果，经过人们的努力，最终出人意料地变成了现实。热切的渴望本身就会把可能变成现实，我们的期望往往就是事情成功的前提。另外一方面，胆小懦弱、犹豫不决者却往往被事物的表面吓倒，主要因为看上去事情就是很难实现的。据说，有一名法国军官常常在自己的公寓附近散步，并且总是喜欢叫道："我要成为法国的元帅，成为一个伟大的将军。"他的这种强烈愿望是他成功的先兆；因为后来这个年轻军官确实成了一名杰出的司令，并最终成为法国的元帅。

"责任"成就的伟大品格

惠灵顿将军的确是位名副其实的伟大的人物。他不仅坚毅果敢、持之以恒和百折不挠，而且，他还拥有了拿破仑所不具备的自我克制、勇于承担责任和强烈的爱国精神。拿破仑的目标是"荣誉"，而惠灵顿将军和英国海军大将纳尔逊一样，他的格言是"职责"。据说，在惠灵顿将军的命令中从未出现过"荣誉"一词，相反，在他的命令中常常出现"职责"一词。什么苦难也不能吓退惠灵顿，相反，困难越大，他的力量也越大。在伊比利亚半岛的战争中，他所表现出来的耐心、毅力和决心可以成为历史上最惊人的记录。在这场艰难的半岛战争中，他克服了足以让人发疯的难题和令人难以想象的困境。在西班牙，惠灵顿不仅展现了作为军事家的天赋，而且也展示了作为政治家的才能。尽管他的脾气非常暴躁，但是，强烈的责任感使他克制自己。对于身边的人，他的耐心似乎永无止境。他的伟大人格因为他的雄心壮志、决不贪婪和豪情满怀而越发光芒四射。伟大人物总是个性极强的，并且，在许多方面他们资质超凡。惠灵顿将军同样如此，作为将军，他和拿破仑一样有统领三军的帅才，和克莱夫一样思维敏捷、果决和勇敢；作为政治家，他和克伦威尔一样睿智，和华盛顿一样廉洁、高尚。惠灵顿将军之所以能名垂青史，是因为他能在艰苦卓绝的战争中，巧妙地指挥战斗；因为他坚韧的精神；因为他的英勇无畏、自我忍耐。

让梦想变成激情

在上个世纪，印度成为英国人展示力量的舞台。在征服印度的过程中，有一长串令人尊敬的杰出名字，除了克里夫到哈夫洛克和克莱德，还有韦尔斯利、梅特卡夫、奥特伦、爱德华和劳伦斯。另一个伟大而又声名狼藉的名字是沃伦·黑斯廷斯，他有着坚强意志和不知疲倦的非凡精力。他出身于有一定历史的名门望族，但是，这个家族对斯图亚特王朝的忠心却没有得到相应的回报，反而开始衰败，统治了数百年的德勒斯福德庄园也落入他人之手。在德勒斯福德居住的最后一代黑斯廷斯家族的第二个儿子被推荐为教区牧师。许多年之后，在这位牧师的住宅里，他的孙子——沃伦·黑斯廷斯来到了人世。沃伦·黑斯廷斯在庄园的学校里，和农民的孩子们同坐一条凳子，开始了学习之路；在他的先人们曾经拥有的田野上玩耍嬉戏。黑斯廷家族的忠诚和勇敢开始在他的头脑里生根发芽，幼小的他开始雄心勃勃。据说有一个夏天，那时黑斯廷斯只有7岁，他躺在一条流经庄园的河岸上，暗暗发誓一定要把自己家族失去的财产夺回来。那是个小孩的天真幻想，然而，那一幻想却变成了现实。梦想在那一刻变成了激情，在他的生活中深深地扎下了根。从孩提时代到成人，他的显著特性是：以一种平静的心态和不屈不挠的意志力去追求他的梦想。他成为那个时代最具影响力的人物之一，他夺回了家族的地产，重建了家园宅第，恢复了门第的昔日风光。历史学家麦考来评价说："在热带的阳光的照耀下，他统治着5000万亚洲人。虽然他也关心着那里的战争、金融和立法等等，但是他仍然念念不忘德勒斯福德，在他善恶相济、毁誉参半的政治生涯结束之后，他回到了德勒斯福德，直至终老。"

靠品质打胜人生的每一次战斗

查尔斯·纳皮尔爵士是一位曾在印度执政过的胆识过人、意志非凡的人。他曾在谈到一次战斗中所遇到的困难时说道："它们只能让我的脚站得更坚定。"他所指挥的米亚利战役是战争史上的一大奇迹。他带着只有 400 名欧洲人的 2000 人的队伍，但是，敌军却是由 35000 人组成的一支装备精良的比罗基人军队。显而易见，双方力量悬殊。但是，纳皮尔始终相信自己和自己的军队，在纳皮尔的鼓励下，每个将士都英勇顽强、奋勇杀敌。最终，比罗基人以 20∶1 的绝对人数优势反被打得溃不成军。正是由于拥有了英勇无畏的气势、坚韧不拔的精神和百折不挠的毅力，纳皮尔赢得了这场战争。事实上，每场战争的胜利者都是靠着这些品质才获取胜利的。在比赛中，一步领先往往就能赢得整个比赛，在战斗中，多坚持 5 分钟拼杀的勇气和毅力往往就能赢得整个战斗的胜利。即使你的力量不如对方，但只要你有耐心、全力以赴，你就有可能打败对方。斯巴达向他的父亲抱怨手中的剑太短，他的父亲对他说："你往前一步，你的剑不就长了吗？"

纳皮尔身先士卒，以他英勇顽强的英雄精神激励士兵。在军队中，他和任何一个普通的士兵一样努力地工作。他曾说："最伟大的领导艺术，就是和其他人一样平等地分担工作。作为一名军队将领，只有全身心地投入工作，才能取得胜利。越多的麻烦，付出劳动就要越多；越危险的形势，显示出的勇气就要越大，直到解决全部问题。"一位在卡奇山战役中跟随过纳皮尔的年轻军官曾这样说："当我看着他这么大年纪还纵横驰骋在马上时，我就想我作为一个年轻力壮的小伙子，更加不能荒废时间。只要他一声令下，哪怕就是堵炮口，我也会二话不说就做。"这句话后来被纳皮尔知道了，他说这是对他的最好回报。

第四章

对待金钱的态度检验一个人的智慧

不是为了要将它藏入金库，

也不是为了要有仆人服务，

而是为了独立的人格尊严，

和不受别人的奴役之苦。

——彭斯

借钱从来伤两家：借出者常常失去本钱和友情；借进者使勤俭治家的神经变得麻木迟钝。

——莎士比亚

不要轻率地对待金钱——金钱能反映人的性格特征。

——E.L.布尔沃·利顿

检测一个人才智高低的一个最好的方法或许是——一个人对待金钱的态度——包括赚钱、存钱和花钱。虽然金钱不是人生的主要目的，但是，对待金钱的态度是十分重要的，不能随随便便地忽视。毕竟，从很大程度上说，金钱是获得个人安康和社会福利的途径。事实上，人性中的一些最优秀的品质与金钱的正确使用紧密相关，除了节俭的美德之外，还有慷慨、诚实、公正和自我牺牲精神等。但是，与此相反的，也有像唯利是图的人所表现出来的贪婪、欺诈、不公和自私等。还有滥用和错用了金钱的人所表现出的浪费、铺张、挥霍、奢侈等。正如亨利在他的《生活备忘录》一书中所指出的："所以，在赚钱、积蓄、开支、送礼、收礼、捐钱、借进、借出和遗赠等方面所反映出来的正确的行为原则和方法是一个人完美品格的代言人。"

舒适是生活在世俗的环境中的每个人都尽力追求的目标。因为它满足了人类的基本物质需求，而满足基本的物质需求是发展人性中更完美的方面所必需的。它也使每个人拥有了为自己家人的发展提供物质基础的能力。《圣经》中说，假如没有这些物质基础，这个人会"比一个不信教的人更坏"。因此，这不仅是我们义不容辞的责任，也是我们获得尊敬的正途。人们对我们的尊敬是因为我们能抓住机遇获得成功，从而给他们提供更好的物质生活条件。为实现这种目标所要求的努力本身就是一种教育，会激发人的自尊感，会使他变得精明强干，并培养出耐心、坚韧等美德。一个克勤克俭、谨慎稳重的人一定是一个有远见的人，因为这个人不仅能考虑眼前，还必须考虑未来。约翰·斯特林指出："培养自我克制的最坏教育也强于培养其他品质的最好教育。"无巧不成书，罗马人用了同一个词"美德"来命名勇气。勇气是战胜自我的高贵品德。

美德第一课——自制

自我克制——是为了将来的利益而牺牲当前的享乐的最需要学习的一课。这一课是为了使人们能发挥出他们所赚的钱的最大价值。然而，我们周围有很多这样的人，在丰衣足食的时候并未想到将来可能的紧迫。平时都大手大脚地把赚的钱吃喝挥霍掉，往往到最后才发现自己囊中羞涩，迫不得已只能节衣缩食。这也是社会上一些人贫困潦倒、生活凄惨的一个重要原因。伦敦市长约翰·拉塞尔在接见一个代表团的代表们时谈道："你们完全可以相信工人阶级在酗酒方面的支出绝对超过了政府对他们征收的赋税。"但是，我们必须承认，即使"自我克制和自救"，也难以避免穷人聚集在地方政府周围求助，其中失业是最重要的社会问题之一。现在，由于经济状况的原因，爱国主义似乎成为了只有独立的阶层才能付诸实施的东西，而不再被认为是普遍应具有的美德，这种现象实在是令人担忧。萨缪尔·迪欧这位颇有哲学素养的制鞋商说道："平时精打细算、省吃俭用是安度困难时期的最好方法，这比任何国会通过的改革方案都更有效。"苏格拉底曾说："那些想转动世界的人首先必须先转动自己。"中国有一句古语说道："修身，齐家，治国，平天下。"

确实，人们都知道改变我们身上的坏习惯或许比改革教堂和国家还要难。要改变遗风陋习，似乎从别人那儿开始会比从我们开始会更容易接受些。

量入为出才能进退自如

每个人都应该量入为出。要做到这一点的要求就是诚实。因为，一个人如果不诚实地按照收入过日子的话，那么他必定是虚伪地依赖着其他人的收入过日子。那些花钱大手大脚的人，往往是等到真正需要用钱时，才发现为时已晚了。这些习惯挥霍浪费的人天生可能是一个大方的人，但是，最后也只能变成一副寒酸相。因为他们贪图一时的安逸享乐，花天酒地，挥霍无度；今天花明天的钱，结果债台高筑，严重影响了自己行动的自由和人格的独立。

培根勋爵有一句关于节俭的名言：需要精打细算的时候存些小钱要比赚些小钱更有效。那些随手扔掉的零钱和一些不必要的支出积累起来也是一笔财富。那些浪费的人经常抱怨这个世界对他们不公平，但是，其实他们才是自己的最大敌人。如果一个人连跟自己都不能成为朋友，他还能指望谁可以成为自己的朋友呢？一个人只有考虑周全、生活适度节制，他的口袋里才会有剩余的钱可以去帮助别人；与此相反，一个人如果挥霍浪费、缺乏远见，那么他就永远没有机会去帮助别人了。那些心胸狭小的人是极端的短视，一般也不能取得成功。正如我们常说的："一分钱的心胸，绝对换不来二分钱的收获。"和诚实守信一样，慷慨大方和宽宏大量也是生活和交往中最为重要的原则。尽管在《韦克菲尔德教皇》一书中，津肯松每年都以各种方式欺骗他心地善良的邻居——弗拉姆勃朗，但是，正如津肯松所说的："弗拉姆勃朗财富越来越多，而我却穷困潦倒并进了监狱。"日常生活中的无数事例都说明，慷慨大方和诚实守信能铸造人生的辉煌。

瘪口袋立不直

有句俗语说："瘪口袋立不直。"同样，一个负债累累的人也是挺不起腰杆的。对于一个债台高筑的人来说，说真话是很困难的，因此说，债务的背上就是谎言。负债者不得不向债主编造借口来拖延偿还债务的时间，这也就是他撒谎的原因。

第一次找一个正当的理由来逃避债务是很容易的；但结果往往就变成，一而再再而三地寻找理由来逃避债务。不用多久，这位不幸的负债者就会债台高筑，不管他以后再怎样地勤奋也不能自由。负债的第一步就是说谎的第一步，只要有第一次负债，就会有第二次负债，随后债务接二连三，接踵而来，谎言也是接踵而来，如此恶性循环。画家海顿从借钱的第一天起，就认识到了"谁陷入负债，谁陷入悲哀"。他在日记中记述着："我开始负债了，我以前是从未有过的。或许，只要我活着，我就怎么也摆脱不了它们。"他的自传痛苦地描述了令他尴尬难堪的金钱问题，使他极度的精神沮丧、丧失工作能力和蒙受了巨大的羞辱。海顿曾给一位加入海军的少年这样一段忠告："只能通过借债而获得的享受，决不要去干。决不要去向别人借钱，因为这会使人堕落。但不是说你不能借钱给别人。只是要注意：如果你借钱出去将会无法收回的话，就千万不要借。切记，无论在任何情况下都不要向别人借钱。"一位名叫费希特的穷学生，甚至拒绝接受贫穷的父母亲所提供的借款。

约翰逊深信轻易负债会毁灭一个人。他的看法是很有见地的，值得我们牢记。他说："不要认为债务只是一种负担。你会发现它更是一场灾难。因为贫穷不仅剥夺了一个人行善的权利，而且它也剥夺了你做好事的手段。……首先，你要注意的是不要向任何人借债。无论你拥有什么，消费的时候都不能倾囊而出，必须下定决心摆脱贫困。贫穷是人类幸福的敌人，它破坏了自由，使一些美德成为空谈。节俭安逸是所有善行的基础。一个连自救都做不到的人是绝不可能帮助别人的。我们只有有了能力之后才能帮助别人。"

每个人都有责任正视自己的事务，并且在花钱方面量入为出。收入和支出这种简单的算术有着极大的价值。精打细算要求我们的开销必须低于自己的收入，而不能高于收入。量入为出意味着必须认真拟订并切实执行一个生活的计划。约翰·洛克曾经指出："一个人只有时时留心自己的日常事务，定期进行收支结算，才能克制自己的欲望，不至于入不敷出。"惠灵顿公爵对他的所有收支都一个精确而详细的账目。他对格雷格先生说过："我十分重视自己结算账单，并且我也建议大家都这样做。以前我经常让一个自己觉得信得过的人去做这件事。但是，有一天早晨，竟有几个催债人来讨一两年来的债务。原来，这家伙竟然拿了我的钱去投机而没有去结清我的账款。从此，我就自己结算账单了。"对于债务，他的意见是："债务会把人变成奴隶。我知道没有钱的滋味，所以我决不让自己陷入债务之中。"华盛顿即使当了美国总统，他也依然和惠灵顿一样详细记录收支情况，他对家人的花费也是仔细查看，以防消费超出自己的收入水平。

海军上将杰维斯·圣·文森特伯爵在谈起他早期奋斗的时候，就讲到绝不借债的故事。他说："我的父亲以不多的收入养活我们整个大家庭。他曾经给我的全部钱财就是在我的人生道路刚开始时给的 20 英镑。我在海军基地享受了一段相当优裕的日子后，钱被花光了。我想再向父亲借 20 英镑，但是，遭到了父亲的拒绝。这让我感到极为耻辱，我发誓：除非我有十足把握偿还债款，不然的话我决不再借钱。我一直遵守着这个诺言。从那时起，我就迅速改变了自己的生活方式，自力更生，充分利用部队发给的津贴过日子，并且过得很宽裕。我自己清洗、缝补衣服，还用床罩做了一条裤子。我一直小心谨慎地按照自己的收入水平过日子，尽可能地节省自己的津贴，以挽回我的名声。等有了一定的积蓄以后，我开始承兑汇票。"杰维斯整整忍受了 6 年的物质匮乏带来的各种困难。但是，他履行了自己的诺言，保持了自己做人的骨气。正是靠这种良好的品质和坚毅果敢的性格力量，使他成为了一位高级将领。

拒绝诱惑就是拒绝堕落

在每个年轻人的一生中，诱惑无处不在。屈服于这些诱惑不可避免地将产生不同程度的堕落。屈服于这些诱惑会使得他们的天性在一定程度上发生扭曲。而勇敢坚决地用语言或行动表示出"不"就是摆脱这些诱惑的唯一有效的方式。他必须当机立断，不能犹犹豫豫地考虑原因。因为在犹豫中年轻人往往就会陷入困惑。其实，"不作决定，本身就是一种决定"。我们最好的祈祷就是："主啊，教导我们不受诱惑。"然而，诱惑总是考验年轻人的意志力。并且，只要你屈服了一次，你的意志力就越来越弱。勇敢地去抵制，当机立断会给生命以力量；有了几次的抵制之后你就会形成习惯。意志力的基础在于人早期所养成的习惯。因为精神机器主要是通过习惯这个媒介来传播其发生的作用，良好的习惯会减少重要道德原则的磨损。那些潜移默化的良好习惯，是构成人的道德准则的重要组成部分。

休·米勒曾经说过如何依靠自己意志的力量，他在年轻时摆脱了一次强烈的诱惑，拯救了自己，尽管那时的生活十分艰苦。他那时还是个石匠，经常和同事一起喝点儿酒。有一天他喝了两杯威士忌，然后当他回到家里，打开爱不释手的《培根散文集》时，那些文字在他眼前摇摇晃晃，他已经无法控制自己的意识了。他说："我喝得糊里糊涂，这是极不理智的，我把自己带到了堕落的境地。我不应该这样毁灭自己。从此我下决心不喝酒。虽然牺牲了肉体感官的快乐，但是，我意识到不能牺牲自己的理智去迁就感官。在上帝的帮助下，我成功了。"这样的决心成了他一生中的重大转折点，并且为他将来性格的形成奠定了基础。休·米勒如果不是及时地摆脱了这种诱惑，或许已惨遭毁灭。每个青少年都需要时时对这种生活中的暗礁保持高度警觉。诱惑与挥霍浪费一样，都是青少年成长过程中最危险的敌人。瓦尔特·斯科特爵士常常讲："在所有的邪恶中，酗酒与伟大是最水火不容的。"不仅如此，它与节俭、正直、健康和诚实的生活也是水火不容的。一个不能克制自己的年轻人就必须戒酒。约翰逊博士的事情是一个典型的事例。谈及自己的习惯时，他说："我不能克制自己，但是我可以戒。"

第五章

最好的教育，是自己给予自己的教育

人人都受过两种教育：一种是受教于他人，另一种则更为重要，即受教于自己。

——吉朋

世上有畏难而退者乎？则其终无所成就。有身陷困厄而勇往直前者乎？则其必无往而不胜。

——约翰·亨特

智者勇者直面困难并征服它。懒者愚者在辛苦危险面前瑟瑟发抖，越是害怕越束手无策。

——罗伊

瓦尔特·斯科特爵士曾说："一个人所受的最好教育，是自己给予自己的教育。"已故的爵士本杰明·布罗迪先生对这句话非常赞同。他过去常常庆幸自己对自己的职业教育。每个在文、理科或艺术领域内的成就卓越者都是如此。学校里获取的教育仅仅是一个开端，其价值主要在于训练思维并为以后的学习和应用打下基础。一般说来，别人传授给我们的知识远不如通过自己的勤奋和坚韧所得的知识广泛牢固。靠劳动获得的知识将成为一笔财富——一笔完全属于自己的财富。它给我们留下更生动、更深刻的印象，仅凭接受别人的教育是达不到这一点的。这种自学方式不仅能产生前进的能力，更能培养力量。一个问题的解决有助于掌握其他问题的解决方法；而这样，知识也就转化成为才能。我们自己的积极努力是非常重要的，有了这一点，即使没有学校，没有书本，没有老师，没有死记硬背的功课，我们也将获得知识和力量。

最好的老师都愿意承认自学的重要性，并鼓励学生凭借自己的能力来获得知识。他们更多的是磨炼学生而不是直接告诉他们现成的答案，并努力使学生在积极的工作中摸索经验。这样，学生就不是被动地接受零零散散的课本知识，而是获得了更高的生存智慧。这就是阿诺德博士工作中的宗旨，他竭力使学生依靠自身积极的努力发挥自己的能力，而他本人则仅仅是引导、指教和鼓励。他说："我宁愿把孩子送到凡帝门的地里务农，在那里他必须自耕自给、自谋生计，也不愿把他送到牛津大学享受安逸舒适而不好好利用自身的优势。"在另一个场合他还说："如果真有令人钦佩之事，那就是看到天性愚笨的人受到上帝的恩赐，得到诚恳、真挚、勤勉的培育，由此变得聪明起来。"当提到这样的一个学生时，他说："我要向他脱帽致敬。"有一次在勒汉姆，阿诺德在教导一个非常迟钝的男孩时，话语有点儿尖锐。结果这个学生抬起头直视他的眼睛，说道："您为什么生气呢？先生？事实上，我已经尽了最大的努力了。"多年以后，阿诺德常常对他的孩子讲起这件往事，并告诉孩子："我一生从未感受到如此的震撼，那种眼神，那些话语，我永远也无法忘记。"

马尔萨斯给儿子的劝告

丹尼尔·马尔萨斯激励他上大学的儿子在尽最大努力勤奋学习的同时，还要积极参加体育锻炼。因为这是保持旺盛的精力，同时也是享受智力愉悦的最好方式。他说："了解自然科学与艺术知识可以愉悦心灵，开发智力。我希望板球也能对你的心灵起到这样的作用。我很希望看到你把身体锻炼得棒棒的。我认为在锻炼了身体的同时，在很大程度上人的精神也得到了愉悦。"伟大的神学家杰里米·泰勒指出了积极劳动的意义，他说："不要无所事事，把一切时间都利用起来，做些积极有益的事情。一旦身心没了寄托，贪欲就会填补空白，而身心健康的人可以抵制各种诱惑。在各种活动中，体力劳动是最有意义的，它可以驱除心魔。"

理想社会

让年轻人练习使用工具可以使他们学会生活常识，还教会他们使用双手和膝臂，熟悉有益健康的工作，积累实际工作的经验，提高实际工作的能力；给他们灌输实干能力的思想，让坚韧不拔的精神最终在他们心中生根发芽。在这点上，严格地说，与有闲阶级相比，所谓的工人阶级占有明显的优势——他们在早年就不得不在机器生产或其他工种中辛劳地作业，因而才手脚灵活，体格健壮。所谓体力劳动阶级最大的劣势不在于他们从事体力劳动，而在于他们完全成为体力劳动的奴隶，忽视了知识的学习和智力的提高。有闲阶层从小就教育孩子：劳动是卑贱的，要避而远之，长大后更是蔑视劳动，因此他们四体不勤，五谷不分；而贫苦阶层的人们，自小生长在从事体力劳动的队伍中，长大后大都目不识丁。然而，把体力训练、劳动和文化教育有机地结合起来，也许就能避免上述两种极端现象，国外的种种尝试表明采用一种更健康的教育体制是完全可行的。

出色是对勤奋的报偿

拥有健康体质是必要的，但也必须认识到，在人才培养中，智力培养同样至关重要。"勤劳是制胜法宝"这句名言只有在掌握知识的前提下才是真理。知识的大门是向一切人敞开的，没有无法跨越的困难。查特顿有一句经典话语："万能的上帝把人送到了世界上，给人足够长的胳膊让他们在遇到困难的时候能抓住任何东西。"学习与工作一样，勤奋是最重要的。我们不仅必须要趁热打铁，而且要一直不停敲打，直到使它变热为止。精力旺盛和持之以恒的人会细心利用每一次机会，在懒散者不屑一顾的时间里努力学习，那他一定会在自我教育中取得很大的成绩。就是凭着这种精神，弗古逊身上裹着一张羊皮爬上高山，学习天文；斯通在做雇用园丁时学习数学；德鲁在修鞋的间隙研究最深奥的哲学；而米勒则在采矿场做临时工的时候自学了地理。

正如我们所说，乔舒亚·雷诺兹爵士就非常相信勤奋的力量。他坚持认为所有通过孜孜不倦勤勤恳恳工作锻炼自己能力的人都将创造佳绩，变得优秀；天才的道路就是埋头苦干，艺术家技艺的纯熟是无止境的，而有止境的是他自己付出的汗水。他并不相信所谓的灵感，只相信勤奋。他说："出色是对勤奋的报偿。""如果你有出众的才能，勤勉将不断增强它；如果你才能平庸，勤勉会弥补它。勤奋可以创造一切，没有勤奋将一事无成。"福韦尔·柏克斯顿爵士也同样相信学习的力量。他谦虚地说，只要付出双倍的时间和努力，他将和其他人一样出色。他坚信平常的方法加上不寻常的努力可以创造奇迹。

罗斯博士曾说:"一生中我认识几个人,我相信,有朝一日他们会被人们认为是天才,因为他们勤奋刻苦,专心致志。"天才是通过成就反映出来的,没有成就的天才就像盲目的信仰,是一篇没有号召力的圣谕。然而杰出的成就是用时间和辛劳创造的,而绝不是靠异想天开得来的。每一伟大的成就都是经过艰苦的磨炼创造出来的。才能是从劳动实践中来的。任何事情都没有那么容易,甚至连走路,一开始也是举步维艰的。演说家演讲时眼里不停地闪烁着智慧的火花,妙语连珠,富有哲理,他们是经过了无数次耐心的重复,经过了无数次失败才有这样的结果。

干好一件事,再干第二件

全面性和准确性是学习要达到的两个基本目标。弗朗西斯·霍纳特别强调在学习过程中要注重学习的连贯性,以彻底掌握一门学科。对某一具体科目,他总是把注意力只集中在几本书上,并且坚决反对"任何散漫杂乱的读书态度"。对任何人而言知识的价值并非在于数量多少,而主要在于实际掌握运用了多少。因此精益求精学到的点滴知识要比浮光掠影的泛泛掌握更有价值。

伊格内修斯·劳拉有一句名言:"一下子干好一件事的人,比一下子干完所有事的人成绩更大。"一下子开始太多的事情,就难免会分散我们的精力,阻碍进步,降低我们学习和工作的效率,最终一无所成。圣·里奥纳多爵士在一次给福韦尔·柏克斯顿爵士的信中谈到他的学习方法,并解释自己成功的秘密。他说:"开始学法律时,我获取每一点儿知识都要将其彻底消化吸收。在所学知识没有充分掌握之前,我绝不会开始学习另外的知识。我的许多竞争对手在一天内读的书跟我在一个星期读的书一样多。而一年后,对一切学过的东西我都记忆犹新,但是他们,早已忘得一干二净了。"

智慧的多少并不取决于读书的数量,而在于学习的扎实程度;在于学习某一学科时的思想专注程度;在于对知识系统有机地把握。艾伯尼西甚至这样认为:他的大脑有一个饱和点,如果填塞进去的东西超过这个极限,那它只好挤掉另外一些东西。谈到医学,他曾说:"如果一个人明确地知道自己要干什么,那么,在选择适于达到成功的方法时就绝不会含糊。"

真刻苦才是真聪明

一般说来，绝大多数人都希望获得自学能力，但却不愿付出辛苦。约翰逊博士认为："学习上缺乏耐心是当代人的主要缺陷。"这句话对现在仍然适用。我们或许并不相信有什么"贵族的"学习途径，但是我们似乎深信有一种"大众的"方法。我们苦苦寻觅省力的学习方法，努力寻找学习科学的捷径，学习法语和拉丁文企图一蹴而就。我们模仿那些时髦的女士，她聘请老师来指导学习，条件是他不要用语法和分词来折磨她。我们以同样的方法学习物理。学化学就靠听一小段有趣的实验讲演，吸进笑气，看见绿色的水变成红色，磷粉在氧气中燃烧，我们就得到这么点儿皮毛。尽管它总比什么也不知道强，但是毫无价值，而我们还沾沾自喜地美其名曰"寓教于乐"。这样的学习没有任何意义，与其说是学习，不如说是儿戏。

不经过艰苦的努力就想获得知识，这不是真正的教育。这样的学习虽然费了脑筋，却不能提高智力，更不能丰富人的心灵。它只能是一时功利性的学习，产生一种对知识的渴望和机敏。但是，由于缺乏比娱乐更高的目的，它终究是没有真正好处的。在这种情况下，知识只是一种浮光掠影，是敷衍了事，此外无他；实际上这种靠感觉的方式就是聪明的享乐主义的表现，这不是智力。因此许多只能被活力和独立性激起的最出色的思想，现在却在沉睡着，很少被生活召唤过，除非大难突然降临，它才会从睡梦中惊醒。此时，苦难和灾难激发了人的勇气和灵感，反而成为人们的一种幸运。

被"寓教于乐"蒙骗的年轻人很快会排斥勤奋的学习方式。为了在运动嬉戏中学得知识，他们急功近利、急于求成，扎实的精神随着时间的推移烟消云散，最后什么也学不到。这种浮躁浅薄的学习态度对他们的心灵和性格都将产生恶劣的影响。罗伯特曾说："三心二意的学习方式和吸烟一样有害，而这也为懒惰提供了借口。它最使人滋长惰性，也最使人软弱无能。"

这种恶习不断滋长着，而且以各种各样的方式存在着。它最小的危害是让人变得肤浅；最大的危害是让人对脚踏实地的劳作深恶痛绝，使人意志消沉。如果我们真聪明的话，就应该像先人们一样勤勤恳恳。因为勤奋现在是而且将来也是创造一切有价值东西所必须付出的代价。我们必须积极地朝着一个目标努力，并且必须耐心地等待劳动的成果。所有积极的进步都是渐进的，满怀信心且积极热情的人总有一天会得到回报。坚持不懈地努力必将使他积极地去实现自己的任何目标，使他做出更大的贡献，得到人们更多的尊重。自我教育要持之以恒，因为学无止境。诗人格雷说："劳动是快乐的。"伯兰杰则说："用坏了总比放烂了好。"阿诺德问："我们永远没有停步休息的时候吗？""永不言止"是马尼克斯·圣阿尔德贡德毕生的座右铭。

知识只有与仁慈和智慧结缘才有意义

只有把全部的能力充分发挥出来，我们才会受到人们的尊敬。充分发挥 1 种才能的人比同时拥有 10 种能力的人更受人尊敬。的确，天生有过人的智慧和拥有世袭的巨额财产一样，其中并没有什么个人的美德可言。然而，怎样运用那些能力？如何使用这笔财产？一个人可能盲无目的地积累了大量的知识，但是，知识必须与仁善和智慧相结合，并且表现出崇高正直的品格，否则便毫无意义。佩斯特拉齐甚至认为智力训练就其本身来说并没有什么价值，所有知识必须根植于正确把握的意志之中。获得了知识确实可以避免一个人在生活中走上邪道，但根本不能杜绝自私自利的邪念，除非有正确适当的准则和良好的习惯做后盾。在现实生活中我们的确能发现许多这样的例子：知识渊博的人，性格却完全扭曲变形；饱读经书的人，却没有实际生存的智慧，给我们的是反面的教训而不是正面的榜样。今天我们经常说的一句话就是"知识就是力量"，但其中也反映了狂热、专制和野心。知识如果不能被正确地运用，那么它只会助纣为虐，社会也会堕入罪恶的深渊，恐怕就比地狱好不了多少了。

也许，如今我们夸大了文化教育的重要性。我们已习惯性地认为，有了很多的图书馆、科研机构和体育馆，就说明我们已经取得了很大的进步。这些设施的确对自学有帮助，但同时也会阻碍个人达到自学自教的最高境界。有可随意使用的图书馆，但未必学到了东西，就像有了财富未必就慷慨一样。毫无疑问，我们拥有了伟大的设备，但一个人只有通过自己的观察、专注、坚韧和勤奋才能更加智慧通达。记住了，知识跟理解知识并把它变为个人的智慧是完全不同的，后者需要实践的磨炼，而不能靠死读书本。而死读书往往会沦为对他人思想的消极接受，其中很少或者根本就没有积极主动的思维活动。这种阅读方式只能浪费人的头脑，只能带来一时的热情，对丰富思想和充实心灵没有丝毫意义。许多顽固者还抱着这样不切实际的想法，以为他们正在训练自己的心智，其实不过在玩一种低级的消磨时光的游戏，其好处最多也莫过于因此使得他们没有时间去为非作歹罢了。

"知识"和"智慧"

还有一点我们也应当时刻铭记在心：从书本中获得的经验，尽管宝贵，实质上仍只是知识的积累；而取之于生活的经验才是智慧之源，一点儿生活的智慧也要比众多的知识更有价值。伯林布鲁克爵士说得很准确："那些不能直接或间接使我们成为更好的人或更好的公民的学习，充其量不过是一种闲适的游戏，而以此获得的知识无非是一种可信的无知而已，此外无他。"

有启发性的阅读尽管是有益的，但也不过是启迪心灵的一种方法，与实际经历或榜样对塑造个人性格的影响相比要逊色得多。在广大民众懂得读书写字之前，英国就培育出了许多智慧、勇敢而诚实的智者。大宪章就是由一群没有多少文化的人用他们自己的符号谱写的。虽然他们并不熟练文字表达的原则之道，但他们懂得如何理解、尊重并勇敢地保护这些原则。英国自由的基础正是由这一群没有文化却无比崇高的人奠定的。因此，我们必须承认，教育的首要目的并非是用他人的思想填充自己的脑袋，使自己成为别人思想的奴隶和接收器，而是要拓展个人的才智，做到在任何生活环境中应付自如，成为对社会有用的人。许多精力最充沛，贡献最大的人物没读过什么书，勃兰得利和斯蒂芬森成年后才学会读书写字，但他们却成就卓著；约翰·亨特20岁时还不识字，但他做的桌椅却能与最好的木匠相媲美。这位伟大的生理学家曾在一次课堂上指着眼前的一块标本这样对他班上的同学讲："我从没有读过书，假如你想在你的专业领域里作出成就的话，你必须做实际研究。"当有人指责他忽视书本学习的时候，他说："我会教他们在死尸上研究，这是任何死的语言中都没有的东西。"

因此，重要的并不是你掌握了多少知识，而是你掌握知识的程度和目的。掌握知识的目的应该是丰富智慧、改善修养；应该是使我们更向上、更幸福、更有用；在追求更高人生理想的时候，使我们更善良，更热情，更能干。"当人们一旦染上一味欣赏崇拜的恶习之中，而从不关心道德时——宗教理念和政治信仰即是道德品性的具体表现——那么他们就难免会有各种各样的堕落。"我们必须亲身实践，而不仅仅停留在满足于阅读别人的东西，思索把玩别人曾是如何、又曾做过什么。我们必须把生活当作最好的启迪，将行动作为最好的思想来源；至少我们应该能够像里克特一样宣称："我已尽己所能，无愧于心了，任何人都不应该再向我要求更多。"磨炼自己，把握自己，发挥自己的聪明才智，这是每个人的神圣义务。

第四卷

思考致富

[美] 拿破仑·希尔 著

·第一章·
只要我们能梦想的，我们就能实现

靠"意念"成为爱迪生事业伙伴的人

心想才能事成，思想决定一切，这话一点儿也没错。当一个人的思想意念和其目标、毅力以及渴望财富等物质的炽热欲望交织在一起时，它是能产生无穷威力的。

在很久以前，埃德温·巴恩斯就发现，一个人可以通过他的思想来致富，即思考可以致富。这一结论萌发于他渴望成为爱迪生的事业伙伴的强烈欲望，然后逐渐积累形成。

巴恩斯所怀揣欲望的最大特点便是"明确性"。他追求和爱迪生一起共事，而不是仅仅停留在为他工作的层面上。如果仔细体会欲望转化为现实的这个过程，你会更好地明白本文的致富原则。当这种欲望或者思想冲动第一次出现在他的脑海中时，他并不具备实现这个欲望的条件。两大难题横在了他面前：一是他连爱迪生都不认识；二是连去新泽西州奥兰治的火车票都买不起。

一般情况下，这种阻碍足以让很多人丢弃自己那显得有些奢侈的愿望。但巴恩斯不同，他的欲望是如此的非比寻常！

发明家与"流浪汉"

他径直来到爱迪生的实验室，宣称要加入这位发明家的事业。数年后，爱迪生回忆起巴恩斯第一次出现在自己眼前的情形时，说道："他站在我面前，乍看起来就是一个十足的流浪汉。但他面部的表情却在强烈地告诉我，此人有一种坚定追逐目标的执着。凭我多年观人用人的经验，我知道，如果一个人真正想得到一件东西，并且愿意用整个未来做赌注，那么他一定会得到。既然他已向我显示出他那不屈不挠的决心，所以我决定给这人一个机会。而后来的事实证明我做了一个很正确的选择。"

巴恩斯先生能获得在爱迪生办公室工作的机会，这种事业开端并不是依赖于一个人的外表相貌，而这恰好是他的劣势。实质上起决定作用的，是他的思想，他的意念。

第一次会面时，巴恩斯并没有立即成为爱迪生的事业伙伴。他只获准在爱迪生的办公室工作，而且薪水非常微薄。

几个月过去了。从表面上看，巴恩斯心中那个远大的目标似乎没有丝毫进展。但在他的心里，思想意念上已经发生了很大的变化。那就是他越来越渴望能成为爱迪生的事业伙伴，这种情绪得到不断地加强。

心理学家说过："如果一个人足够渴望做一件事，那他一定能做成。"这句话非常正确。对巴恩斯而言，他已决心去做爱迪生的事业伙伴，而且他愿意为了这个目标付出孜孜不倦的努力，直至目标实现。

他从未对自己说："算了吧，这有什么意思呢？还是换个推销员之类的工作吧。"相反，他对自己这样说："我来这里的目的，就是要成为爱迪生的事业伙伴。即便是倾其一生、付出所有，我也愿意为之努力。我一定要实现这个目标。"他果真兑现了对自己的诺言。如果一个人确立了明确的目标，并且矢志不渝地去追求，就会创造一个完全不同的人生。

当年的巴恩斯可能并没有如此清晰地意识到这个道理，但他那颗守候一个单纯愿望的心，是那般坚不可摧、不屈不挠，以至于注定了他能铲除一路障碍，赢得梦寐以求的机会。

不是机会不来，而是它善于伪装

当机会来临时，巴恩斯并不能料到它会以何种方式出现。这就是机会的狡猾之处。它习惯于从后门溜进来，并且常常戴着"不幸"或"失败"的面具。也许正因为如此，多少人曾与真正的机会擦肩而过。

当时，爱迪生刚好完成了一项新发明，是一件叫作"爱迪生口授机"的办公设备。不过他的推销人员并不看好这个新生事物，没有多大热情。这时，巴恩斯察觉到他的机会来临了！它是如此的悄无声息，而且除了巴恩斯和爱迪生以外没人对此感兴趣，这个机会就藏匿在这样一台奇怪的机器中！

巴恩斯相信自己能成功销售"爱迪生口授机"。于是他请求爱迪生给他这个机会，爱迪生答应了。他果真卖出了机器。

实际上，他做得非常成功。于是爱迪生和他签订了进一步在全美推广机器的合约。通过与爱迪生的事业合作，巴恩斯发了财，不过他成功的意义并不局限于此，他还向世人证明了一个更为重要的道理：一个人真的可以"思考致富"。

我并不知道，巴恩斯当初的梦想在他心里究竟值几个钱，也许是二三百美元？不过现在看来，无论值多少钱都已经微不足道了，因为他获得了另一笔更宝贵的智慧财富。这笔智慧财富的精髓就是："遵循惯有原则，强化思想意念，配合积极行动，就可以获得你渴望的物质财富。"

巴恩斯就是靠着自己的强烈意念与伟大的爱迪生成了事业伙伴，并且走上了发财致富之道。而在梦想开始的时候他的确是一无所有，除了他明确的目的和坚强的意志。

成功就是你肯走完最后一步

失败最常见的一个原因是：人们容易被暂时的挫折所蒙蔽，而主动败下阵来。每个人都会或多或少地犯这个错误。

在淘金热时期，达比的叔叔也染上了黄金热。因此达比跟随叔叔到西部去淘金，希望能发大财。他并不知道，很多时候，人类大脑这个矿藏的含金量远比地下的高得多。他圈出一块地，拿起锄头和铁铲就开始埋头挖掘。

辛辛苦苦地挖了数周后，他终于看到了闪闪发光的矿石。可遗憾的是，此时他缺少将矿石运出矿区的器械，所以只得悄悄地把矿藏又掩盖起来，然后沿原路回到了马里兰州的威廉斯堡。他把这个重大发现告诉了亲友和一些邻居。他们凑足了钱，买了需要的器械并运到西部。达比和叔叔回到了矿区继续挖掘。

第一车矿石挖掘出来，运到了一个冶炼厂。结果证明，他们找到的矿区是科罗拉多最丰富的矿藏之一。再有几车矿石就能偿还欠下的债务，然后就可以等着享受滚滚而来的大笔财富了。

矿井越挖越深，达比和叔叔寄予的希望越来越大。然而，意想不到的状况发生了。金矿的脉络消失了！他们的希望落空了，聚宝盆已不复存在。他们继续挖掘，试图从绝望中重新找回金矿，结果却是徒劳无功，失望而归。

最终，他们决定放弃。

他们把器械卖给一个旧货商，得了几百美元，然后乘火车回了家。那个旧货商找来一位采掘工程师察看矿区，然后进行了估算。工程师推断说，矿主之所以没有继续开采到金矿，是因为他们不了解"断层线"的知识。根据估算结果，只要再挖3英尺，达比和叔叔就能重新找到金矿的脉络。天啊，金矿就在3英尺之下！

而那位旧货商懂得不能盲目放弃，并且咨询了专业人士的意见，所以采掘了那座矿藏，最终获利数百万美元。

永不放弃，就是踏着挫折往上走

过了很久，达比先生终于发现一个人的欲望可以变成黄金。于是他开始从事人寿保险推销工作，这为他弥补了损失，甚至赚回了好几倍的收益。

达比时刻牢记，自己在距离黄金只有3英尺的地方停止了努力，因而错失了巨额财富。他告诉自己："我尽管在离黄金还有3英尺的地方停止了努力，但现在如果我向客户推销保险，别人说不需要，我决不会再轻易放弃。"这一教训让他在自己执着的事业中取得了巨大收益。

达比成了少数几个每年卖出寿险超过百万美元的人之一。他将自己这种持之以恒的精神归功于在金矿开采事业中得到的失败教训。

任何人在取得成功之前，必然要遇到很多暂时的挫折甚至失败。如果一个人遭遇了失败，最容易最顺乎自然的决定便是放弃。而事实上，大多数人也都是这样。

全美500位最成功人士的经验告诉作者，他们最伟大的成功在于，面临失败时他们能坚持再迈出一步。失败是个充满讽刺意味的骗子，它总是尖酸而狡猾，喜欢在成功将近时伸腿将人绊倒。

老磨坊里 5 毛钱的故事

达比从"挫折大学"毕业后，决心从采掘金矿的失败教训中重新站起来。不久后，他就有幸得到了一个机会，证明"不"并不代表"不可能"。

一天下午，达比在一座老式磨坊里帮叔叔磨面。叔叔经营的大农场上住着很多租田的黑人农民。这时候，门轻轻地打开了，是一个黑人佃农的女儿。她走进来，站在门边。

叔叔抬起头，打量了一眼那个孩子，径直喊道："干什么？"

那个孩子怯生生地答道："妈妈说她要 5 毛钱。"

"没有，"叔叔说，"回家去吧。"

"是，先生。"那个孩子答道。但她站在那儿没动。

叔叔继续忙手上的活，没留意那个孩子仍站在那儿。当他抬头看到她还没走时，冲她吼道："我说过让你回家！赶紧走，不然我拿鞭子抽你啊！"

小女孩说："是，先生。"但她还是一动也没动。

叔叔将要倒入磨面机的谷物一把放下，顺手操起一根木棍，满脸怒气地朝小姑娘冲过去。

达比屏住了呼吸。叔叔的脾气十分暴躁，这下小女孩恐怕是免不了一顿痛打了。当叔叔迈到女孩儿跟前，只见她猛然向前跨出一步，直视着叔叔的眼睛尖声喊道："我妈妈就要那 5 毛钱！"

叔叔竟停下来，盯着女孩，一会儿便慢慢收下棍子，摸了摸口袋，掏出 5 毛钱给了这个孩子。

女孩儿紧攥着钱，一步一步挪回门边，但眼光一直停在这个刚刚被她征服的人身上。她走后，叔叔坐在一个木箱上，两眼呆呆地望着窗外，就这样过了 10 多分钟。他怀着难以名状的心情回想着刚刚这一幕，似乎夹杂着一种敬畏。

达比当时也在思考。这是他有生以来第一次看到一个黑人小孩沉着冷静地战胜一个成年白人。她是怎样击败他的呢？是什么让他的叔叔消除了怒气，变得像鸽子一样温顺？这个孩子有什么神奇的力量可以控制当时的局面？这些以及其他类似问题在达比的脑海中闪过，直到多年后他向我讲述这个故事时，才找到了答案。

很巧的是，作者也是在那个故事发生的老磨房里听到了这个不同寻常的故事。

关于一个孩子的神奇力量

我们站在那间发霉的老磨坊里，达比先生又一次讲起了那次特殊的胜利。最后他问我："你说究竟是怎么了？那个孩子拥有何种神奇的力量，竟然那般彻底地打败了我叔叔？"

其实这个问题的答案就藏在本书写到的原则中。答案详尽而完整，其中既有细节，也有指示，方便每个人去理解、去运用那个孩子无意中得到的那种力量。

只要注意观察，你就会发现帮助那个孩子取得胜利的神奇力量。在下一章中，你会认识这种力量。也许就在这本书的某个地方，你突然有所觉悟，接受并认同了这种强大的力量。在接下来的某一章甚至就在第一章，你可能就会认识到这种力量。要么它是以一种观点的形式出现，要么表现为一个计划或目的。值得强调的是，它会将你过去所遭受的挫折或失败重现在你眼前，让你反省自悟，这其中得到的教训足以使你赢得过往失败里失去的一切。

当我向达比先生讲述那个黑人小孩在不经意间运用了某种力量时，他马上想起自己30年来做寿险推销员的经历。他坦承，自己在这一领域的成功，在很大程度上归功于那个孩子的举动带给自己的启示。

达比先生说道："每当遭到客户的拒绝，我的脑海里就开始重现那个静静立在老磨坊里的孩子，她眼中坚定而耀眼的光芒。然后我重新告诉自己'我一定要卖出这份保险'。事实上我售出的每一份保险几乎都遭到了人们起初的拒绝。"

他还回想起自己开采金矿时距离成功近在咫尺的失误。他感慨道："那次经历就像塞翁失马，借此也算因祸得福。它告诉我，不管一件事有多困难，都要坚持做下去。懂得了这个道理，就没有做不成的事。"

很多从事寿险推销的人应该都会读到达比、达比的叔叔、小女孩以及金矿的故事。作者想对他们说，正是受惠于这两次经历，达比才能实现100多万美元的寿险年销量。达比的经历其实平凡而简单，并无太多过人之处。然而这两次履历对他来说和生命本身同等重要，因为它们揭示了人终其一生苦苦追寻的意义。他能从这两次戏剧性的体验里获益，与他善于总结经验教训的习惯是分不开的。但是，倘若一个人没有精力也没有意识去分析失败中潜伏的成功智慧，那他该如何取得成功呢？是该从哪里、该用何种方式来将失败催化成成功呢？

可以说，本书对以上疑问做了全面深刻的解答。

一个正确的观念能够指向一条正确的路

答案就藏在这 13 项原则里。不过请记住，读的时候，促使你感叹思索生活之奇妙的这些问题的答案，可能就在你的脑海里，可能它就是在阅读的过程中忽然闪现在你脑海里的某种观念、计划或者目的。

要取得成功，你必须首先具备一个正确的观念。本书的原则包含了产生有效观念的方法和途径。

在具体阐述这些原则之前，我们认为你应该先体会下面这个重要的提示：

当财富到来的时候，它来得如此之快，如此之多，不禁使人心生疑惑，在过去那些一贫如洗的日子里，它们都躲到哪里去了？

这个说法让人惊诧，尤其是联想到人们的通常看法，认为人只有努力工作、持之以恒时才能致富，更感觉诧异。

当你开始接触思考致富的方法时，你会顿悟致富在伊始之初是一种心态的调整，是一个明确的目标，而不是你通常以为的勤奋的工作。我们大家都渴望知道，如何才能培养自身聚财的心态。我花了 25 年来研究这一点，因为我也想知道"富人是如何发财的"。

掌握了这一理念的原则后，仔细观察，并且着手将这些原则一一付诸实践，之后你的经济状况就会开始改善，你所做的一切就会朝着有利于你财富积累的方向发展。觉得不可能吗？完全可能！

人们总是太过于习惯说"不可能"，这是人类的主要弱点之一。人总是看到哪些法则没有用，哪些事情办不到。本书是写给那些一心追求成功，希望借鉴他人成功的法则，并愿意不惜一切实践这些法则的人的。

心怀成功意识的人必定能获得成功。

失败钟情于那些放任自己而产生失败意识的人。而放任自流、轻言失败的人，真的会失败。

本书是为了帮助所有渴望寻求改变、渴望化失败意识为成功意识的人。

人性的另一个弱点，就是人们喜欢用自己的惯有印象和观念去评价所有的人和事。读到这里，那些认为自己的思维习惯已经淹没在贫穷、不幸、失败和挫折之中的人，恐怕不会相信自己能思考致富。

这些不幸的人让我想起一位到美国芝加哥大学来接受美式教育的中国人。一天，哈珀校长在校园里遇到这个年轻的东方人，于是停下脚步和他聊了几句。校长问他，美国人让他印象最深刻的是什么？

中国学生说："嗯，是你们的偏见。你们总是斜着眼睛看人！"

对中国学生的这种看法，我们该如何看待呢？

我们总是不愿坦承自己知识范围的局限性，觉得说不懂是件羞耻的事情。不过，也存在别人的视角出现偏差的可能，毕竟我们是两个国家的人，是有区别的。

·第二章·

有渴望，才有希望

一切成就的出发点

50 年前，在新泽西州的奥兰治，当埃德温·巴恩斯从货运火车上下来时，外表看起来像极了一个流浪汉，但他怀揣着国王般的雄伟大志！

在沿着铁轨前往爱迪生办公室的途中，他边走边想象接下来的场景。他真的站在爱迪生面前，请求爱迪生给他一个机会，让他实现那个魂牵梦绕的强烈欲望，即成为这个伟大发明家的事业伙伴。

巴恩斯的那种欲望不是一种希望，也不是一种祈求，而是一种热切的激动人心的欲望。这种欲望的力量超过了一切，清晰而明确。

数年后，巴恩斯再度站在了爱迪生的面前，办公室还是初次会面的那间，但这一次，他的欲望变成了现实，他成为了爱迪生的合作伙伴。这个他抱持一生的理想终于实现了。巴恩斯之所以成功，是因为他明确了自己要追求的目标，并愿意倾其所有、不遗余力地奔赴这个目标。

5 年后，巴恩斯苦苦追寻的机会才出现。除了他自己，几乎在所有人的眼里，巴恩斯充其量不过是爱迪生事业车轮上的一个齿轮罢了。但巴恩斯却打心底里认定，从自己和爱迪生一起工作的第一天起，他就是爱迪生的事业伙伴。

这个例证告诉我们：一个明确的欲望具有无穷的威力。巴恩斯实现了目标，因为他想成为爱迪生事业伙伴的欲望胜过了一切。他制订了达到目的的计划，同时破釜沉舟，切断了所有退路。他的欲望从未减弱过，直到这种欲望变成一生的执着追求，最终成为现实。

在前往奥兰治的时候，他没有这样想："我想说服爱迪生给我一份随便什么样的工作。"而是这样认真地告诫自己："我要见到爱迪生，并明确地告诉他，我想成为他的事业伙伴。"他没有说："如果我不能和爱迪生共事，还可以考虑别的机会。"而是告诉自己："在这个世界上，我只想做一件事，那就是成为爱迪生的事业伙伴。我要破釜沉舟，用我一生的前途作为赌注，去实现这个目标。"

他没有给自己留下任何退路，要么成功，要么绝路。

这就是巴恩斯成功的秘诀！

愿望不能带来财富，只有用意志行动起来

在芝加哥大火发生后的第二天早晨，一群商人站在斯泰特大街，看着眼前仍在冒烟的店铺。这里曾经琳琅满目，如今却是一堆灰烬。他们集合起来共同商议对策，是就地重建？还是离开芝加哥前往更好的地方另起炉灶？最终，他们达成一致：离开芝加哥。不过有一个人例外，他选择留在芝加哥。

决定留下重建的商人叫马歇尔·菲尔德，他指着自己店铺的残垣断壁说："诸位，就在这个被烧掉的地方，我要建立起世界上最兴隆的商店，不管它再发生多少次火灾，我都决不动摇。"

这一幕已经是100年前的久远事件了。而事实上，他的商店成功开设了，而且至今仍在那里，外形上它像一座丰伟的纪念碑，正象征着一种心态，一种强烈欲望所催生的刚毅力量。对马歇尔·菲尔德来说，当初最容易做到的，无非就是和他的那群商人同行一样，选择离开芝加哥。当生意艰难、未来暗淡时，商人们选择了更容易起步的道路。

而马歇尔·菲尔德与其他商人是不同的，也正是这个不同决定了结果是成功还是失败。

每个人到了用钱的年龄都越发觉得钱的重要性，都渴望自己是个有钱人。然而愿望不能带来财富。但是如果他有一种欲望，并且将这种渴望财富的欲望转化为坚定的意念，然后制订一套明确的计划，再以决不放弃的毅力做后盾，他就一定能成功。

欲望变财富的 6 个步骤

要想将渴望财富的欲望变为真切的财富，有如下 6 个明确而实际的步骤：

第一，估计下自己渴望得到多少钱。仅仅只是想"我想要好多好多钱"是不够的。要说出一个确切的数字。（这种确定性来自心理学，下一章将对此加以讨论。）

第二，明确自己为了想要的财富能付出多大努力。（"天下没有免费的午餐。"）

第三，确定得到财富的期限。

第四，制订一个实现梦想的明确计划，不论是否做好准备，都立刻开始执行。

第五，列一份详细的清单，写下你想得到的金钱数额、得到这笔钱的最后期限、需要付出的代价，以及获得这笔财富的详细计划。

第六，每天把这份清单读两遍，睡觉前读一遍，早晨起来读一遍。读的时候要确信自己可以并且马上就可以得到这笔财富。

在以上 6 个步骤中，第六个步骤尤其重要。人们可能会抱怨，没有实际拥有财富，怎么会想象到自己已经有了钱？但是，如果你对财富拥有足够多的欲望，那么你就会真的认为自己能拥有那样的财富。目的是让你感觉到，你想得到钱，让你坚定地相信，你一定会得到。

要想获得自己渴望的财富，必须要有对金钱炽热的欲望

对于那些尚未了解人类心理活动原则的人，可能会认为这些不过是一堆不切实际的建议。如果我现在告诉不相信这 6 原则的人们，它们是来自安德鲁·卡耐基的智慧结晶，他们也许会重新考虑是否相信。因为卡耐基出身贫贱，开始之初也不过是一个普通的钢铁工人，但他后来赢得了百万以上的巨额财富，这其中必定受惠于这些原理的指示。

如果再告诉他们，这 6 个步骤已经历过爱迪生的亲身验证，估计他们会更愿意从中寻获启发。爱迪生认为，这 6 个步骤不仅是积累财富的必经之路，还可以运用于任何其他目标的实现。

践行这些步骤无须艰辛的劳动，也无须所谓的牺牲，不会使你荒唐可笑，也不会使你妄自尊大。但是，要成功地运用这 6 个步骤，需要足够的想象力来让你看到和明白，财富的积累绝不能靠偶然和运气。一个人必须认识到，要得到巨大的财富，必须首先拥有梦想、希望、愿望、欲望和计划。

读到这里，你至少应该完全理解了，要想获得自己渴望的财富，必须要有对金钱炽热的欲望，必须要足够相信自己一定能实现，否则都是空谈。

机会就在身边，只要信念坚定

渴望致富的我们应该知道，在当今这个竞争日益激烈的世界，它越来越需要新思想、新的行为方式、新的领导者、新发明、新的教学方法、新的营销方法、新书籍、新文学、新的电视节目和新的电影创意。想得到新的、更好的事物有一个前提，那就是你必须具备明确的目的，清楚自己需要什么，并用强烈的欲望去追逐它。

渴望积累财富的我们应该记住，世界上真正的领袖人物，他们在机会出现以前，就能把握住蕴藏于其中的无形力量——意念，并把这种力量（或者说这种意念的冲动）转化为摩天大厦、城市、工厂、机场、汽车以及给人们提供方便、使生活更美好的任何形式。

如果你渴望积累自己梦想的财富，就不要受任何人影响从而嘲笑梦想家。要在这个日新月异的世界里成为大赢家，必须学习过去那些伟大开拓者的精神。他们的梦想赋予文明应有的价值，他们的精神是我们国家的生命血液。

有了这种精神，你我才能有机会去发掘、去展示我们自己的才能。

如果你想做的事情是正当合理的，而且你对此信念坚定，那么尽管无所顾忌地去做吧！去放飞你的梦想！如果遇到暂时的挫折，不要在乎"别人"怎么说，因为"他们"可能不知道，每次失败都蕴涵着成功的种子。

爱迪生梦想制造一盏用电控制的灯，然后着手将这一梦想付诸行动。即便是遭遇了一万多次失败的打击，他仍然不言放弃，坚持着把梦想践行成了实实在在的现实。脚踏实地的梦想家决不轻言放弃！

惠兰梦想开一家连锁烟草店，便立即开始将梦想转化为行动。现在联合烟草连锁店已经遍布美国的大街小巷。

怀特兄弟梦想造一架能在空中飞行的机器。如今，全世界的人们都见证了这个伟大梦想的实现。

马可尼梦想找到一种借助空气这种无形力量来控制信息传递的方法。他的梦想并不是天方夜谭，现在全世界每一台收音机、电视机都是他这个梦想的结果。有一点你可能很感兴趣，马可尼的"朋友"曾把他关起来并送往精神病医院接受检查，因为他宣布自己发现了一个原理，能不通过电线或其他看得见的直接通信手段，而只借助空气传递信息。相比之下，今天的梦想家们的境遇可是幸运多了。

当今世界的每个角落里都藏有机会，而这是过去的梦想家所不能奢望的。

制订远大的目标和追求财富，并不比接受不幸和贫穷更困难

对"想成为什么人""想做什么事"的强烈欲望，是梦想家起飞的基点。梦想从来不会在冷漠麻木、游手好闲、不思进取的人心中产生。

记住，所有取得成就的人并不是一帆风顺，他们要历经无数次艰苦卓绝的奋斗之后，才能到达梦想的彼岸。那些成功人士的生活转折点通常源自某个危机时刻，经过这种危机的考验，他们才能认识到另外一个自己。

约翰·班扬由于对宗教持不同观点被关进监狱，遭到了严刑拷打，之后写出了英国文学史上的佳作《天路历程》。

著名作家欧·亨利也曾遭遇极大的不幸，被囚禁在俄亥俄州哥伦布的监狱的日子里，他发现了自己在文学方面的巨大潜能。被不幸所赐，他发现了"另一个自我"。他充分施展自己的想象力，最终发现自己竟然可以成为一个优秀的作家，而非一个可怜的罪犯或囚徒。

查尔斯·狄更斯的第一个职业是往鞋油罐上贴标签。初恋的失败深深刺痛了他的心灵，让他成了世界上最伟大的作家之一。他的爱情悲剧激发了他的成功之作《大卫·科波菲尔》的产生，随后又创作了一系列其他作品，给读者们展现了一个丰富、广博的世界。

海伦·凯勒刚出生不久就成了失明的聋哑孩子。尽管她遭遇了巨大的不幸，但她却通过自己的行动将自己的名字牢牢刻在了历史的伟人篇上。她的生活经历表

明，没有人能被打败，除非是这个人自己接受了失败的现实。

罗伯特·彭斯是个原本目不识丁的乡下孩子。他饱受贫穷之苦，长大后还成了酒鬼。但是他并没有继续自甘堕落，他爱上了写诗，他在诗中栽种了美丽的思想，拔掉生活中的荆棘而以芬芳的玫瑰代之，人们的世界因为他而更加美好。

贝多芬是个聋子，弥尔顿是个盲人，但是这并不妨碍他们的名字与日月星辰同在，因为他们拥有梦想，并把梦想变成了条理清晰的思想。

"想得到"和"准备接受"其实是两个不同的概念。一个人只有相信自己能得到某物，才会"准备接受"它。这种心态叫信念，而不是希望或愿望。信念只会诞生于宽广开阔的胸怀，一个自我封闭的人是不会激发出信心、勇气和信念的。

记住，制订远大的人生目标、追求富足的物质生活，并不比接受不幸和贫穷更困难。一位伟大的诗人曾在自己的诗句中表达了这个永恒不变的真理：

我向生活索取一个铜板，

生活的给予却极不情愿，

无论我在黑夜如何乞求，

却只能对着微薄的收入无言。

生活就是一个雇主，

它会按照你的要求给付，

而一旦自己定了薪酬，

就要把工作担负。

我的追求不高，

却惊异地知道，

原来我的所有要求，

生活都会慷慨回报。

向生命要求得越多，你从它那里获得的也越丰富

有关舒曼·海因克的一段简短报道，揭示了这位杰出女性得以成为著名歌唱家的秘密。我在下文引述了这段文字，因为文章中强调的正是"意念"。

在事业之初，舒曼·海因克小姐拜访了维也纳宫廷歌剧院的乐队指挥，请他

帮忙试听自己的嗓音。但指挥没有试听。他看了看这个笨拙、寒酸的女孩，不屑一顾地对她说："你相貌平平，又没有特色，还指望在歌剧界获得成功？我的孩子，放弃这个念头吧！不如买架缝纫机，去找个工作做来得现实。你是永远都不可能成为歌唱家的。"

这个结论未免太过武断了。维也纳宫廷歌剧院的指挥固然非常了解歌唱的技巧，但他没有体会过一个人心中的欲望若是始终不渝，会造就多么无穷的力量。只要他对这种力量稍有了解，便不会拒一个天才于门外，还对其加以轻视和斥责了。

几年前，我的一位生意合伙人病了。他的病情一天天加重，最后不得不送到医院接受手术。医生告诉我，他活下来的机会极其渺茫。不过那只是这位医生的意见，我的病人朋友并不这样认为。

在被推走前，他虚弱地在我耳边说："别听他的，老兄，过几天我就会出院了。"当时护士看着我，一脸遗憾。后来，病人真的安全度过了危险期。事后，他的医生说："是他自己的求生欲望救了他。要不是他拒绝接受死亡，早就挺不过去了。"

我深信有信心支持的欲望的威力，因为我见过这种力量曾将出身低微的人，推向权力与财富的宝座；见过它从死神手中夺回生命；见过拥有它的人们，在遭受数百次不同的打击挫折后，仍能高奏凯歌；我更见过，即使造物主让我的儿子生活在一个没有声音的世界里，却仍不能妨碍他去获得正常、快乐和成功的生活。

怎样驾驭并利用欲望这股力量呢？在以后的章节里，将会对这一点做出了回答。

造物主从不展示意志那神奇、有力的特性，它在炽烈欲望的冲动下，隐藏了"某种东西"，它绝不承认"不可能"这类字眼，也决不接受失败的事实。

意志的力量是无穷的，除非你相信它是有限的。

贫穷与财富，都是意念的产物。

向生命要求得越多，你从它那里获得的也越丰富！

·第三章·

所谓信仰，即积极的自我暗示

通往潜意识的桥梁

所有的暗示和自行实施的刺激，通过 5 种感官而到达大脑，都可称为"自我暗示"。从另一个角度讲，自我暗示就是对自己的暗示。它是一种沟通的媒介，介于产生意念的意识部分与产生行动的潜意识部分之间。

通过一个人的意识产生的主导意念（无论是消极的还是积极的并不重要），自我暗示的原则会自动将这些意念传达给潜意识，并对它产生影响。

人生来就具有通过自己的五官完全控制到达潜意识内容的能力。但这并不意味着，人人都能从容地应用这种控制力。相反，很多人贫穷一生，就是因为他们并没有学会应用它。

总结说来，可以把潜意识比作一片沃土，作物的种子可以在其上茁壮成长。但如若没有种上你想种植的作物种子，那么杂草就会肆意丛生。自我暗示其实是一种自我控制，通过它，个人既可以在这片潜意识的沃土中埋下创造性意念的种子，也可以由于漠视而任由破坏性的意念像杂草一样弥漫丛生。

想象、体会金钱握在手中的感觉

在前面我们讲到 6 个步骤的最后一步，是每天把自己写下的梦想大声朗读两遍。朗读你对金钱的欲望，并且尝试去想象、体会金钱握在手中的感觉！按这些指示去做，你能获得一种自信，促使你将欲望目标传递给潜意识。

反复强化该过程，你就会自动形成化欲望为金钱对等物的意念习惯。

仔细地重读一遍，加以体会。读完后，再仔细阅读《精心策划》一章中教你组建"智囊团"的 4 项要求。只要将这两项要求与自我暗示的内容进行比较，你自然会发现这些要求和运用自我暗示原则有关。

因此，要记住，为了通过朗读来培养自己的财富意识，请大声地朗读你的欲望。而且要避免只是朗读字表面的意思，这是毫无意义的，你必须将自己的情感或情绪融入其中。

这一点的确非常重要，所以我们在多章里反复提及。大多数人也正是缺乏对这一点的了解，所以在利用自我暗示原理的时候，达不到预期的效果。

寡淡而平静的字句阅读影响不了潜意识。如果不将充满激情和信心的意念或有声文字注入潜意识，那么你期望的效果就会落空。

第一次尝试时，如果无法成功地控制、指挥你的情绪，也别气馁。记住，天下没有免费的午餐。你不能欺骗自己，当然也许你很想这样做。想获得影响潜意识的能力，其代价是坚持不懈地应用在此前提到的原则。付出微薄的代价，不可能得到你想获得的能力。你，只有你，来决定你为之奋斗的回报（即金钱意识），是否值得你为之辛苦地付出。

你能否很好地运用自我暗示原则，在很大程度上取决于你能否专注于已有的欲望，取决于它是否让你魂牵梦绕。

不可等计划明确后，再依赖计划去获取想象中的财富

当你开始实施前面提到的与 6 个步骤相关的提示时，将有必要使用专注原则。

我们针对如何有效利用专注力提出一些建议：当你进行到 6 个步骤中的第一步时，即"在心中确定你想得到金钱的准确数目"时，闭上双眼以集中注意力，用专注力将意念集中在金钱的数目上，直到你能真切地看到那笔钱的样子。每天至少重复做一次。就像《信心》一章的要求那样，做这些练习的时候，一定要想象自己真正拥有了那些钱。

当一个绝对自信的指令反反复复，一遍又一遍地传达、呈现给潜意识时，潜意识就会顺理成章地接受，这被看作是一个事实。以此说来，可以考虑对潜意识要个合理的"小把戏"。由于你自己深信不疑，你可以使潜意识相信，你一定要拥

有你所看到的财富，相信这笔属于你的财富正等着你来认领。如此一来，潜意识里自然会形成具体的计划，供你去获得属于你的财富。

把上一段提出的思想传达给你的想象力，看看你的想象能力或者会做出什么反应，以实现你的欲望，让你制订出积累财富的可行计划。

切不可坐等计划明确出现后，再依照计划去获取想象中的财富，而是应该想象自己已经拥有这笔财富，迫使自己的潜意识去提出一项或多项计划。密切注意这些计划，等它们一出现，就立刻付诸行动。计划出现时，它们可能通过第六感，以"灵感"的形式"闪"入你的内心。要重视它，而且在感受到它时，立即做出回应。

6项步骤的第四项，要求你"制订一个实现梦想的明确计划，然后立刻开始执行"。你应该用上一段所说的态度遵循这项指示。在实现欲望的过程中，不能相信你的"理智"来制订出积累财富的计划。因为，你的理智有时会怠惰，如果完全依赖它，可能会得到令你失望的结果。

当你闭着双眼想象看到希望得到的财富时，要注意到自己正为得到这笔财富在提供服务或卖出商品。

这一点尤为重要。

刺激潜意识的 3 个步骤

现在，对前面提到的与 6 个步骤相关的指示加以总结，再结合本章讲述的原则，整理如下：

第一，在一个不容易被干扰或打断的地方，最好是晚上躺在床上时，闭上双眼，大声朗诵你写的那份声明。要尽量让你听到自己的话，其中包括你想积累的金钱数量、时限以及为得到这笔钱，打算提供的服务或卖出的商品。

履行这些指示时，要想象自己已经有了这笔钱。

举例来说：假设你是一名销售人员，通过付出个人服务，打算在 5 年后的 1 月 1 日积累 5 万美元，那么，你的自我目标声明应该这样写：

在××年 1 月 1 日前，我将拥有 5 万美元。在此期间，这些钱将不断以不同的数额来到。作为一名销售人员，为得到这笔钱，我愿尽我所能提供最有效的服务，提供尽可能多和最优质的服务（描述一下你打算提供的服务或商品）。

我相信我将拥有这笔钱。我现在眼前就可以看到这笔钱，手也可以触摸得到，我的信心十足。为了得到它，只要我提供想要付出的服务，它就会立刻转化为等值的利益。我在等待一个可以获得这笔金钱的计划，一旦计划出现，我将立刻行动。

第二，每天坚持不懈地进行这一过程，直到有一天你得到了这笔期待已久的金钱。

第三，把一份你写的声明放在早晚都看得到的地方，并且在睡觉前和起床后朗读，直到记住为止。

其实，这样做的目的是应用自我暗示原则，给自己的潜意识下达命令。特别要记住的是，潜意识只会对情感化的指示和"用心"传达的指示起作用。

所有情感中最强烈、最具效果的一个就是信心，请遵循《信心》一章中的要求来做。

最初，这些要求可能看起来很抽象，但是不要因此受到干扰。不管一开始看起来多么抽象或多么不实际，只管按照要求去做就是。假如你在精神上和行动上都能严格按照指示执行，那么，眼前的世界就是你的世界。

智力的奥秘

人的天性之一就是对新事物的怀疑。但是，如果遵循上述指示，你的怀疑将很快被信念所取代，并逐渐地转化为信心。

许多哲学家都曾说过，人是自己命运的主宰者，但他们大多没有说明为什么人是自己的主宰。本章透彻地说明了人之所以能主宰自己的人生定位，尤其是经济地位的原因。

因为人具有影响自己潜意识的力量，所以人可以成为自己的主宰，成为自己所在环境的主宰。

将欲望转化为金钱的实际过程涉及自我暗示原则的应用。自我暗示是一种触及并影响潜意识的媒介。其他原则只不过是运用自我暗示原则的工具。请时刻牢记，在运用本书的方法时，自我暗示原则发挥着举足轻重的作用。

读完全书后，请回到本章，用实际行动来完成以下指示：

每天晚上大声朗读这一整章，直到你完全相信"自我暗示"原理是完全可靠的，并且深信它会帮助你实现一切梦想。朗读的时候，遇到对你有帮助的句子时，请在句子下面用铅笔标记出。

严格地遵照以上指示，你就能完全理解并掌握成功的法则。

每种逆境，每个失败，每次心痛，都蕴藏着同等或更大收益的种子。

·第四章·

想象力：没有想不到，只有做不到

生产智慧的工厂

想象力其实就像个工厂，人类的所有计划都是在这里被创造出来的。借助想象力，欲望的冲动得以成形、塑造并被赋予行动。

人们常说：没有想不到，只有做不到。

借助想象力，人类在过去50年间发现和驾驭的自然力量，超过了此前全部人类历史时期的总和。比如，人类征服了天空甚至太空，这是飞翔的鸟儿也无法企及的。人类还在数百万英里之外，分析并测量了太阳的重量，并且通过想象力，测定出太阳的组成成分。另外，人类在运动速度上也有所突破，现在能以600英里以上的时速行进。

在合理范围内，人类唯一的局限，在于想象力的开发与使用。然而，人类想象力的开发与使用尚未达到极致。

人类只是发现了自己的想象力，而且开始以其最基本的方式来应用而已。

想象力的类型

按照想象力的功用，我们可以将其分为两类：综合性想象力和创造性想象力。

综合性想象力：通过这种能力，人可以把旧有的观念、构想或计划重新组合，推陈出新。这项能力没有任何创造，它只是将经验、教育和观察作为材料进行加工。综合性想象力是发明家进行创作的基础，也最为他们所常用。但其中也有一些例外的"天才"，当依靠综合性想象力无法解决问题时，他们会转向创造性想象力来寻求突破口。

创造性想象力：通过这种类型的想象力，人类的智慧能在有限的知识上得到无限扩充。我们常说的"预感"和"灵感"正是通过这种创造性想象力获得的。所有的基本构想或新构想也正是通过这种能力产生的。

创造性想象力是自发作用的，我们会在下一章讲述其具体方式。这种能力只有在意识高速运转的情况下，才会发生作用，比如思维意识在受到"强烈欲望"的激烈刺激时。

创造性想象力越使用越丰富，其开发程度决定了其丰富程度。

商业、工业、金融各界的领袖们，以及艺术家、诗人和作家等大家之所以创造了夺目的成就，是因为他们在综合性想象力的基础上充分发挥了创造性想象力的功效。

综合性想象力和创造性想象力都需要经常开发运用，以增进其灵敏度。这个原理就像人体的肌肉与器官一样，都是越常用越发达。

欲望只是一种意念，一种冲动，不够明晰，而且容易消逝。在转变为实质对等物以前，它是抽象的，没有任何价值。在将欲望转化为金钱的过程中，综合性想象力的使用频率要高得多，但你也不能因此忽视了在某些特殊情况下，仍然需要创造性想象力的协助。

人的想象力久而不用就会变得迟钝

人的想象力久而不用就会变得迟钝，若是勤于应用，你的想象力就会变得活跃、敏锐。想象力因为被闲置可能沉寂下来，但它不会消逝。

首要任务就是先集中发展综合性想象力，因为这是化欲望为金钱的过程中比较常用的能力。

通过一个或多个计划可以把看不见、摸不着的欲望冲动转化为实际、具体的事实、金钱。而这些计划的形成必须借助于想象力，其中，综合性想象力发挥了极为重要的作用。

完成了整本书的阅读之后，从第一章开始，运用想象力，制订一个或多个计划，以便将欲望变为财富。制订计划的详细要求，几乎在每章中都有描述。而后，立即采取行动去执行符合你需要的指标，注意，一定要形成书面计划。这样，模糊的欲望就有了具体的模样。将前面这个句子再读一遍。大声而且缓慢地念出来。记住，在将欲望和实现欲望的计划写成文字时，实际上你已经在将一系列意念转化为其等价实物的过程中，迈出了颇为关键的一步。

作为一种意念冲动的欲望就是一种无形的能量

你生活的世界以及其他物质，甚至包括你自己，都是自然演变进化的结果。细微的物质按照一定规则组织排列起来，形成了进化的过程。

还有一点，而且是更重要的一点，这个地球、你身上数十亿细胞中的每个细胞以及组成物质的原子，皆始于一种无形的能量。

作为一种意念冲动的欲望就是这样一种无形的能量。

当你开始有欲望这种意念冲动，想去聚积财富时，你就是在利用一种"物质"，这种"物质"和大自然创造出地球及宇宙万物——包括使你产生意念冲动的身体和头脑——所用的物质都是相同的。

运用这一亘古不变的法则，可以源源不断地创造财富。因此，我们必须首先学会并掌握这个法则。作者希望通过不断重复，从各个可能的角度，来讲述积累所有巨额财富共同使用的秘诀。尽管看来奇特而且似是而非，这个"秘诀"却不是什么秘密。大自然本身就是这个真理的显而易见的体现。在我们居住的地球上、天上的星座、天空中肉眼可以看到的行星、我们身外的元素、每片叶子以及举目所见的各种生命形式，无一不是如此。

下面的原理对于你理解想象力这一概念将起到十分重要的作用。然后，再次阅读并且分析它时，你会发现自己的思路更清晰了，而且也更能全面地理解它。你在阅读的过程中要切记，不要中途停止，更不要迟疑，直到将此书读过至少3遍以后，自然就可以参透其中之义了。

构想是想象力的产物，也是财富的出发点

构想是所有财富的出发点，构想也是想象力的产物。让我们看几个曾经创造了巨额财富的构想，以期通过这些例子来学会如何利用想象力积累财富。

魔法壶神话

50 年以前，一位乡村医生赶着马车来到了一个小镇上，拴好马后，他从后门悄悄地溜进药房，与一名年轻的药房伙计进行了一笔交易。

医生和伙计在配药柜台后面，窃窃私语地谈了一个多钟头。然后，医生来到门外的马车旁边，从车上取下一个旧式茶壶和一个搅拌用的大勺子，放在药店后面。

药店职员检查过茶壶后，从口袋里拿出一卷钞票交给了医生，整整 500 美元，这个伙计的全部积蓄。

医生交给他一张写有秘方的纸条。秘方价值连城，但对于乡村医生来说却不值一文。医生和年轻的伙计都不知道，使用这个神秘的方子究竟会使这个壶里汩汩流出什么样的财富。

乡村医生极为乐意用 500 美元的价钱来出售那一套设备。年轻伙计则愿意孤注一掷用所有积蓄来换取这样一个秘方和一个旧式茶壶。他无论如何也没有想到，他的这笔投资换来的是桶桶黄金，这个旧式茶壶简直就是他的阿拉丁神灯。

实际上伙计买到的就是一个构想，旧式茶壶、木勺和秘方都是偶然的东西。关键是伙计在秘方中添加了一种无人知晓的成分才导致了奇迹的发生。

看看你能否猜到，年轻人究竟在那个秘方里面添加了什么东西，而使得茶壶满溢出黄金来？虽然这个故事听起来充满神话色彩，但确确实实这是一个始于构想的真实故事。

让我们看看这个构想带来的惊人财富。全世界的每个角落，数以百万的消费者都在消费着这茶壶中流出的东西，它过去很值钱，现在依然如此。

这只老茶壶现在是全世界最大的食用糖消费者之一，它为那些从事甘蔗种植以及提炼销售的商贩们提供了赖以生存的市场。

这只老茶壶每年消费数以百万计的玻璃瓶，因而给大批玻璃工人提供了就业机会。

老茶壶还给美国数目庞大的店员、速记员、广告撰稿人以及广告专家提供了工作。几十位艺术家创造出精美的图片，来描绘产品特性，也因而名利双收。

老茶壶使一个南方小城市发生翻天巨变，摇身成为南部的商业之都，城市的各行各业以及每位居民都是它的间接受益者。

现在，这一构想的影响力惠及全世界各文明国家，它源源不绝地流淌出财富，送给那些接触到它的人。

老茶壶的财富建立起了一所卓越的学院，数以千计的年轻学子在这里接受培训，走向成功。

如果那只老茶壶里的东西会说话，它一定会以各种语言说出令人兴奋的浪漫故事，诸如爱情罗曼史、商业传奇以及每天受到它激励的职场男女的不凡故事等。

至少有一则罗曼史是作者所知道的，因为作者本人就是故事的见证者。而故事就发生在离药店伙计购买老茶壶的地点不远处。作者就是在那里遇到了人生的另一半，并生平第一次听到这只旧式茶壶的神奇故事。当作者向她求婚，请求她"无论好坏"全盘接受他这个人的时候，他们喝的就是那只老茶壶中的产品。

不管你是谁，不管你在什么地方，也不管你从事什么职业，每当你看到"可口可乐"这几个字的时候，请记住，这个产生了巨额财富、具有广泛影响力的商业帝国，曾经仅仅是一个药店伙计的构想。而药店伙计阿萨·坎德勒添加在秘方中的神奇成分别无他物，那就是——想象力。

暂时停止阅读，仔细回味一下这个例子。

还要记住，书中描述的致富步骤是一种媒介，通过它，可口可乐的影响力才能扩展到每个城市、乡镇、村落以及世上的无数大街小巷；还要记住，任何你创造出来的构想，都可能如同可口可乐的构想一样具有价值性和合理性，都可能再一次创造席卷全球的财富记录。

有志者事竟成

下面的故事告诉我们什么叫作"有志者事竟成"。我从已故的教育家兼牧师——弗兰克·冈萨拉斯那里懂得了这个道理。当时，他正在芝加哥的畜牧区进行他的传道事业。

冈萨拉斯先生在就读大学期间，发现当下的教育制度存在诸多弊端。而且，他认为要想纠正这些问题，就必须自己当上校长。

为了实现他的理想，他决定组建一所不受传统教育方式影响的大学。

要实行这个计划需要100万美元！他到哪里去筹集这笔钱呢？这个问题一直

萦绕在他心头，困扰着这位雄心勃勃的年轻牧师。

事情远比想象中的困难，他一筹莫展，没有任何办法。

每天晚上，这个念头都要随他入梦，早晨和他一起醒来。无论走到哪里，这个念头总是如影随形，挥之不去。

他由此陷入了这个念头的困扰中，直到最后，被这个"意念"完全占领。

作为学者兼牧师，冈萨拉斯先生和任何成功人士一样认识到，"明确的目标"是起步的必要出发点。并且他认为，明确的目标会激发出无限的热情、活力和力量。

道理总是简单易懂，可实施起来就困难得多，他始终找不到获得这100万美元的方法。遇到这种情况，多数人会说："算了吧，构想虽好，筹不到100万美元，又有什么用！"然后选择放弃。这的确是大部分人会说的话，但冈萨拉斯博士并没有这么说。他所说的话，以及他所做的事，意义非常深远。下面我正式介绍一下冈萨拉斯先生及其事迹，他自己是这样描述的：

一个星期六下午，我坐在房间里，心里想着该如何筹钱，以实现计划。我用了两年的时间去想这个问题，却从未采取任何行动！

现在该是行动的时候了！

彼时彼刻，我下定决心，一定要在一周内获得所需的100万美元。具体该如何开展我还难以确定。但难能可贵的是我给自己确定了获得这笔钱的时间期限，就在我下定决心，要在一定时间内获得那笔钱的一刹那间，一种强烈的自信心涌上心头，那是我以前从未有过的感觉。我内心似乎有个声音在说："如若早点儿下定决心，或许钱已经筹到手了！"

事情进展异乎寻常地快。我打电话给一家报社，宣布我第二天早上将要讲道，题目是《如果有100万，我会用来做什么？》。

而且，我立刻着手准备这次布道词。坦白地说，这个任务并不难，因为两年来，我所做的一切都是在为这次布道做准备。

我早早地准备完毕，想到100万美元即将到手，就信心满怀地睡着了。第二天早上，我起了个大早，走进洗手间，朗读布道词，然后屈膝祈祷，希望这次布道能引起某个人的注意，让他提供我所需的这笔钱。

祈祷时，潜意识里我再次觉得这笔钱一定会筹集到。我满怀兴奋地走了出来，却忘了带布道词，直到站在讲坛上正要开始讲道时，才发现了这一点。

回去取稿子已经来不及了。然而值得庆幸的就是我没有回去取稿子，因为这个稿子早已在我心中。当我起身讲道时，我闭上双眼，真真切切地诉说我的梦想。我告诉他们，假如我手中有 100 万美元，就可利用它来实现我的梦想。我把心中的计划描绘给他们听，我要筹集资金修建一所优秀的教育机构，教授他们使用的知识，启迪他们的智慧。

当我讲完坐下来时，从倒数第三排缓慢地站起来一个人，向讲台走来，伸出手说："牧师，我喜欢你的布道。假如你有 100 万美元，我相信你一定会实现你的承诺。为了证明我对你的信任，如果明天早上你能到我的办公室来，我就给你100 万美元。我的名字叫菲利普·阿穆尔。"

年轻的冈萨拉斯果然从阿穆尔先生那里拿到了 100 万美元。他用那笔钱建立了阿穆尔理工学院，即现在的伊利诺伊理工学院。

正是由于有了起先的构想，才有了后来的 100 万美元。而支撑这个构想的欲望在年轻的冈萨拉斯心中整整酝酿了近两年。

但是值得注意一个事实是：当他下定决心并且制订了实现目标的计划之后，36 个小时内，他就得到了这笔钱。

在年轻的冈萨拉斯之前或之后，许许多多的人也都有过类似的念头。但是，他的特殊之处在于：在那个值得纪念的星期六，他将模糊不清的想法具体化，明确地说出："我要在一星期内得到那 100 万美元！"

时至今日，冈萨拉斯获得百万美元的原则仍然适用！这一原则也可以为你所用！

创意如何生成财富

请观察思考阿萨·坎德勒和弗兰克·冈萨拉斯博士两人的共同点。那就是他们都熟悉一个道理：要想将创意变成财富，你必须拥有明确的目标和具体可行的计划。

倘若你还认为唯有勤奋和诚信方能致富，那你赶紧放弃这种想法！因为它是错误的！事实上，巨额财富的累积绝非是勤劳这支单一力量促就的。你所能获得的财富，一定是对你明确需求和切实计划的回应，而不是你所想象的勤劳、机会或运气。

一般来说，构想是凭借想象力驱使行动的一种意念冲动。所有杰出的推销员都知道，构想可以售出卖不掉的商品。一般的推销员不明白其中的道理，所以他们只能是一般的推销员。

一位廉价书出版商得出了一项值得所有出版商思考的发现。这个发现便是，市面上许多人买的是书名，而不是书的内容。只要为一本滞销书替换掉原本乏味的书名，即使对书的内容不作任何改变，该书的销售业绩也可以飞涨到百万册以上。他只不过是撕去印有不具卖点书名的封面，重新贴上了颇具"票房"效应的书名封面而已。

这个看起来很简单的做法实质上就是一种创意构想的运用，是想象力发挥作用的成效。

构想没有标准价格。构想的创造者可以自定价格，如果你聪明灵活，也一定可以得到理想的价格。

每笔巨额财富的故事，其实都始于构想创始人与构想推销人的默契合作。卡耐基身旁簇拥着一群能为其所不能的人，他们创造构想，实际推动构想，使卡耐基及其他人获得了令人难以置信的财富。

无数人在一生中都抱着守株待兔的想法，等候着幸运的"机会"送上门来。我们不否认好运的确可以诞生机会，但最可靠的计划不能靠运气。一次幸运的确给我带来了人生的机会，但在机会变为资产之前，我所倾注的是 25 年不懈的努力。

"机会"使我幸运地遇到了卡耐基，并得到他的鼎力合作。那一次，卡耐基在我心中植入了一个构想，就是将创造成就的原则组织为成功哲学。这 25 年的研究成果使得千万人因之受益，在实际应用该门哲学的人群之中涌现了许多致富的例子。起点其实很简单，那就是任何人都能创造出来的构想。

可以说卡耐基赐给了我幸运的机会，但成功所必需的坚定的决心、明确的目标、实现目标的欲望以及 25 年的坚毅努力来自哪里呢？其实，一般的欲望不可能战胜失望、气馁、暂时挫折、批评以及"白费时间"的一次次自我提醒。唯一可信赖可依靠的是自身强烈的欲望，一种萦绕于心、挥之不去的意念！

当卡耐基先生最初将这个构想植入我的心中后，我需要努力地培育它、呵护它，促使它继续滋长。逐渐地，构想在本身力量的作用下迅速强大，后来竟会反过来引导我、关照我、激励我。构想的确就是这样。最初是你赋予构想以生命力、行动和指导，然后，它们逐渐发展了自身的力量并凭此扫清所有障碍。

构想是一股无形的力量，它是通过有形的大脑产生的，但这股力量之强大远胜于大脑本身的力量。即便当创造构想的头脑化为尘土之后，构想依然生命长青。

·第五章·

任何行为都不要无计划地做出

化欲望为实际行动

你已经懂得，人们创造或获得的任何东西都是以欲望的形式开始的。欲望是这一旅程的起点，从抽象到具体，然后进入想象力工作室。在这个工作室里，实现欲望的计划得以创造产生和组织整理。

前面教你如何采取 6 个明确、实际的步骤，作为化欲望为金钱的第一个行动。其中一个步骤就是要形成一个或多个明确、实际的计划，通过这些计划来实现欲望。

下面，我们来教你如何制订实际可行的计划。

第一，根据需要集合一群人才，以积累财富为目的，着手筹备和实行计划。在这里，你要运用本书后面章节中讲到的"智囊团"原则。（请务必遵守该项指示，切莫忽视。）

第二，组成"智囊团"之前，你首先应决定向团队成员提供何种利益回报，以获得他们的合作。没有人愿意在没有任何报酬的情况下无限期地工作，也没有一个聪明人会在无利可图的情况下要求或期望他人为自己工作，当然报酬不一定都以金钱形式存在。

第三，每周至少安排两次"智囊团"成员的会议，可能的话可以多次，直到你们同心协力完成你的致富计划为止。

第四，使自己与"智囊团"中的每个成员保持和谐关系。假如你不能严格遵循这项要求，将可能遭遇失败。没有完善的和谐关系，就无法应用这项"智囊团"原则。

另外，请牢记下面的事实：

你正在从事一项对你很重要的工作，要确保成功，必须拥有完美无缺的计划。

你必须借助他人的经验、知识、能力与想象力。因为所有成功积累财富的人都毫无例外地运用了此种方法。

没有人可以不需借助他人的协作努力，单凭自己的经验、知识、才能等来积累巨额的财富。在积聚财富的努力中，你所采取的计划应该是你自己与全体智囊团成员共同的心血结晶，你计划的全部或一部分，也许是你自己构拟的，但那些计划书必须经过"智囊团"小组成员通过，方可付诸实施。

第一个计划失败了，再试第二个

如果你采用的第一个计划不成功，再拟一个新计划；如果新计划再失败，那么再换一个，依此类推，直到找出有效的计划为止。而大部分人通常不会选择这么做，这也是他们遭遇失败的最根本原因，即缺乏足够的勇气和毅力来不断创造替补的新计划。

要牢记这个事实：如果缺乏实际有效的计划，即使最精明的人也无法成功致富，甚至无法完成其他任何事业。另外，当计划失败时，还要记住，暂时的挫折并不代表永远的失败。它表明你需要对你的计划做进一步的修改和完善。所以，请继续拟订新计划，重新开始。

暂时的挫折只意味着一件事：显然你的计划中有某些缺陷。无数的人一生陷入贫穷和不幸的沼泽难以自拔，原因就在于他们缺乏一个尽善尽美的财富积累计划。

你的成就之大不可能胜过计划的完美。

詹姆斯·希尔开始努力筹措资金，建造横贯东西的铁路时，也曾遭遇过暂时的挫折。但后来，他通过新计划转败为胜。

亨利·福特在开创汽车事业的初始阶段，以及后来的事业辉煌期都曾遭遇过失败的侵袭，但他重新拟订计划，继续朝经济上的成功迈进。

每当看到他人发财致富或事业成功时，我们经常只看到他们的胜利，而忽略了他们在成功前克服的各种挫折。

支持这一哲学的人总需经历一些暂时的挫折，才能有望致富。当你遭受失败时，请把它当成是一种警示，它在提醒你：你的计划尚不完善，你只需重新拟订计划，就可以再度奋起，奔向渴望的目标。如果你因遭遇一时的失败而轻易言弃，那你就是个"半途而废的人"。

"半途而废者与胜利无缘，而真正的胜利者是不可能半途而废的。"把这句话用大字写在纸上，放在早晨上班、晚上睡觉前都看得到的地方。

挑选"智囊团"成员的时候，尽力挑选那些能屡败屡战的人。

有些人愚蠢地认为，只有钱才能赚钱，其实这是不对的！

如果你运用书中的原则，欲望是能转化为金钱的，所以欲望才是赚钱的媒介。钱本身，只不过是无生命的物质。它不会动、不会思考，也不会说话。但当一个人强烈渴望得到它、召唤它时，它却能"听得到"，然后应声而至。

推销个人服务

不管采取何种方式，制订合理、巧妙的计划都是成功致富的必要条件。下面就为那些需要以推销个人服务起家的人提供详细的行动指南。

你应该知道，实际上，但凡积累巨额财富的人，都是从以获取报酬为目的的个人销售服务开始的。如果一个人没有财产，那除了以销售个人的创意想法与个人服务来换取财富之外，还有什么办法呢？

做聪明的追随者

总体而言，世界上有两种人，一种是领导者，另一种是追随者。无论你从事何种行业，从一开始就要决定，自己打算做一名领导者还是一名追随者。两者之间的报酬差距可是天壤之别，尽管许多追随者仍爱做着拿领导者薪水的白日梦，但这一点是永远不会实现的。

做一名追随者并不丢人，但是，一直都当追随者就不那么光荣了。大多数领导者也是从追随者开始起步的。之所以能成为领导者，是因为他们是聪明的追随者。

笨拙的追随者几乎都无可避免地沦为无力的领导者；能有效追随学习领导者的人，则通常能迅速获取知识以培养自己的领导才能。聪明的追随者有很多优势，其中之一就是拥有向领导者学习的机会。

成为领导者的条件

以下是成为领导者的重要条件：

1. 勇气

在深刻理解自身所从事职业的前提下，具备坚定的信心和巨大的勇气。没有任何一位追随者愿意接受一个缺乏自信与勇气的领导者的支配。聪明的追随者不会长期受这种领导者的控制。

2. 自制力

无法控制自我的人永远无法控制他人。自制力可以为追随者树立有力的榜样，从而引起聪明追随者的努力效仿。

3. 正义感

如果一位领导者没有公平与正义感，他就无法指挥追随者，更难以持久地赢得追随者们的尊敬和服从。

4. 果断的决策

政策摇摆、举棋不定表明对自己没有信心，这种犹豫不决的人无法成功地领导他人。

5. 明确的计划

成功的领导者必须对自己的目标形成一个明确的计划，并严格督促其执行。一个领导者如果只凭主观臆测行事，而没有实际、明确的计划，就好比一艘无舵的航船，迟早会触礁。

6. 不为了工作而工作

作为领导者，必然要付出的代价就是必须以身作则，甘愿比手下人做更多的工作。

7. 性格魅力

一个散漫、草率的人不会成为成功的领导者。领导权需要得到尊重。不重视培养优秀品质和性格魅力的人得不到部下的尊重。

8. 同情与体谅

成功的领导者必须对部下有同情心。此外，他还必须理解部下，体谅和帮助解决他们的困难。

9. 掌握细节

成功的领导者需要掌握领导职位涉及的各项细节。

10. 勇于负责

成功的领导者必须甘愿为部下所犯的错误与过失承担责任。假如他企图推卸责任，那么他根本就不具备一个领导者的资格。假如部下中有人犯了错误且无法胜任他的职位，领导者就必须承认这是自己的过失。

11. 善于合作

成功的领导者必须明白和运用团队合作的原则，还要引导部下也这样做。领导地位需要权力，而权力需要合作。

领导方式有两种：第一种也是最有效的一种，是建立在部下的理解和支持之上的领导；第二种是强迫式领导，即无法得到部下的支持与认同。

历史上的诸多例子表明，强权领导不会持久。封建帝王与独裁者的没落与消亡就是最明显的例子，它说明人们不会无限期地盲目顺从霸道领导。

拿破仑、墨索里尼、希特勒等人就是强权领导的例证。

他们的领导权已经灰飞烟灭。建立在追随者认同基础上的领导才是唯一可持续发展的领导方式！

人们可能会暂时顺从霸道的领导，但他们并非心悦诚服。

新的领导方法，应认同本章上述的 11 项因素以及其他一些因素。以这些因素为基础建立领导权的人，在任何领域都能得到施展领导才能的机会。

领导失败的十大原因

现在我们来看看导致领导失败的 10 个主要错误。知道"什么是不该做的"与"什么是应该做的"同等重要。

1. 无力把握全局

高效的领导者需要有组织和控制全局的能力。真正的领导者决不会因为过于忙碌而无法完成领导者分内的工作。无论是领导者还是部下，如果承认自己"过于忙碌"而无法根据情况的紧急程度对全局计划作出适当的调整，就等于承认了自己的无能。成功的领导者必须具备掌握全局的能力，这就意味着，他必须培养将事务向下分工的习惯。

2. 不愿从事卑微工作

真正伟大的领导者可以做任何事情，只要是他要求部下做到的，自己也可以做到。

3. 缺乏实际行动

在这个世界上，不会因为你"知道"了很多，就会给你报酬。只有那些愿意身体力行，或者能督促别人去身体力行的人才能得到相应的报酬。

4. 害怕部下超过自己

如果对部下产生恐惧，担心自己的职位会受到威胁，那么，这种担心迟早会演化为现实。能干的领导者会培养接班人，并且乐意将此职位的任何细节托付给他。只有这样，领导者才可能分身掌管全局，并能同时注意到多项事务。有能力托付他人事情的人所得到的报酬往往比事必躬亲的人得到的报酬丰厚，这是永恒不变的事实。有能力的领导者不但可以利用自己的专业知识和人格魅力提高下属的工作效率，而且可以使下属的工作质量大大优于平时。

5. 缺乏想象力

没有想象力，领导者就没有应付紧急状况的能力，就无法制订有效领导部下的计划。

6. 自私

把下属的功劳全部占为己有的领导者是不会受到欢迎的。真正伟大的领导者不会邀功。他乐于将任何荣耀归于部下，因为他知道，得到这些赞赏和肯定会促使他们更加努力地工作，效果远远超过了金钱的作用。

7. 放纵无度

部下不会尊重一个放纵无度的领导者。同时，任何一种放纵都会损害领导者的耐力和活力。

8. 不忠

这一点或许应该是导致领导失败的首要因素。如果领导者不能对公司、同事（包括上司和部下）忠诚的话，他将无法久居领导地位。不忠会把一个领导者的形象贬低得粪土不如，招引来种种蔑视。不忠在各行各业中都是失败的主要因素。

9. 强调领导"权威"

有能力的领导者不应该用权力来压迫下属。企图在部下心中巩固"权威"的领导者，是霸道的领导者。真正的领导者根本没有刻意突显权威的必要，只需要在行为上表现出同情、体谅、公正以及对工作的胜任等即可。

10. 看重头衔

能干的领导的尊重绝不是靠自己的领导"头衔"赢得的。太注重头衔的人通常是因为他别无其他可夸耀之处。真正领导者的办公室随时对想进去的人开放，而且他的办公区域不拘形式、朴实无华。

以上是领导失败的比较普遍的原因，其中任何一项都足以招致失败。假如你有志于成为一名优秀的领导者，那么请仔细研究这份清单，确保自己不会犯这些错误。

需要"新型领导方式"的广袤领域

在结束本章之前，请再注意这几个潜在的领域。在这些领域中，旧的领导方式渐趋过时，新型领导者则有着无限的机会。

1. 政治领域

一个永远需要且迫切需要新型领导者的领域。

2. 银行界

因为它正处于行业大变革之中。

3. 产业界

未来在产业界能够持久的领导必须视自己为准公共性质的公务员，其职责是在不损害个人或集体利益的情况下经营公司。

4. 法律、医学和教育界

这些领域在一定程度上还需要新的领导者，这一点在教育界尤为突出。未来教育界的领导者必须寻找有效的方法，教导学生如何"应用"在学校所学的知识。教育必须多讲实践，少讲理论。

这些只是目前新型领导者或新型领导风格找到机会的部分领域。如今的世界是瞬息万变的，这表明，改变人类习惯的媒介也必须顺应变革需要。这里所说的媒介，比其他因素更能决定文明的趋势走向。

应聘渠道

下面所述是多年来经验的积累。在很长一段时间它们已经有效地帮助过数以千计的人推销他们的个人服务。经验表明，以下媒介是最直接、最有效的渠道。它们能让个人服务的买卖双方获得双赢。

1. 职业介绍所

必须精心挑选信誉良好的职业介绍所，它们能向求职者出示令人满意的业绩记录。但是这样的职介所相对较少。

2. 报纸、商业刊物的广告

应聘秘书或一般工作的人可通过分类广告得到满意的结果。寻求主管级工作的人为了吸引雇主们的注意，可以采取登醒目广告的方式。制作这种广告可以求助于设计专家，因为他们专长于在广告中注入足够的卖点以获得回应。

3. 个人求职信

这种信通常写给特定的公司或个人，也就是最有可能雇用你的对象。这些信应该保持通篇整洁有序，并亲自签名。随信应附上经由专家审核或过目的完整的"简历"或求职者的资历摘要（参看《书面简历指南》）。

4. 熟人引荐求

如果有可能，应聘者应尽量通过共同的熟人来接触未来可能的雇主。这种接触方式特别有利于那些欲觅主管经理级职位，但又不愿意"叫卖"自己的人。

5. 当面自荐

有时候，如果求职者毛遂自荐，主动表示愿意为可能的雇主服务，可能效果更佳。这时应递上一份完整的书面简历，方便雇主与同事就你的简历情况展开讨论和斟酌。

书面简历指南

简历应该像律师准备将开庭的案子一样精心准备。除非求职者本身有准备这种简历的经验，否则最好请教专家以达到目的。成功的商人会雇用懂得广告艺术及营销心理的人，以展现出商品的优点。同样，推销个人服务也是如此。以下信息应该在简历中有所体现：

1. 教育背景

简明扼要地叙述曾上过的学校、专业以及选择此专业的缘由。

2. 工作经历

假如曾经做过与应聘职位相关的工作，应充分陈述，并写明以前雇主的姓名和地址。切记，一定要把你能够胜任该应聘职位的特殊经验交代清楚。

3. 推荐信

事实上，每个公司都渴望能了解应聘者以往的工作记录和经历。在简历中应该附上下列人士的复印信函：

(1) 以前的雇主。

(2) 教过你的老师。

(3) 值得信赖的著名人士。

4. 本人照片

附上一张本人免冠近照。

5. 明确自己的应聘职位

不要只说申请工作，而不明确说明应聘哪个应聘职位。如果说"任何一个职位都可"，那么只能表明你缺乏专业资格。

6. 说明你胜任某个职位的资格

详细列举出自己认为能够符合该特定职位的理由，这是申请表中最为重要的部分，这一部分将决定你被重视的程度。

7. 提议接受试用

这看起来是个很基本的提议，但经验证明，它至少经常能赢得一个试用的机会。假如一个人对自己的资格非常自信，那么你缺少的就是一次试用的机会了。同时这也能充分地表明你相信自己胜任这一工作，因为它至少表明：

(1) 你深信自己能胜任这一职位。

(2) 你确信在试用结束后能够被录用。

(3) 得到这一职位的决心。

8. 对应聘岗位的业务有所了解

申请一项工作之前，应充分研究与此工作相关的知识，彻底地熟悉这门业务，并在简历中叙述你对此行业已有的认识。

此举将令人印象深刻，因为它表示你有想象力，而且对此职位真正感兴趣。

记住，谙熟法律的律师未必能够赢得官司，准备充分的律师才可以做到。假如你适当地准备并充分地陈述理由，那么你在一开始就已经成功了一半。

不要担心简历过长。雇主在招聘一位求职者上所下的功夫并不比求职者花费得少。事实上，雇主之所以能够成功就是因为他们具备挑选合格助手的能力。

基于此，他们当然想得到所有的资料。

此外还要记住一点：一份整洁悦目的简历，足以表现出你是个做事细心、肯下功夫的人。我曾帮几位客户准备过简历，由于这些简历非常出色，结果使应聘者不需面谈就获得了工作。

完成简历之后，要把它们整齐地装订起来，在封面上书写或打印成如下格式的标题：

个人资格简历

申请人：罗伯特·史密斯

拟聘职位：布兰克公司总裁私人秘书

每次递交简历时只要把相应的名字更换一下即可。

这种明确应聘公司名称的方式一定会引人注意。把简历清晰地打印在纸上，并做一个活页封面，如果应聘的不止是一个公司，适时在封面上替换公司名称。将照片贴在简历上。严格落实以上提到的要求，并可根据自己的想象力进行一定的修改。

成功的推销员一定懂得第一印象的重要性，懂得用心修饰自己。你的简历就是你的推销员。要想求职时在雇主面前留下深刻的印象，你就必须给它穿上一套漂亮的外衣。如果你寻找的职位值得拥有，那么就应该用心去追求。而且，如果你把自己推销给一个雇主的时候，用个人特点打动了他，那么你最初得到的薪水要高于用通常的求职方式得到的最初薪水。

如果你的求职方式是广告或职业中介，那么请代理人使用你的简历作为推销媒介。这样代理人和雇主才能更好地了解你。

如何得到理想的职位

每个人都希望得到自己最为喜欢的工作。画家喜欢涂抹颜色，手工艺者喜欢动手，作家喜欢写作。缺少这些天分的人则钟情于工商业。现代社会的优点就在于为我们提供了广泛的就业选择，耕作、生产、营销还有其他专门职业。

1. 确定自己想从事哪一种职业。如果没有这样的职业，也许你可以自己创造一个。

2. 明确自己想在什么公司或为哪个人工作。

3. 研究未来雇主的政策、人事和晋升机会。

4. 剖析自己的天分和能力，明确自己能做什么，然后设法展示自己能够提供的个人优势、服务和构想。

5. 不要只想有个"工作"。不要想是否有机会，不要抱有"你可以给我一份工作吗?"这样的惯常想法。应该关注自己能做什么。

6. 一旦你心中有了计划后，就应该立即找一位有文字经验的人把它写在纸上，要做到条理分明、内容详尽。

7. 把计划递交给有权雇用你的人，剩下的事就由他来决定了。

每个公司都希望得到能够提供构想、服务或者"关系"的有价值的人才。这个过程可能需要花费几天或几周的额外时间，但这样做取得的收入、晋升机会和被认同的程度不可忽视，这也许是数年低薪而辛苦的工作都无法得到的。这样做有很多好处，最主要的益处在于它能让你节省5~10年的时间来实现自己的目标。每个一开始就这样做或者"半路"采取这种做法的人，经过精心策划，也会取得事半功倍的效果。

你的"QQS"评价如何

我们已清楚地说明了如何在有效而长期推销服务方面取得成功。只有充分研究、分析、理解和应用那些原因才可能有效而长期地推销个人服务。每个人都必须做自己个人服务的推销员，所提供服务的质、量和服务中表现出的精神，在很大程度上决定了一个人的工资和受雇期限。个人服务得到有效推销是指，在得到满意的工资和愉快的工作环境前提下，长期被雇用。要有效推销个人服务，就必须采用并遵循"QQS"公式，即质量（Quality）、数量（Quantity），以及适当的服务精神（Spirit），加起来等于完美的服务推销术。不但要记住"QQS"这个公式，更重要的是把它变成一种习惯！

下面我们来分析一下这个公式，从而准确理解这个公式的含义。

1. 服务质量的意义应该解释为，凡是与你职务相关的每项工作，哪怕是各种细节，也要用最有效的方式去解决。

2. 服务数量应该理解为，一种随时提供力所能及的服务的习惯，目标在于通过实践和经验培养更高的技能，以提高服务数量。这里的重点还是"习惯"二字。

3. 服务精神则应该解释为能促进同事和上下级之间合作的友好的、和谐的行为习惯。

要想维持长久的市场，仅仅是足够的服务质量与数量是不够的。你提供服务的行为或精神，才是决定你的薪水与工作能否持久的重要因素。

安德鲁·卡内基在讲述成功推销个人服务的因素时，特别强调服务精神这一点。他反复多次地强调和谐相处的必要性。

他甚至强调，无论一个员工的工作量有多大或工作质量有多高，如果他不具备和谐的工作精神，他都不会雇用这样的员工。卡内基先生坚持使用个性愉悦、随和的人。在他的帮助下，许多符合他标准的人成为了巨富，而不符合标准的人则没有机会。

我们已经强调了愉悦的个性的重要性，因为这个因素能使人在饱满的精神状态下为他人提供服务。

如果一个人具有令人愉快的个性，且能以和谐相处的精神为他人服务，那么这些资产足以弥补服务在质与量上的不足。但是，事实上，没有任何一种东西能成功地取代令人愉悦的行为。

服务的资本价值

如果一个人的收入全部来自推销个人服务，那么他以及他所遵循的规则将和贩卖商品的商人别无二致。

我们之所以强调这一点，就是大部分以推销个人服务维生的人错误地认为，他们不必如同贩卖商品的商人一样遵守相应的行为准则和责任。

积极的服务型推销已经代替消极推销成为时代的主流。

大脑的实际资本价值可能取决于你创造的收入（通过出售自己的服务）。年收入可以估计为资本价值的 6%，因此，年收入除以 6%，就是服务所得的资本价值。

因为大脑永远不会因为经济不景气而贬值，而且这种资本也不会被窃取或被花费掉。所以如果聪明的大脑能够得到有效销售，那么它比推销商品创造的资本价值更大。此外，经营企业必备的资本如不与智能的大脑相结合就会如沙丘般毫无价值可言。

成功总有相同之处，失败却各有原因

生活之所以有悲剧就是因为人们热切地尝试却屡遭失败，而和极少数成功人士相比时，失败的人占压倒性的大多数。

我曾对数千名对象进行过分析，其中有 98% 归于"失败者"的行列。

分析表明，失败的主要原因有 31 项，而致富原则有 13 项。本章将讨论这 31 项失败主因。阅读这些条目时，将它们与自己一一对照，以便找出有多少失败因素阻碍你取得成功。

1. 遗传性先天不足

对于天生有智力缺陷的人，几乎没有什么办法可以弥补。但值得庆幸的是，这是 31 项失败因素里，唯一一项无法通过个人努力轻易弥补的缺陷。

2. 没有明确的奋斗目标

一旦失去了奋斗的中心目标或明确的努力方向，就没有了成功的希望。我分析的人当中，有 98% 的人正是因为不具备这一条才导致了他们的失败。

3. 缺乏志向与抱负

我们认为，如果凡事漠不关心，不想在人生中求发展，不愿付出代价，那么这样的人也将成功无望。

4. 教育不足

与其他相比，这种缺陷相对比较容易弥补。经验表明，那些"自力更生"或

"自学成才"的人通常是最有教养的人。要使一个人有教养，需要的不只是大学学位。有教养的人懂得在不侵犯他人利益的前提下，去获得自己想要的东西。有知识不等于有教养，有教养的人还要懂得有效而持久地应用知识。人之所以能够得到报酬，不仅仅来自他知道的多少，更在于他曾亲自实践了知道的一切。

5. 缺乏自律

自律来自自我控制。这意味着人必须控制所有的消极思想。只有先控制自己，才能控制环境。自制是人类面对的最艰巨任务。如果无法战胜自我，就会被自我征服。当你站在镜子面前时，你就仿佛看到了自己最好的朋友，同时也是你最大的敌人。

6. 健康状况不佳

没有健康，就享受不到取得卓越成就的喜悦。健康不良的很多原因是可以掌握和控制的。其中的主要原因有：

（1）过度摄取无益健康的食物。

（2）错误的思考习惯，消极的思想行为。

（3）不良的性习惯或过度沉溺于性。

（4）缺乏适当的体育锻炼。

（5）由于各种原因，导致新鲜空气供应不足。

7. 童年时期不良环境的影响

"树苗不扶正，长大必歪斜。"大部分有犯罪倾向的人，都是由于童年时期不良的环境和交友不慎才导致了他们的错误行为。

8. 拖拉

这是失败最普遍的原因之一。隐匿在每个人心中的拖拉陋习，总是如影随形，伺机破坏一个人的成功机会。多数人一生失败，正是因为一直都在等待"适当时机"去开始做那些值得做的事情。不要等待，根本就没有"适当"的时机。立刻开始，先利用身边能得到的工具做起，中途还会遇到更好的工具。

9. 缺乏毅力

不管做什么，很多人都是虎头蛇尾，不能善始善终。此外，人们一遇到失败，就容易放弃。毅力是不可取代的。把毅力当座右铭奉行到底的人，会发现"失败老人"终将疲惫，自行退出。失败永远无法和毅力相对抗。

10. 消极的个性

因为消极的个性，而将别人拒于千里之外者，不会有成功的希望。由于消极无法促成合作，当然无法获得成功的力量，自然得不到成功。

11. 对性冲动缺乏控制

性的力量是所有驱使人类采取行动的动力中，最为强大的力量。因此必须将其转化为可以控制的能量。

12. 无法克制"不劳而获"的欲望

这种投机本能导致了上百万人的失败。1929 年华尔街股市大崩盘就是一个例证。统计数据表明，在华尔街股市大崩盘事件中，数百万人就是怀着投机心理，想借着股票的买卖差额大捞一把，结果以破产告终。

13. 缺乏果断的决策力

成功人士之所以能成功是因为他们能果断决策，而后如果有必要则再慢慢改进。而失败者与之相反，往往犹豫不决，花很长时间作出的决策，结果是很快就需要修改，频繁地修改。犹豫和拖拉是一对双胞胎兄弟。只要找到其中的一个，就一定能找到另一个。所以必须趁它们没有将你完全束缚在失败的车轮上时，果断地把它们消灭。

14. 有一种或多种"基本恐惧"

在本书的最后一章专门对这些恐惧进行了针对性的分析。有效推销个人服务时，你必须控制这些恐惧。

15. 择偶不当

择偶不当是导致婚姻失败的一个普遍原因。婚姻关系使两个人保持亲密的接触。如果婚姻不和谐，失败会接踵而至。择偶不当所带来的不幸和痛苦足以摧毁人的所有雄心抱负。

16. 过度谨慎

不主动抓住机会的人往往只能捡别人挑剩的机会。俗话说"过犹不及"，过度谨慎和不够谨慎都不可取。人生本来就充满了偶然成分。

17. 事业伙伴选择不当

这一点是很多人事业失败的主要原因。推销个人服务时，应该认真选择雇主，好的雇主是智慧和成功的化身，能够激励人。我们会无意中效仿身边的人，所以要选择一位值得效仿的雇主。

18. 迷信与偏见

迷信不仅代表了恐惧，更是无知的表现。成功人士心胸宽广，无所畏惧。

19. 错误的职业选择

从事不喜欢的职业，不可能取得成功。推销个人服务的最关键一步，是正确选择一个职业，并全身心地投入。

20. 目标不专

"万事通，万事松。"要把全部精力集中在一个明确的目标上。

21. 肆意挥霍的习惯

挥霍浪费的人之所以不能成功，是因为这样的人永远都不能摆脱对贫穷的恐惧。应该养成良好的习惯，定期从收入中拿出一定比例，留做后用。存在银行中的钱让一个人在推销个人服务的谈判中更有底气。没有钱做后盾，就必须接受别人的安排，而且还不能有怨言。

22. 缺乏热情

热情不仅意味着说服力，更具有一种感染力。一个人如果拥有热情，并能适当控制热情，往往会受到人们的欢迎。

23. 偏执

心胸狭隘的人是很难取得任何进步的。偏执从另一个角度讲，就是不积极获取知识。最具破坏性的偏执是那些涉及宗教、种族和不同政治观念的偏执。

24. 放纵

最有害的放纵形式是暴饮暴食、放纵性欲。无论哪种形式的放纵对成功来说都是致命的。

25. 不善于合作

多数人丧失生活中的位置和机遇就是因为不善于合作，而不是其他原因。任何明智的商人或领导者都不会容忍这个问题。

26. 轻易得来的东西

没有经过长期努力而轻易得到的东西（比如富人的子女以及继承财富的人的所得）常常是导致失败的致命因素。一夜暴富比贫穷更可怕。

27. 欺骗

诚实是一种不可替代的品质。如果是受到某种环境所迫，一时撒了谎，是可以谅解的。但是，如果一个人蓄意说谎，则无可救药。他的行为迟早会被发现，他付出的代价可能是失去信誉，甚至失去自由。

28. 自私和虚荣

这些缺点就如闪亮的红灯一般，警示人们不敢靠近，是妨碍成功的致命因素。

29. 猜测而不思考

大多数人往往很不注意实事，他们喜欢根据猜测或仓促得出的"结论"行事。

30. 缺乏资金

这是初次创业者失败的普遍原因。没有足够的资金储备做后盾，就无法承受失败的打击，无法在逆境中生存，从而建功立业。

31. 在这里你也可以列出一些你自己遭遇过的其他失败原因

失败的这 31 项原因是人生的悲剧的证明，那些努力过但遭遇失败的人真正品尝了这些人生悲剧。如果能请了解你的人与你共同审视这些失败因素，并与你的情况一一对照，那么对你无疑很有帮助。如果由你自己来做的话，对你也会有所帮助。多数人往往是当局者迷，旁观者清，无法看清自己。

自我分析

正如商品的年度盘点一样，为了有效推销个人服务，每年对自我进行分析是非常必要的。缺点的减少和不断的进步都应该在年度分析中体现出来。在人生的道路上，一个人要么就是进步了，要么就只能是后退或原地不动。当然，一个人的目标应该是不断前进。年度分析应该体现是否取得了进步，进步有多大，还应体现是否有所退步。对个人服务的有效推销，需要人不断进步，即使这种进步只是一小步。

年度分析应该在年底来做，这样就可以根据分析结果，把需要改进的内容添加到新年计划中。自我分析时，为了保证答案的准确性，针对以上问题进行过自我询问之后，还应该请他人帮助自己检查一下。

第五卷

最伟大的力量

[美] 马丁·科尔　著

·第一章·

每个人身上都有一种伟大的力量

每个人身上都拥有一种伟大的力量，这力量之巨往往令人惊叹。如果能够运用得当，它将一洗你以往的羞怯、混乱、无所适从，而变得自信、平静和泰然自若。

现实生活中，不少人抱怨自己时运不济，生活无味……以及周围这个世界运转的方式，但他们却没有意识到，每个人身上拥有的那种神奇的力量，足以令人获得新生。

如果能够意识到这种神奇力量的存在并运用得当，你的生活将会焕然一新，变成你梦寐以求的生活。悲伤的生活可以变得快乐，失败也可能转化为成功。当贫穷啃噬着你的生活的时候，你可以将它当成一种历练并感到庆幸。羞怯也可以转化为自信。把平淡的生活变得妙趣横生，充满乐趣。担惊受怕也能安然度过，从而获得自由。

在走向成功的过程中，我们难免会一次又一次地遇到困难和挫折，置身于逆境之中。一个人如果长期陷入一系列的困难中，不得不和这样那样的麻烦抗争。不久，他就会形成这样一种生活态度：人生是艰难的，人生就是战斗，生活总是给他设立一道又一道的坎……那么，做这么多的事情有什么用呢？……"你不可能成为赢家"。那么，这个人就会灰心丧气，认准无论自己再怎么努力，都"不会有什么好事"。他自己想获得成功的梦想破灭之后，便将注意力转移到子女身上，希望子女过上另一种生活。有时，这会成为一种解决问题的方式，然而孩子们又容易陷入和父辈们相同的生活方式中。最终这个人得出结论：唯一能够解决这个问题的办法，就是结束自己的生命——自杀。

从头到尾，这个人都没有发现自己身上那种能改变人生的巨大力量。他没能分辨出这种力量，甚至完全不知道这种力量的存在。当他看见成千上万的人和他一样，以相同的方式与命运抗争，他认为那就是生活。

莱莫多·德奥维斯曾经讲过这样一个故事：

亚里山德拉大图书馆被烧之后，只有一本书保存了下来。但这本书价值不高，于是一个识得几个字的穷人用几个铜板买下了这本书。这本书虽然不是很有趣，但里面有一个非常有趣的东西！那是一条窄窄的羊皮纸，里面写着"点金石"的秘密。

点金石虽只是一块小小的石头，却能将任何一种普通金属变成纯金。羊皮纸上的文字解释说，点金石就在黑海的海滩上，和成千上万的与它看起来一模一样的小石子混在一起，但秘密就在这儿。真正的点金石摸起来很温暖，而普通的石子摸上去是冰凉的。于是这个人开始变卖家产，买了一些简单的装备，在海边扎起帐篷，开始检验那些小石子。这就是他多年的计划。

他清楚，如果将摸起来冰凉的普通石子扔在地上，那么他很有可能几百次地重复捡到这块石子。所以，当他摸到冰凉的石子的时候，他就将石子扔进大海里。他这样忙碌了一整天，却没有捡到一块是点金石的石子。然后他又这样干了一个星期，一个月，一年，三年。可惜，他还是没能找到点金石。

有一天中午，他捡到了一块石子，并且是温暖的石子，但他随手就把它扔进海里。他已经形成了习惯，把他捡到的所有的石子都扔进海里。他已经习惯了扔石子的动作，以至于梦寐以求的"点金石"到手了，却还是将其扔进海里。

唉，有多少次我们已经触摸到这种巨大的力量却没有认出它？有多少次这种巨大的力量明明就在我们手中却被我们亲手扔掉？如果没有意识到它的存在进而抓住它，那么我们就不可能创造出伟大的奇迹。这正是我从前为什么要用这样一整篇专题论文来讨论这种巨大的力量的原因，这就是人类所拥有的伟大的力量。

康威尔曾在他的《钻石宝地》一书中讲过这样一个农夫的故事。农夫有一个温馨的家。他的土地为他赚进许多钱，每年他都能从种植作物的收成中存下一笔钱。他衣食不缺，生活过得不仅有价值，而且还很快乐。然而，有一天一个僧侣对他说："如果你能找到这样一个地方，那里的沙子是白色的，有水从上面流过，你就能找到钻石。你的儿女会比任何一位王子公主都富有，而你将得到你所能想象到的所有财富。"那一夜农夫失眠了……这是许多年来的第一次。他在床上辗转反侧。最后，他决定天一亮就卖掉农场，离开家去寻找钻石。他这样做了。他把家人托付给一位邻居，带上钱，走遍全世界去寻找钻石。最后，当他口袋里只剩下几分钱的时候，他开始厌恶自己和自己的行为，于是自杀了。这时，那个僧侣又来到了农场。他走进房子，抬头看了看壁炉台，问道："农场原来的主人回来了吗？"农场的新主人回答说："没有，他没回来。"僧侣不相信，他坚持说："他肯定回来了，要不那边壁炉台上怎么有宝石呢？""啊，不，"农场的新主人说，"那不可能……这块石头是我在后院发现的。"僧侣还是坚持向农场的新主人保证说："我没有骗你，那真的就是钻石。"

非洲的金伯利金刚石矿就是这样被发现的。

你应该读出了这个故事的意义所在。当我们跑遍全世界去寻找钻石时，而钻石其实就在我们的后院。我们穷其一生都在寻找可以彻底改变我们现有生活的能力，但许多人用一生的时间都没有找到。而其实，它就在我们面前。我们要做的就是认识它、利用它，它就在你的身边。

伟大力量令人惊讶的地方就在于每个人都可以运用它。它并不需要经过什么特殊的训练或教育。这不是那种你必须有特殊的资质才能成功地利用它的能力。这也不是某些人特有的一种能力，运用它不需要任何财富或威望。这是一种与生俱来的能力，无论贫穷或富有，成功或失败。我们认识到这种能力越早，步入正轨并一直走下去的进程也会越快。这对他人也能起到模范作用。

许多人走进鞋店时，往往不会意识到，他们可以买一双高跟鞋，也可以买一双平跟鞋；当他们走进服装店时，他们可以买一件浅色的裙子，也可以买一件深色的外套；当他们打开收音机的时候，他们可以把旋钮调到这个台，也可以把它调到那个台；当他们走进冰淇淋店的时候，他们可以买一个巧克力脆皮，也可以买一杯菠萝汽水；当他们要去看电影的时候，他们可以去一个附近的电影院，也可以去繁华城区的电影院。生活的确如此，如果你选择的话。当你想度假时，如果你选择了去海滨而不是去爬山，你就做出了选择。当你要买一辆小汽车的时候，你可以选择买某个奢侈品牌的车，也可以选择买价格亲民的车。也就是说，一个人掌握最大的力量就是选择的力量。

·第二章·

环境不能控制，但是可以选择

明智的人都知道一个人不可能控制周围的环境。但是，我们可以选择周围的环境。

对于大多数人来说，我们一定要承认自己控制不了外部条件这个事实。那么，我们能做什么呢？我们可以控制我们的想法，并且通过控制自己的想法，运用这种最伟大的力量——选择的力量，我们可以间接地改变周围的环境。

这是一个发生在战争时期的例子：

在战争期间，每个年轻人都要求去参军。这是特殊时期的特殊要求，他没有别的选择，他必须为自己的祖国作贡献。他被带到军营里，在那儿接受训练，为参加战斗做准备。到现在为止，他自始至终都没有任何选择的余地，他必须做他的上司让他做的事情，必须遵从命令，但是他仍然有选择自己的想法的权利。如果他选择了诸如他不可能活着打完仗，他会受伤致残这样的想法，那么这些事情又恰恰发生了的话，就没有什么好奇怪的。我们知道，事实上，一个人或一个士兵确实可以通过自己选择的力量来保护自己。英国最伟大的科学家之一，F. L. 罗桑在《生活理解》一书中，给我们讲述了一个关于英国军团的故事。这个团在威特利斯上校的带领下，曾在第一次世界大战中服役 4 年而没有人员损失。军官和士兵们的积极配合使这种空前绝后的纪录成为可能。就因为他们不断地、有规律地背诵并重复《诗篇》第 91 条中被称作"保护诗篇"的文字。这也是一个关于选择力量的例子，通过运用人类拥有的最伟大的力量达到保护自己的目的。

外部的环境好坏变化无常，这是众所周知的。有的人甚至在情况好的时候都活不下去，情况糟时就可想而知了。这主要是因为他们没有运用这种最伟大的力量——选择的力量。当陷于困境时，许多人裹足不前，内心满是失意与落魄，等着政府采取措施来改变这种状况。但有些人则会运用这种最伟大的力量——选择的力量。这些人即使在困难时期也可能取得成功。许多最伟大的事业都是在所谓的"困难时期"开始并建立起来的。为什么会这样呢？因为这些成功的开创者拒绝迷信所谓的困难时期，无论如何他们总是要朝前走，所以他们成功了。在困难时期，我们也可能多次地遇到环境好的时候所不可能遇到的机遇。比如企业创办之初需要的经费较少；合伙人很容易找到，价钱也不贵；竞争不是那么激烈等。关键在于，那些满怀失望的人只要有一点点勇气，不需要打硬仗就可以获得成功。

在"经济萧条"时期，有个年轻的生意人认为自己的生意之所以做得不好，是因为时运不济，赶上了困难时期。他认为除非能够使周围的情况变好，他的生意才可能有所好转。然而，就在这个困难时期中最困难的一段时间里，他偶然走进一个购物区，发现这个购物区有两个卖肉的，他们之间隔着十来家商店。其中一个肉贩子非常忙，人们在他的摊位前站成三四排等着。而另一个摊前却门可罗雀。问题就出在这里。经济的萧条、环境的艰难是客观存在的，但是对于这同一个街区中的两个肉贩子来说，其中一个甚至压根就不知道或者是没有意识到有"经济萧条"这个东西，而另一个人却几乎连糊口都做不到。这个年轻的商人决定进行一番调查。他走进那家有人在排队等候的肉店。老板先用一种非常客气的口吻跟他打招呼，然后又说："我很忙，但您只需要等上几分钟我就可以招呼您了。"他对每个顾客都是态度亲切而有礼貌，并乐意为顾客解决困难，真诚为他们服务。他从来只给顾客提建议，不与顾客争执。买卖就这样愉快成交。随后，这个年轻商人来到另一家肉店。老板咆哮道："你要买什么？"他不卖给年轻人想买的肉，却强行推销他觉得人家应该买的。这样的作风令人不快，因此，顾客也就越来越少。不同的经营态度的选择，所发挥出来的力量也不一样。

这个肉贩认为在这段困难时期，生意要想做好很难。另外，他甚至把自己的不良情绪发泄到光顾他肉店的顾客身上。所以，在顾客们的眼里，他是一个没有礼貌、没有教养的人。另一个肉贩选择了相信生意做得好坏是自己的责任。于是他待人礼貌公平，乐于助人。他不认为经济萧条意味着什么。他做出了正确的选择。那个觉得生意不好做的人做出了一个错误的选择。那些意识到选择力量的人，都能够从中获取更多的收获，那些意识不到这种力量的人，消极的态度将生活变成一种负担。选择的力量可以帮你赚取更多的财富。

　　年轻的商人意识到了两个肉贩之间的不同。第二天他回到自己的办公室开始工作。他选择了相信那是他自己的责任，而与环境或政府无关。他开始进行广告宣传，调整了商品的价格，进行特卖活动，对生意做了一些必要的调整使之适应目前的环境。不久他又忙碌起来了……生意又好起来了……他又在赚钱了。他没有改变周围的环境，但他改变了自己。他运用了选择的力量，他的生意不但没有关门，反而比以前更红火了。

　　如何才能使人们意识到这种选择的力量呢？难道只有通过某种特定的方式才能使人们认识到这种伟大的选择力量吗？这种力量只存在于人类自己的头脑中，他们可以自主选择，逐步规划，过上自己梦寐以求的生活。把责任归于周围的环境是再容易不过的；把责任归于亲戚朋友也是再容易不过的；把责任归于政府还是再容易不过的；把责任归于任何人、任何事都是再容易不过的，如果你选择这样做的话。但许多人都意识到了选择的力量，他们才逐渐地取得了进步。这种进步不仅表现在生意上，也反映在一个人的社会生活、家庭生活和私生活上。他开始意识到自己才是那个做出选择的人，而他的朋友们、亲戚们，虽然都是为他好，却不能代他做出选择。因此，他建立起了一种真正的自信。这种自信是建立在他自己的能力、行动和主动性的基础之上的。他不再依赖周围的环境，也不再依赖想象中的某个东西，而是依靠自己。从他意识到这种力量开始，结果就开始不断地显露出来。但想要意识到这种力量并非易事，大脑就好比一个跑马场，千百种偏差在我们的大脑中以极快的速度跑过，使我们很难分辨出这种简单而又令人惊讶的力量。

第三章

成败其实是自己内心的抉择

　　的确，现在的你无论信仰什么，都具备这种选择的力量。你选择鞋、汽车、广播、电影、度假方式、伴侣。你有这种能力，没有任何除你本人之外的东西能迫使你作出决定。你做了决定是因为你做了选择。你做出了这样的选择，因为你希望它如此。如果这是个糟糕的选择，那么，我们当然希望把责任推到什么人或什么东西上。于是，有人就说："这是上帝的旨意。"但是，这是事实吗？你可能很熟悉那句老话："自助者，天恒助之。"不管有关上帝的那些传说，你信还是不信，但上帝确实赋予每个人选择的权利。

　　亨利·德拉蒙德在他的《世界上最伟大的事情》一书中讲述了一个病重男孩的故事。这个男孩快要死了，他的父母非常伤心，但医生确实已经束手无策了。有一天，一个上了年纪的、笃信宗教的人走进这家，他发现这里的每个人都显得非常沮丧。他问这些人为什么都是一副无精打采、闷闷不乐的样子。他们说他们的儿子已经病得快死了。这位虔诚的老人便走进卧室，将手放在小孩的头上，说："我的孩子，上帝爱你，你难道不知道吗？"说完，他走出了卧室，离开了这家人。他走后没多久，那个病得快死的男孩突然从床上跳了起来，在整幢房子里跑来跑去，喊着："上帝爱我……上帝爱我！"他不再是一个病孩子，而是变得健康活泼了。

　　这个事例向人们展示了当一个人选择相信上帝爱他的时候所产生的积极作用。毫无疑问，这个小男孩曾经做过一些错事……当然不是应该用死亡来惩罚的事情……但是很显然他以为上帝在惩罚他。然而，一旦他意识到上帝爱他的话，他的病就好了。这个男孩就是运用了选择的力量，从而将自己从鬼门关拉了回来，也使家人不再悲伤和痛心。

许多人都有这样一种习惯，他们经常告诉孩子，如果你们做错了什么事，上帝就会惩罚你们。因此孩子的心里充满恐惧，对上帝的恐惧。他选择了害怕上帝。这个孩子成年后，他仍然怀着这种恐惧。然后，又对他的孩子讲述同样的话，将这种恐惧感延续。于是，就这样，随着时光的流逝，那些没有能够意识到可以改变他们生活的选择的力量的父母们，将这种恐惧永久流传。如果告诉孩子上帝会惩罚他可以使他不做坏事的话，那倒也说得过去……但是，看看四周，这种把戏并没有奏效。另一方面，如果我们能够意识到做错事将会有惩罚伴随，那么我们就会选择去做正确的事情。这样我们就会明白，不是上帝要惩罚我们，而是我们自己错误的选择将惩罚一并带来了。如果我们一开始就做出正确的选择，是不会出什么错的。

我们要意识到，在这个世界上除了我们自身外没有任何东西能伤害到我们。上帝不会伤害我们，上帝爱我们。那么，真正伤害到我们的东西是什么呢？就是错误的选择。

如果我们选择吃得太多并因此生病的话，该怪谁呢？如果我们选择将车开得太快以至于失控的话，该怪谁呢？如果我们选择使自己性格龌龊，令人讨厌，该怪谁呢？如果我们选择把钱带进棺材，成为"坟墓中最富有的人"，却使自己无钱治病，该怪谁呢？如果我们没有学会怎样生活，我们该怪谁呢？怪上帝？我们不能怪任何人。上帝不会伤害任何人。如果我们不正确运用上帝赋予我们的选择的力量，那么受到伤害的就是我们自己。

·第四章·
习惯形成性格，性格决定命运

  人生最大的问题莫过于性格。各种性格似乎总是在不断地发生冲突。我们一生中许多的困难和麻烦都是来自性格问题，因而人们不能和睦相处。家庭破裂、友谊中断、就业困难，往往都是因为性格的冲突。有些战争的爆发也是因某些问题上的看法不一致所致。

  在性格问题上，人类所拥有的最伟大的力量——选择的力量也起着非常重要的作用。你可以选择对人友好，也可以选择对人不友好；你可以选择帮助别人，也可以拒绝给人帮助；你可以选择与人合作，也可以选择独立承担；你可以选择激动行事，也可以选择保持平静；你可以选择大发脾气，也可以选择忽视那些令人不快的事情；你可以选择成为人见人爱的人，也可以选择做条"苦瓜"；你可以选择微笑，也可以选择拉长了脸走来走去；你可以选择信任别人，也可以选择不相信你遇到的每个人；你可以选择相信每个人都喜欢你，也可以选择相信"每个人都和你作对"；你可以选择做一个衣着得体的人，也可以选择做一个随便邋遢的人；你可以选择做一个有所抱负的人，也可以选择做一个好吃懒做的人。我们每个人都在做出自己的选择，选择的好坏往往会决定他一生的好坏。

  以下就是一个很好的例子。

  本杰明·富兰克林曾经很容易与人发生争执，好朋友都相继离他而去。临近新年的某一天，大家都在制订新年计划。富兰克林坐下来，开出了一张清单，清单上写着他让人讨厌的所有性格特点。他把这些一一列出来，并进行排序，把最有害的性格特点放在清单的第一位，然后依次排下来，害处最小的排在最后。他下定决心改掉这些不好的性格特点。每次他发现自己已经成功改掉一个坏毛病的时候，他就把这个毛病从清单上划掉，直到清单上所有的坏毛病都划完为止。最后，他成了全美国人格最为完美的人。每个人都尊敬他，崇拜他。当殖民地需要法国的帮助时，他们将富兰克林派到法国去。法国人非常喜欢富兰克林，以至于他要什么他们就给什么。今天几乎在所有关于性格塑造的书中都会有富兰克林的名字，他被当作最杰出的例子来引用。

试想一下，如果富兰克林选择终其一生不对自己的性格进行任何改造，而是和今天不计其数的人正在做的一样——父母给了什么样的性格就用什么样的性格处世；如果富兰克林继续以那种争辩的方式与人交往……那么，他绝不可能成功地说服法国人来帮助殖民地，也许整部美国历史都将改写。人的性格对于一个国家和民族来说都是非常重要的。但是，仍然有不少人很困惑："我能怎么样呢？我该做些什么呢？"一年又一年过去了，你本来可以做些什么？你自己都搞不清楚。林肯说："我要让自己准备好。总有一天我的机会会出现。"机会确实出现了。他选择了相信准备。至少我们要让那些生活在我们周围的人觉得生活是充满乐趣的，是合乎情理的，至少我们不会给周围的人带来麻烦。

有许多家庭就是因为一个性格有问题的成员，把家里所有人的生活搞得痛苦不堪。如果这个人能使用上帝赋予人类最伟大的力量——选择的力量，那么他就可以和家人过得快乐美满。

不少人都遇到过失去自己所爱的人的问题。有许多人在失去父母、兄弟、亲朋好友之后痛不欲生，了无生趣。他们会产生这样的疑问："现在活着又为了什么呢？"世界各地有成千上万的人"行尸走肉"般地活着，他们就这样平静地走过人生的大街小巷。他们没意识到自己拥有一种伟大的力量——选择的力量，于是他们就会按照以前的方式生活。可见，选择过去的生活方式会使自己成为周围人的负担。我们不能责怪这些人，因为打击来得太突然，毫无预兆，又损失巨大，以致他们无法理智地进行分析，这也是情有可原的。有时，我们很难搞清楚为什么会发生这样的事情。无论我们能不能分析出来龙去脉，都要首先使自己的生活恢复平静。

当我们所深爱的人去世后，我们该怎么做呢？继续以一种他们所希望的方式生活。不管他们身在何方，都让他们为我们感到骄傲。当然，我们不能控制周围的环境，但我们能掌握自己选择的权利。通过正确的选择，让我们的生活充满乐趣和意义，这不仅是为了我们自己，也是为了我们周围的人。

当我们面临生活中的种种困难时，总是认为这些困难难以克服。我们四下观望，想知道自己生活得是否值得。有的人还会有一些极端的想法，以至质疑世界的变化不是往好的方向发展。一旦我们选择相信世界正在变得更美好，世界就会马上开始变得美好起来。不要总等着别人去改造世界。别等着你的邻居进行自我改造……而应该从你开始。如果我们每个人都选择改造自己，那么我们就可以改变自己的小世界。我们每个人都生活在一个属于自己的小世界中，这个小世界对于每个人来说是最重要的，也是我们可以对其进行改造的世界。每个人都可能直接或间接地与 5 个或者 105 个人有联系。如果我们给这 5 个或 105 个人留下的是一个令人愉快、乐于助人的印象，我们就可以影响他们了，使他们朝着好的方向发展，而这些人又可以以同样或类似的方式去影响别人，世界将被改造成一个更好的生存空间。这也许并不像你想象的那样艰难，也不需要花那么长的时间。

有一次，在报纸上看到一篇文章，说政府有意把某条街道改造成一条林荫大道。计划制订好了，每个人都等着权力机构发布命令，等着对这条街道进行必要的改造。这将是一条耗资百万美元的大道。但是，由于某些问题的出现，政府官员们发现继续进行该计划是"不可能的"。于是，这个改造林荫大道的计划没有实行。但一个住在这条大街的人选择了做些事情来改变它。他想，如果政府官员们不再打算美化整条大街的话，至少他可以美化自己门前的那一段。他这样做了，于是他的门前成了那条大街最引人注目的景色。目睹了他所做的一切后，邻居们也开始美化自己的地盘；每个邻居都这样做，直到整条大街看起来像一条"百万美元大街"为止。谁促成了这件事？实际上就只有他一个人。他选择了带头这么做，每个人就都跟着他这么做了。千万不要说我们不能改变这个世界，你可以通过改变自己的小世界来影响整个大世界，这一点非常重要。你选择认为你可以改变它，后边的人也会有同样的想法，事情就会办成了。你可以选择成为那个带头人，从你的家庭、你的工作、你所在的社区，乃至你的国家做起。

事实上，只要我们愿意按照一些简单的建议去做，任何性格问题都是可以得到解决的。因为各种各样的分歧，很多夫妻的家庭生活并不和谐。因为分歧的形式多种多样，而人们总是忙于工作，没有空余的时间来消除分歧。甚至有些国家会发现，他们之所以卷入战争是因为有些分歧未得到解决。如果上述这些人们愿意运用选择的力量，那么我们会以另一种方式生活着。曾经有一位智者说："如果我们实在无法同意的话……就让我们以一种不让人讨厌的方式不同意。"

假如我们意识到夫妻之间难免会有一些不同的意见，有些分歧完全是可以接受的，因此，两个人的世界将在一夜之间发生改变，婚姻就会变得比以前美满得多。家庭生活会变得有意义得多，这对孩子的影响将是惊人的。相对的，离婚率也会大大下降，而且下降的幅度也将是令人难以置信的。员工之间也往往存在意见分歧，以至于很多人在工作时感到很不愉快。许多人表示喜欢工作内容，喜欢工作环境，对薪水也很满意，但是他们无法和某些人共事。许多人不断地换工作，只是因为和别人意见不一致。如果这些人愿意运用选择的力量，而且以一种不让人讨厌的方式表达自己的不同意见的话，他们就会发现生活快乐得多。当他们投入工作的时候，会心无旁骛；当他们跟人交往的时候，也会表现得自在、轻松得多。他们会觉得肩上卸下了一副重担，因为他们不会再与周围的人发生争执，相反，他们更愿意理解别人，去倾听他们的意见。

我们有许多人经历过一些战争。有的人经历得多一些，有的人经历得少一些。我们发现赢得一场战争和赢得和平根本就不是一回事。如果你仔细思考一下这件事的话，就会发现这很有趣。在战争中被你打败的那个国家，你必须在战后供给它衣食，帮助它重新站立起来，给它金钱上的援助使之经济能够自给自足。这是为什么呢？没有人知道。要开始下一轮冲突？要再创造你曾经竭尽全力想要毁灭的东西？世界上的国家会不会有一天运用选择的力量，把他们自己从巨大的灾难中拯救出来？这当然是我们所希望的。世界上各个国家会不会将在某一天选择以一种不让人讨厌的方式来表达自己的不同意见？这当然也是我们所希望的。做到了这一点，就好比我们可以运用选择的力量，使我们自己的生活变得愉快而有意义一样，世界各国也可以把这个由他们组成的家庭变成一个快乐的大家庭。这是不是听起来过于美妙而显得不真实了？我们天生就具有这种能力，关键在于你做出什么样的选择。

为什么我们会这么自信呢？如果你去听交响乐，或者在电视上看一个大型交响乐团的演奏，你能看到什么？一百多个人同时演奏一支大型的曲子。如果你再仔细观察，你就会发现许多种不同的乐器在演奏过程中发出各自所特有的声音，为整支曲子的演奏贡献一份力量。不同的乐器发出不同的声音，但却没有一点儿不和谐。每个演奏者都是在为整体的良好效果而演奏，没有冲突，所有的一切都显得很和谐。每个演奏者都希望这支曲子能成为他演奏过的所有曲子中最辉煌的一支。每个人都希望从完美的演奏过程中感觉到快乐。当这支大型曲子的演奏快要结束时，每个人都会从心底升起一股自豪感。

如果更仔细地去分析一下这个大型交响乐团的演奏的话，你就会发现每个人都选择了在这个乐团演奏。每个人都选择了用他正在用的乐器演奏。每个人都选择了要与其他人保持一致的节奏。每个人都选择了能做多好就做多好。每个人都选择了跟着指挥棒走，因为在演奏过程中它自始至终起着引导的作用。

我们也是如此，上帝赋予了我们这种选择的力量。上帝是爱我们的。他希望我们和睦相处。的确，人与人之间总有许多不同的特点，不同的习俗，不同的爱好，不同的语言……但是并没有不同到无法共处的地步，只要我们以不令人讨厌的方式表达我们的不同意见。上帝是我们人生的导航者，他就像一位父亲一样。作为我们的父亲，他使我们和平地生活在大家庭里成为可能。他通过赋予我们选择的力量使之成为可能。我们要怎样来利用这种力量，明智的还是愚蠢的。我们有选择的力量。

·第五章·

决心为富足而战

在这个世界上，有许多人都在寻找财富。他们总是希望有一天可以不再为钱的问题而发愁。为了达到这个目的，他们制订了各种计划、方案，尝试过诸多方法，力图使自己富有并安定下来，可这一切都未能奏效。结果，他们灰心丧气，认定自己不是那块料，不可能占据这样一个令人羡慕甚至嫉妒的位置。他们曾做过各种尝试，但从来未曾改变自己的想法，而这很可能正是会使事情有所改变的途径。

不久前我认识了一个男人，他正面临着各种不同的财政问题。他妻子抱怨说，她害怕去开门，因为可能出现在门口的是债主。这种情形真令人泄气。我给了这家人一本书，认为这本书也许会帮助他们改变考虑问题的方式。这位妻子看了一眼那本书说："我是不会去读那玩意儿的……读那玩意儿没有任何用处。"丈夫说："我想读一读，把书留下吧。"结果，这个男人开始以一种新的方式思考问题，他以一种全新的精神投入到生活中去。一年后，他们搬到一个新的地方，开始了新的生活。

我没有给这个男人一分钱。尽管钱可能会对他有帮助，但这种帮助并不会长久，我们能做的，就是使这个男人走上选择自己的思想去改善自己的经济的道路。如果我们不改变考虑问题的方式，我们就很难去改变我们的经济状况。许多人都没有意识到牙总是由里向外长的。所以，我们必须改变自己的内在思想……如果我们改变了内在思想的话，外在的变化就一定会出现。所以，我们一定要选择好对于金钱和财政的思想。

如果能够正确看待这种巨大的选择的力量，那么你肯定能改变自己的金融和财政状况。但许多人都没能正确运用这种巨大的力量，而这正好使他们成了自己极力想躲避的那种东西的奴隶。

有一个年轻人失业了很长一段时间，生活极为艰难。最后他终于找到了一份工作，但这是一份丝毫不值得骄傲的工作。这个年轻人已有了妻儿，却总厚着脸皮说："我不想发财。"每天他都试图省下几便士存起来，留作儿子长大读大学的经费。这个年轻人看似明智，他选择了存一点儿钱留作孩子将来的教育基金。他从不去繁华的市区看电影而是去街道看放映的露天电影，因为这样可以省下两角五分钱；他拒绝去环境稍好一些的饭店，因为那里花的钱要多；他去看正统戏剧的时候，买的不是剧场正厅的前排座号，而是楼厅上的位置，因为票价相对便宜得多；当他买车的时候，选择的也是最省钱的那种；假期的时候，他往往宅在家里，因为出门总是多多少少要花钱。可这个人依然厚着脸皮说："我不想发财。"

许多人长期陷在贫困中，这一点儿都不出奇。但并不是别人让他陷入这种贫困的境地，而是他们选择了继续在贫困中生活。他们没能认识到选择的力量。没有人因为生活节俭而受到责备。许多人不得不节省着过，否则他们根本就过不下去。这些人本可以利用这种选择的力量。他们本可以从一开始就获得生活中那些美好的东西。

不过，生活中还是经常听到有人抱怨说："我很想要那件东西，但是我买不起。"这是实话，但是别总是这么说。只要你继续说"我买不起"，这句话便将伴着你度过一生。选择一种更积极的思想，比方说："我要买下它，我要得到它。"当你逐渐建立起了期待的想法，你就建立起了希望。你建立了希望，就永远不要毁掉自己的希望。如果你将自己的希望毁掉，生活也将陷入失望和失意。

有个年轻人说："总有一天，我要去欧洲。"当时在座的一个朋友笑了起来，说道："看看是谁在说大话？"当时，这个年轻人没说："我想去欧洲，但我觉得永远都支付不起这笔费用。"他怀有希望，这种希望给了他动力，这种动力促使他去做一些事情，使他去欧洲的梦想成为一种可能。当你说"我买不起"的时候，一切事情都停滞不前。没有希望……头脑变得呆滞……动力没了……然后我们选择相信什么都不会发生。但是，有一种巨大的力量——这种选择的力量能带给你希望，带给你无限的动力，还将给你带来行动的勇气，它能够使你实现自己的理想和目标。

爱伦在他的《思考的人》一书中说："思想就是物质。"我们把它改为"思想变为物质"。在电话机还没有诞生之前，它只是贝尔头脑中的一个想法。收割机在真正变成收割机之前，也是麦克头脑中的一个想法。电灯泡在真正成为电灯泡之前同样是爱迪生头脑中的一个想法。J. D. 洛克菲勒在口袋里没有一分钱的时候说："有一天我要变成一个百万富翁。"而他后来确实成了百万富翁。因此，你要意识到生活中得到的东西在成为物质之前，首先它会是你大脑中的一些思想。我们的财政状况首先是一种想法，然后才是一种现实。如果我们想改变自己的财政状况的话，就必须先改变我们的想法。如果我们选择改变自己的内在想法的话，我们的外在状况就一定会发生变化。这是一条法则。当你选择了"我买不起"，你永远也不会得到它；当你以"我是个快乐的穷光蛋"的想法安然自居的时候，你就堵住了自己通往利益与价值的路。选择自己的想法，你可以做到；改变自己的想法，你也可以做到。如果必要的话，在一开始就充分运用你的想象力，你永远都不会为此而感到后悔。你从前认为绝不可能的事情重新摆在你的面前，你从前认为绝不可能的变化现在出现在你的生活中，可见，你已经获得了一次重生的机会。

这种巨大的选择力量，如果能够运用得当，就能使一个人过上他所向往的生活。这的确令人诧异。有一位年轻人曾经有过一段不可思议的经历，他发现每当他存钱存到 70 美元的时候，总会发生点什么事情。他会发生车祸……某些意料之外的困难会突然出现……他简直不敢再去存 70 美元。如果这个年轻人继续这种思维，而不重新运用选择的力量，用另一种方式思考问题，他的一生将逃脱不了这样可怕的难题。

有一个年轻人无论做什么事都完成得很出色，不过，无论他做得再好，却仍然没有赚到一分钱。人们对此都很困惑。他性格好，讨人喜欢，又有抱负，但在金钱方面，他却一年又一年地徒劳着。最后，这个年轻人向人请教问题所在。他不断对人表白："除了赚钱，什么事我都能干好。"一旦他开始意识到问题所在，知道自己对想法的选择有点儿糟糕的时候，事情就开始发生变化了。他不再说：

"除了赚钱我什么事情都能干好。"而是开始说:"我什么事都能干好,包括赚钱。"几年过去了,他的财政开始有了新的变化。赚钱能力日益凸显,人们都说他是一个富翁。这个人本来可能一生都赚不到一点钱,但当他认识到自己的选择是一种错误的选择并且积极地改正时,他的财政状况就已经开始有了新的变化,不断地向前发展。可见,选择的力量能够为你带来一笔可观的财富。

·第六章·

没有谁能阻挡我们追求幸福

当我们意识到自己拥有选择的力量时，就会发现自己过得比以前快乐。许多人都在有过一点点幸福的感觉之后，就紧抓着这点儿幸福不放手。但也有些人一发现自己有快乐、幸福的感觉后，总觉得是不是什么地方出了毛病，并怀疑这种感觉能否持久。百老汇曾上演过这样一出戏：戏中的女主角刚度完蜜月归来，她觉得自己太幸福了，甚至"想死"。这多么令人难以想象。有的人追求幸福，当幸福降临后，"她想死"。这样滥用选择的力量是多么可怕啊！我们眼中所见的幸福那么少，还有什么好奇怪的吗？拥有幸福的人不是单纯的快乐，而是感到一种无法把握住幸福的强烈恐惧，生怕在获得幸福的刹那间就会失去它。

不久前，有个人和我讲过这样一个故事。他说："我曾和一位年轻姑娘谈恋爱。我们彼此颇有好感，决定订婚。订婚时我们觉得非常幸福，于是我们决定将这种幸福推上顶峰。我们结婚了。我们商量着买下了一幢虽小但很舒适的公寓。确实，许多朋友都嫉妒我们的家，嫉妒我们的幸福生活。我妻子出去工作，我也出去工作。我们有一辆车，在银行里存了一点儿钱，我们的生活如在天堂般美好。但我和朋友们聊天时，他们总是认为我们的幸福不会长久。"他们会对我说："看看琼斯两口子，刚刚结婚的那几个月他们多幸福呀！再看看现在，整天都有理不清的麻烦和烦恼；看看史密斯一家，他们刚结婚时也是要多甜蜜有多甜蜜，但你看看他们现在的生活，每天都是吵吵闹闹！"这样的话我听得太多了，以至于我觉得他们的生活是正常的，而我和我太太过的却是一种不正常的生活。我们这种人间天堂般的婚姻生活就像一只气球一样，随时都有可能爆炸。我每次和一个持"这种生活太美好了所以不能持久"的人聊过后，回到家我总是会问我的妻子：

"亲爱的，我们的生活是不是太美好了？这种日子大概长不了。我们简直就像生活在天堂里一样。这样的生活不太可能继续下去。"没过多久，便发生了不幸的事情。我和妻子都失去了工作。我们不得不卖掉车子，不得不放弃那幢漂亮的小公寓，不得不回家和我母亲一起生活。而最糟糕的是，我们已经有了自己的孩子。"假如每次你刚把形势扭转过来，就会发生一点儿什么事把一切又毁掉的话，"他喊道，"活着还有什么意义呢？"他想自杀。他认为，如果这就是生活，那现在就可以将它结束。

最后，我告诉这个年轻人，如果他懂得运用选择的力量的话，那些不必要的难题就可以避免。我跟他说，那些告诉他婚后的幸福生活不会也不能持久的朋友的话未必要选择相信。我告诉他，有位女士曾在一本书中说过一句很精彩的话，这句话可以使他避免那些困扰。《生活游戏和游戏规则》一书的作者，同时也是《你的话就是你的魔杖》一书的作者弗洛伦斯·斯科沃·辛女士在后一本书中指出，没有任何东西会因为其美好而不长久。我跟他解释说，如果能够运用自己正确选择的力量，那么，任何会毁掉你美好生活的事情都不会发生。如果你运用自己的潜力，选择相信没有任何东西会因为其美好而不会长久的话，生活中的一切对你来说都会变得顺利而且美丽，甚至比你梦想的还要甜蜜。这虽令人难以置信，但却是千真万确的事情。这也就是让事情顺利发展的秘密。但是，当事情一往直前地发展时，你需要不断地提醒自己，事情应该就是如此。星星不会撞上月亮，月亮不会撞上太阳，太阳也不会撞上地球。既然高速运行的星星、月亮和地球彼此都不会发生冲突，为什么我们的生活不能顺利前进，为什么要受到那些许多人都遇到过的冲突因素的影响呢？只要我们能意识到这种选择的力量的真正含义，我们的生活就一定会变得顺利起来，而不会出现摩擦。如果你运用选择的力量，相信你美好的生活会长长久久，你的生活就会发生变化。其变化之大，远远超过你的想象。就好比说："人间天堂就在那儿，而大多数人的问题是没有去利用它。"

无论你在哪里似乎都能听到这样的例子，有些人本来过得挺好，后来遇上麻烦，幸福生活因此变得不幸。有的人事业有成，婚姻幸福，有车有房有存款，像是坐在"世界之巅"。但是他能承受得了这一切吗？不能！他从未见过任何人生活得像他这样顺利。他认为他比别人都强，他开始变得过于自信。由于过分自信往往使其变得非常粗心，这种粗心使他陷入麻烦。现在他完全没有自信了。但却也得不到他所想要得到的一切。以前他不是也很幸福吗？他不是去教堂并按教规生活吗？于是他开始想找点什么东西来责怪。他最终得出一个结论，是一些自身之外的东西使他陷入麻烦。他没做任何会导致这种麻烦的事情，确实没有。但是让我们来分析一下他的情形，看看我们能发现什么。他过去一直过得很好，什么都不缺。但却犯了个小小的错误，他放纵了自己，变得过分自信。他没有为自己的好运感谢上帝，并选择继续那样过下去，而是选择了变得粗心，并且在自己没有意识到的情况下，有意无意地选择了做一些会使自己重新陷入麻烦的事情。如果一个人过分自信，那么就很容易破坏或毁掉这个人的生活。关于过分自信，人们很少会去说三道四，我们也不易觉察到这一点。我们没有意识到选择的力量，结果，在该细心时往往粗心。因此，我们就会由于过分自信而受到突然袭击。上帝虽然不希望我们做一个缺乏自信的人，但他也不希望我们做一个过分自信的人。许多人都有点儿过分自信，只不过他们并未意识到。如果他们认识不到这一点，他们就很可能被过分自信所击垮，并从此再也站不起来。当遇到困难时，他们不能理智地分析所发生的事情，就容易对生活完全丧失信心，以致一败涂地。

有一次，约翰涨了工资。回到家里兴高采烈地对妻子说："我们出去庆祝一下吧。"于是，他们叫上另一对夫妇到一家夜总会去庆祝。由于大家都很高兴，就多喝了几杯酒。没过多久，约翰夫妇就和另一对夫妇分别发生了性行为。过后，约翰对此事耿耿于怀，他们开始不断地争吵。回到家后整整吵了一夜。虽然事情过去了，约翰还是希望自己从来没有涨过工资。然后，他坐下来开始抱怨。他抱怨说，他的幸福不能长久，他的好运短命。但为什么会这样呢？难道是他自身之外的什么东西给他带来了不幸吗？还是上帝不希望他得到幸福？这一切为什么会发生？答案很简单，约翰的好运使他忘乎所以，他的过分自信导致生活出现意外，而这意外让他陷入了家庭生活的无休无止的争吵。

所以，要学会仔细，而且仔细并不难做到。小心注意会发生什么，如果清楚这一点，生活中就能仔细地处理问题。想问题的时候，也要朝积极的方向去想。多想一些会给你带来帮助而不是伤害的想法。这一点非常重要。善于运用选择的力量，生活才会变成你想要的那个样子。

我们的父母们，祖父母们，祖父母的祖父母们，上几代的长辈给我们灌输了很多诸如我们一定会遇上麻烦，美好的事一定不会太长久的想法。因此，我们这代人继承了太多精神上的束缚，这不利于我们运用选择的力量去改变生活。

选择的力量能够改变我们的生活，能够使我们像故事中的年轻人一样得到自由。当年轻人意识到没有任何他自身之外的东西试图伤害他或者是毁掉他的幸福时，他不再失眠了，他开始活跃起来，并发现一种新的生活出现在他面前。他开始意识到破坏生活的实际上是他自己的失败，他没有能够做出正确的选择。一旦他意识到了这种简单却又强大的力量，他的整个生活就会发生变化。他心如明镜般清楚自己的想法，他的选择将会给他带来什么样的麻烦，这并不是他自身之外的力量或能量所能左右的。

每个国家每个地区都有人会选择相信如果不发生这样的事情，就会发生那样的事情，到处都有人深受这种想法的折磨。一个人工作很扎实……一切都很顺利，没有任何麻烦……除了他自己的想法。于是，他开始胡思乱想了。他想："是的，现在我有工作，但这工作到底能持续多久呢？"没过多久，他就失业了。然后他开始为食品店的欠款发愁，为拖欠的租金发愁。如果小孩一生病，他还得面对一张巨额的医疗账单和其他各种家用开支。而他没了工作，没有收入，他愁得也病了，不得不住院治疗。可医院的账单让他更加难受了。后来，这个人重新找到工作，开始偿还他所欠下的债。当情况开始好转起来，他快要付清所有账单的时候，往往又会有另一件意想不到的事情发生。然后，当他有过几次这样的经历后，他就会坚信：如果不发生这样的事情，就一定会发生那样的事情。美好的生活不会长久。

遇到麻烦时，他就会意外地发现，这段时间自己被麻烦牵着鼻子走。他从未清楚地思考，主要是因为从来没有人教他如何理智地去思考问题，而他自己也没有学会如何进行理智的思考。他有自己的"钻石宝地"，但他一直都未发现。在他的脑海里面，一直都有一些不好的想法，而后又会给他带来一些不好的结果。如果他发现了自己最伟大的力量——选择的力量的话，他就会意识到，他的许多麻烦都来自他自己不好的想法。那么，如果他意识到了没有任何东西会因其美好而不能持久的话，他可能就会避开那些麻烦，不会期望麻烦找上自己，而是期望能够长久地过这种顺利的日子。

当我们在生活中遇到麻烦、困难和失意时，想要平静地过日子并不是一件容易的事。然而，如果我们认识那些生活一团糟的人，他们不懂得或不恰当运用选择的力量，我们就能理解为什么他们总是生活得不如意。有那么多的人在一切不尽如人意的时候"用手碰木头"以求避邪，还有什么好奇怪的吗？这种对美好不能长久的担心与恐惧是普遍存在的。如果我们总是不断地提醒自己，没有任何东西会因为其美好而不能持久，不久我们就会开始相信这种想法。当我们中间有足够的人开始相信并且实践这种想法时，我们就会像哥伦布1492年发现新大陆一样，一种新的生活就会在我们身边开始。

最伟大的宗教领袖之一，东部某大教派的首脑曾说："如果世界上其他人都不快乐的话，我又怎么可能快乐？"这个问题令人深思。这位领袖是个智者，他看待问题的视角往往独特。然而，如果我们看到没有人活得快乐就得出结论说，生活本来就不是让人快乐的话，那未免有失偏颇。当我们度过一段短暂的快乐时光后，当心情趋于平静，生活趋于平淡，我们往往就会觉得，快乐的时光总是无法长久。但是，为什么不会长久呢？如果那位伟大的宗教领袖不宣扬上述的观点，而是说："看看我，看看我生活得多么快乐。如果你们按照我的教导去做的话，你们也会像我一样快乐。"那么，他的千百万追随者就会觉得快乐是件很自然的事情。至少，世界上的这一大教派会拥有千百万快乐的教徒。通过这个例子，我们发现，只要一个人能够改变，那么就会有成千上万的人也跟着改变，从而影响千万人的生活。有许许多多的新发明，在问世前也是从来没有人想到的。同样地，在弗洛伦斯·斯科沃·辛站出来说"没有任何东西会因为其美好而不能长久"之前，人们往往觉得幸福不可能长久。因为几乎没有人能证明这一点，这位伟大的宗教领袖有选择的力量。他选择了相信因为世界上其他人都不快乐他也不可能快乐。如果他选择为追随者树立一个生活幸福的榜样，这也没有任何东西能够阻止，一切都掌握自己的手中。

生活难免跌宕起伏，这无论是对个人还是国家都是普遍存在的。对很多人来说，国家经济顺利发展的那段日子还记忆犹新。那时候，很少有人失业。人们买车买房，消费力很高。股票价格很高，房地产价格也很高，似乎每个人都在赚钱。那时候，许多人都觉得好运常伴身边。在短暂的时间内，整个世界仿佛处在亘古以来的辉煌时期。但是，也有许多人开始感到这样的生活如此美好以致于它不可能长久，包括穷人、富人、弱者、强者，从社会最底层到社会最高层。渐渐地，这种想法开始深入到各行各业的人群中，事情也开始起了变化。

他们变得谨慎起来，股票开始下跌，银行开始关门，黑暗与绝望弥漫着整个社会。这一切不是个人造成的，所有的人，无论是富人还是穷人，都一致地认为快乐的时光不会长久，所以造成了这样的结果。

那些持美好时光不会长久观点的人，他们也运用了选择的力量，选择相信没有任何东西会因为美好而长久。但也有些人，无论出现什么样的情况，他们总有办法让事情顺利地发展下去。正像有一个人曾经说过的："这的确是一个伟大的国家。"当整个国家似乎陷在一种停滞不前的状态下没有任何发展的时候，汽车出现了。它使每个人都忙碌起来，不断前进。当每个人都被卷入汽车的浪潮中似乎一切都停滞不前的时候，飞机的出现使生产从萧条状态中得到恢复。然后当飞机似乎满足了生产需求的时候，无线电将生产从萧条状态中拯救出来……无线电之后又出现了电视机。这个人同样也运用了选择的力量，并且选择相信没有任何东西因其美好而不能长久。

想象发生美好的事情，就跟想象发生糟糕的事情一样容易。我们必须运用这种力量进行正确的选择，否则，生活往往事与愿违。

在这个世界上，有很多人一无所有，居无其所，衣不蔽体，食不果腹。世界作为一个整体，仍有相当大一部分人处在未受教育的蒙昧状态。据报道，世界上有2/3的人至今不用餐具吃饭。即使在美国，也有不少人没有一个像样的住所，住所没有浴室，更严重的是缺少一种过更好生活的愿望。

我们要相信美好的事情随时都会发生，没有什么力量能阻挡我们去追求幸福的生活。那些古老的思维模式应该打破，要相信糟糕的事情不一定会发生。而这，取决于我们怎么运用选择的力量。

现在我们开始认识到，这种选择的力量自人类出现便已拥有。世界是现代发展的产物，它不断向前发展。人们开始逐渐掌握改造自然的力量，也相信通过人工的改造，生活将变得更舒适、完美。而且人类的这种力量是无穷尽的。掌握了自然规律，更艰巨的是掌握我们自己的意识。我们已经走过了石器时代、青铜时代、铁器时代、蒸汽时代，正在走过电气时代。现在，我们要进入一个新的时代——信息时代。那些经历过时代变迁的人们，其实一直都在运用选择的能力，只是他们并没有意识到这一点。现在我们意识到了这一点，我们就会有一个重大的发现，那就是所有的麻烦和痛苦都是我们自己造成的。

　　人类不断地为自己创造一种充满安逸享受的机械生活，同时，人类也经常把自己的精神生活复杂化。本来是不需要这样的。既然他已经意识到选择的力量，他就可以选择，像个真正的人一样生活。

　　我们必须意识到，责备自身之外的东西于事无补，所有的责任还是在自己身上。人做了他所做的一切是因为他选择了这样做。也许我们并不愿意承认这一点，但这却是事实。人们长年累月地从早工作到晚，有时甚至一天工作12到14个小时，没有或者很少有闲暇的时间。现代工业化发展带来的后果之一，就是人类有了更多的可供自己支配的时间。人们发现几年前还很困难的工作，现在已经被机器生产简单化了。人们现在可以有时间去学学生活的艺术了。于是，人类现在开始真正洞悉生活的艺术。他必须学会生活的艺术，这样才可以打发空闲时间。只要他有了空闲时间，他就必须学会理智地去利用这些时间。如果不这样做，他的生活就可能陷入无序状态，有时还会招致灾难。而在学习生活的艺术时，人们从中发现，其中最重要的就是学会如何接受自己。当他开始运用他所拥有的选择的力量时，他就能够学会如何接受自己。

　　善用选择的力量，生活就会变成他向往的样子，甚至不用去依靠他自身之外的任何东西，只要依靠他自身内部的那种伟大的力量，这种上帝赋予他的、使他成为一个真正的人的力量。他将意识到，生活并不依赖于金钱、汽车、房产或所谓的"财富"而存在，生活是建筑在精神力量之上的，而赋予他力量的是一种万能的精神力量，他是其中的一分子，并通过这种力量使他得到自己想要的一切。

　　人必须意识到在生活中没有任何东西能比生命更重要，所以，我们首先要对自己的生命负责。如果我们认真地对待生命，生活也能变成我们所向往的样子。如果连我们自己都忽视生命，那生活怎会美好。选择怎样的生活方式会更幸福，取决于自己的选择。

　　这首小诗颇有哲理，与大家共享：

　　我到这个世界上只有一次。

　　能做的好事，

　　现在就做；

　　能给的帮助，

　　现在就给——无论是对谁。

让我现在就做吧，

不要拖延，

也不要忽略，

因为我到这个世界上只有一次！

既然上帝让我们来到这个世界上了，我们在选择生活时就应该自信一点儿，不要过于羞怯；选择让生活过得平静一些，而不要总是躁动不安；选择拥有静谧而不是混乱的生活节奏；我们应该选择尽量利用生活，既是为自己，也是为我们周围的人，千万不要把生命中美好的时光糟蹋。我们拥有选择的力量，让我们尽自己所能去利用它。当我们自主地去选择最佳方式的时候，我们会发现，万能的精神已经在我们无意识时帮助我们找到了最佳的方式。只有得到了它的帮助，我们才不会屡战屡败，而是一步一步走向成功！

第六卷

从失败到成功的销售经验

[美] 弗兰克·贝特格　著

·第一章·

激情，将带来奇迹

一个想法使我的收益和快乐倍增

很遗憾，我没能继续我的职业棒球生涯，仅仅在刚开始，我就遭受了沉重的打击。那是在 1907 年的三州联赛，我正在宾夕法尼亚州的约翰斯顿打球。年轻气盛的我正急切地渴望着成功，可是却被莫名其妙地解雇。幸而，我找到了那个决定解雇我的球队老板，我要问个究竟。如果没有这次询问，我以后的生活就不可能像现在这样，而且也不会有这本书的出现了。

我急切地质问着球队老板。他的回答很直接，因为我懒惰，出现在球场上时总是无精打采，像是一个耗尽热情和精力的老球员。他反问我，如果不是因为懒惰，我的表现怎么会那么糟糕。我并不想这么安静地接受裁决，我辩解了，那些仅仅是因为我太过紧张，胆怯得想钻进人群里。我向老板保证，仅仅需要一段时间的努力，我完全可以不再紧张。我被拒绝了，他说："那样毫无帮助，在以后的职业生涯里，会拖你的后腿。"

"弗兰克，离开球队并没有什么可怕的，但无论你去哪儿，都要打起精神，让自己的工作充满生气，饱含热情。"

离开了约翰斯顿队，我丢掉了每月 175 美元的薪金。而我的新岗位——参加大西洋联赛的宾夕法尼亚州切斯特队，只给我提供了 25 美元的月薪。我尽力去做好每件事，尽管这点儿微薄的薪水实在很难让我拾起热情。在新球队的第三天，队里的老球员丹尼对我说："弗兰克，你干吗跑到这么低级别的联赛里？"我说："我也希望能找到更好的活儿，无论哪儿都愿意去。"

仅仅过了一周，丹尼就劝说康涅狄格州的纽黑文队给了我一个试用的机会。

这是一个崭新的机会，在我的人生中，将永远得以铭记。联赛中没人熟悉我，当然我再也不必去负担一个懒惰的昨天。我要做联赛中那个最有激情的球员，这绝不是一句玩笑。

充满了能量，我在球场上成了最有活力的球员，这些改变从进入联赛的那一刻起，就已经开始了。我掷球飞快，强劲有力，甚至于几乎可以震掉内场接球同伴的手套。那是一次被骄阳和酷热统治的比赛，温度足有100度（华氏）。我与对手在较量着机智，他接球失误了，我抓住机会奋力跑向主垒，拿下了关键的一分。害怕中暑就不去努力，肯定不会得到这至关重要的一分。

"激情"带来了奇迹，找至少感觉到了3种改变。

第一，我打得很好，完全出乎想象，几乎全部克服了恐惧和紧张。

第二，我用热情感染着其他队员，队员们都成了球场上的"斗牛士"。

第三，在酷热笼罩的球场上，我感觉到了前所未有的畅快。

好事有时也能传播千里，我在第二天早晨的报纸上看到这样的报道："这个新来的充满了激情，我们的小伙子们都被点燃了。他们不但赢得了比赛，而且看来比任何时候都好。"这条赫然登载的消息，使我感到非常震惊，我简直成了那个高擎火炬的人了，实际上主导比赛的却是那片壮观的火焰——"激情"。

这家报纸附赠给了我一个小小的礼物——我的新绰号"锐气"，他们更是夸张地任命我为"灵魂"（他们为队里新设的职位）。我很兴奋，以至于慷慨地送出一份礼物，我把报纸剪开寄给那个老板，那个坚决开除我的约翰斯顿的阔佬。我在想象他的表情，看到报纸的时候他该会哭呢，还是摊开双手，无可奈何地笑笑？仅仅3周前，他为自己开除了一个懒惰的球员，可我为这个懒惰的球员赢来了一个崭新的绰号——"锐气"。

当然，我不得不说，我喜欢美元，当月薪从25美元涨到185美元的时候，我异常兴奋。这足足让我的月薪上升700%，只是在10天内。看来这个世界上，真的有一个万能的法师，他就是"激情"。毕竟在炫耀我出众的球技或是某些超强的能力时，我不得不说，在球场上，我长期充当了一个观看别人的"大菜鸟"，因为那时候的我不知道该用热情去驱动比赛。3年内，我从那个让人害怕的"25美元"到月薪疯长的纽黑文队，全拜激情所赐。大概"激情"是唯一拯救我的真神。

但不幸又是那么着急地迈开脚步。两年后的芝加哥，在与当地的"出租车"

队比赛中，我遭遇了重创。当时我正在飞快跑动，很利索地接住了对方的一个短打球，很棒的表现，所以我信心满满地加足力量，将球掷出时，胳膊上却突然传来了钻心的疼痛，上帝啊！你又弄折了我的胳膊。大概他老人家认为我该换个行当，可我那充满速度的棒球连同那明亮而宽大的场地啊，再也不是我的舞台了。这确实是一场悲剧，当时的我除了诅咒毫无办法。可现在回过头来，上帝的决定是正确的，这完全是送给我人生旅途的珍贵礼物，只是我一时忘了去看看那个盒子里面装的是什么。

离开了棒球场地，我只能回到费城老家。你很难想象，原本戴着手套和棒球帽的我，现在要衣着整洁，连衣角都要收拾得棱角分明，为的是一份新工作。我当上了一名收款员，跟那些分期付款购买家具的人们打起交道，我得骑着自行车在街上慢慢转悠，只是为了每天能挣上 1 美元的辛苦钱。沉闷的日子持续着，甚至让我忘记了去清理草坪上疯长的野树莓。两年之后，我决定做点儿改变，为一家人寿保险公司去游说顾客。我不得不去回忆这段令人沮丧的日子，整整 10 个月我几乎毫无业绩可言，沉默，漫长，我不知道日子是怎么消磨掉的。也许我根本就不适合推销人寿保险，真的不很擅长跟那些显得挑剔又吝啬的人们打交道。于是我开始翻找招聘广告，从每页报纸的中缝和街头散发的每张招聘单页中，寻找自己适合的岗位。当个船员也不错，我在考虑着下面的行程。可我已经明显感觉到，无论做哪行，我都会恐惧，莫名的又像藤蔓一样蔓延的复杂情绪在左右着我。我需要帮助。于是我去听演讲，戴尔·卡耐基先生的演讲。在现场，轮到我发言时，卡耐基先生却打断了我，说："等一等，等一等，贝特格先生，你的发言怎么连一丝激情都没有呢，这么干巴巴的语言怎么能勾起大家的兴趣呢？"卡耐基先生的语气带有强烈的鼓动性，他在给我讲解"激情"这个词，等讲到激动的时候，他抄起了一把椅子，狠狠地摔在地上，椅子腿从中间折断了。

真是难忘的一夜，我坐在床上想了整整一个小时，迟迟不能入睡，思绪开始飘浮。我又想到了棒球，那些在约翰斯顿队和纽黑文队度过的日子。我渐渐意识到，麻木和懒惰曾经差点毁了我的棒球生涯，而它们现在开始肆意颠覆我的新生活。我得改变，我决定重新拾起那些帮助过我的"激情"，像在纽黑文队打球时那样，重新开始我的推销员工作。毫无疑问，这晚的沉思成了我人生的又一个转折点。

第二天我打的第一个电话，让我兴奋异常。就如我昨晚暗下的决心，电话交谈时我充满了热情，我用"激情"策划了一场速战速决的战斗。遇到这样的热情轰炸，接电话的人大概感到非常意外。在我激情的劝说下，他丝毫没有打断的意思，其实，我很想让他打断我一次，好去问问我："到底发生了什么，怎么来了这么一个疯狂的家伙。"可是他没有这么做。

面谈的时候，我仔细地注意着他。他挺直了身子，就这样直直地绷紧全身，睁大眼睛，开始仔细询问起人寿保险来。事情就像密西西比河的流水一样顺畅，他没有打断我的介绍，很自然地接受我的推销，给了我一份非常精彩的合同。爱尔·安蒙斯，费城的谷物商，成了我的一位客户。爱尔先生是我的好朋友，更是我最有力的支持者，我们之间的友谊在这次合作后就已经建立起来了。这是一个精彩的开端，从那以后，我开始了真正的推销。"激情"又替我创造了奇迹，我的新工作也像我的棒球生涯一样精彩了。

希望我没给大家带来这样一种错觉：激情可以在无意间诞生。当然，你要是开始释放内心的激情时，"激情"似乎又那么轻易地来到你的身边。因为经历了这些，每当我走入困境，祈祷激情的来临时，它就会突然间附着在我的身体上。12年的推销经历，让我目睹了许多推销员的成功，他们借着激情不断刷新自己的收入；同样也目睹了更多人的黯然离去，缺少热情的人终归一事无成。

不管怎样，我坚信一点，要想推销成功，激情绝不可少。我知道在保险业有一个权威，他写书告诉人们如何才能推销保险，但他却不能把自己的书推销出去，否则他就可以更体面地生活。看来是哪里出了点问题？其实原因很直接，他缺乏热情。我也认识另一个人，一个对保险业所知甚少的人，可他的推销却干得很棒。仅仅20年，他就可以在佛罗里达迈阿密海滨过着他的退休生活，悠闲自在的退休生活。可以想见，他的成功并不在于多么了解保险行业，而是，他有着无与伦比的热情，他的推销当然也带着巴哈马海滩上所特有的火热激情。

激情是上天的恩赐，还是你自己得来的呢？当然是你用臂膀拥抱而来的。就像那位成功人士，完全可以视为榜样。如同太阳的轮转，他的一天总在激情的工作中度过。在他20年的工作生涯中，几乎总是和着晨光默诵着一首诗，这早就是他每天生活的一部分了。我惊奇地发现这首诗竟如此令人振奋，我一遍又一遍地抄录在纸片上，毫不过分地说，共有数百次之多。请记住它的作者：赫伯特·卡夫曼，写下了这篇名为《胜利》的精美篇章。

> 你曾是一个自豪的人，
>
> 一天你获得了极大的成功。
>
> 你只想表现，
>
> 你的所知，
>
> 证明自己的能力。
>
> 又过了很多年，你又有了什么新思想，
>
> 你又成就了什么伟业？
>
> 又是十二个月的好时光，
>
> 你将如何享用？
>
> 机会、胆量，
>
> 你是否又将错过？
>
> 为什么没有机会？
>
> 你缺乏的是冲动。

是的，无论你丢失了什么，请牢牢记住它，这首值得你每天吟诵的诗，就这样，你可能会意想不到地攫取成功的花环。

我很好奇，去读了沃尔特·克莱斯勒的自传，果然是个很吸引人的家伙。我把书揣在兜里，一连几星期都是这样。我向上帝发誓，我能熟记里面的每个章节，因为我至少把它前前后后地翻了 40 遍。在这里，我向所有渴望成功的推销员推荐它。沃尔特·克莱斯勒在书里告诉了我们成功的秘密是什么，无非是那些所谓的能力、职位和权力等等，但他终于把手里的魔术棒指向了"激情"，还是"激情"。他说："毫无疑问，热情更应该成为激情，我情愿所有的人们都激动起来，自己激动了，会使客户的激情也被感染，他也激动了。所以我们也就成交了。"

像热带的病毒，它可以迅速染遍我们的心房，"激情"是上帝创造的最好的宝物。你就是传染源，让那个听你谈话的人亢奋起来，尽管你不会花言巧语，没有关系，他已经被你征服了。可是，没有了激情，朋友们，你的推销像什么，老天啊，那就像一只湿漉漉的冰冻火鸡，无趣而丑陋。

激情可以被伪装吗？不，这不是简单的外包装，一旦你获得了它，你的心会燃烧起来。即使是安静地躺在客厅的沙发上，毫无声响，可是，在你的内心里，有了一个又一个的崭新想法……你要做的是完善、不断地完善，让它像花朵一样绽放……终于，你知道的，被点燃的你，还会在乎什么呢？所有的困境都不是问题了。

激情，让你抛却恐惧，它把芬香的桂冠顶在头上带给你，这就是你的，你可以赚更多的钱，去享受更好的人生，健康而富有不就意味着快乐吗？

点燃它，让激情带领你工作，它会告诉你："哦，伙计，现在就开始了，做你自己的国王吧。"对自己说这一切！我们都能做得到。激情，激情，还是激情！

让生活激动起来，就30天，你会惊讶起来的，所有的变化都是你曾经不敢奢望的，你一直苦恼的沉闷生活会被彻底打碎。

使我重返推销的想法

我静静地想起过去，确实很吃惊，没有激动人心的伟大事件，我的人生仅仅因为一些小事就改变了。就如我前面所提及的，那是个连惊雷都无法催醒的噩梦，整整10个月，沉闷又近乎绝望，人寿保险，天啊，我都不知道这种东西还能有买家吗。所以我辞了职，又一次从早到晚地寻找新机会。还是去当个自由点儿的水手吧，那种工作我知道一些，小的时候我在美国散热器公司干过一阵，总跟船员们打交道，天天给箱子钉好钩子再装船运走。再说，就凭我读的那点儿书，也只能当船员。我很努力地找一份这样的工作，也失败了，很遗憾，今天你们没能听到水手的演讲。

这不是用消沉就能形容的，我甚至有些绝望。也许，我得继续骑着那辆破旧的自行车，再把衣服熨得笔挺，当只负责收钱的小职员。这个选择还算不错，每周可以挣到18美元，困顿的我太需要一顿实在的晚餐了，得重操旧业。

一大早，我就走进保险公司的那间办公室，那里还有我的私人物品。得收拾一下，一切都是乱糟糟的，钢笔、削笔刀等等零七八落地摊在一边。我得赶快收拾好，越快越好，待上几分钟就足够了。公司总裁沃尔特·拉马·塔尔伯特走了进来，他要在办公室的外间召开一个会议，所有的推销员都参加了，我自然没办法离开。从没想到自己落入了如此尴尬的境地。只能坐在那里听着其他推销员的发言，而他们总是说着一些我做不到的事情。也许又是上帝的安排，听听塔尔伯特先生的发言："先生们，你们的工作就是要面对各种各样的'人'。你的能力并不出色，这没有关系，请记住，诚恳地跟他们打交道，每天5个人，我相信你的工作会越来越好。"原来就是这么简单，是的，深刻的转变只要简单却直接的一句话。

我猛然一震，他似乎看穿了我的一切。我相信塔尔伯特，他为四通公司工作时只有8岁，那家公司的所有部门他都待过，后来几年他又在街头上卖起保险，这是一个深谙销售之道的老家伙。我懂得他的意思。你可以想象，一个在雾霾里待了太久的人，第一眼看见灿烂阳光时的兴奋劲儿。塔尔伯特先生为我招来了太阳，我又为自己找到了方向，我要按他的话去做。我对着上帝说："看看！弗兰克·贝特格，有两条腿，他会按着你的安排走出去，每天5个人，他们会见识到弗兰克·贝特格的诚意。上帝的安排总是有道理的，为着好日子加把劲！"

这是一年里最后的两个半月，我要为这一年画个完美的句号。我决定给自己留份记录，记下每个电话推销的情况，每天最少要跟4个人面对面谈谈。为了这份记录，我在电话里的交谈越来越有激情，次数也越来越多了。可真正让我觉得繁重的工作倒是每天和那4个人的面谈，天天都是如此，确实是一项很充实的工作。我也意识到，其实我真正认真面对的，也就是那么几个"家伙"。

这确实是个很大很圆的句号，短短的两个半月，我拿到了价值51000美元的人寿保险合同。这可比那前面的10个月多得多。你是知道的，这并不是一个非常出色的业绩，可坚冰破碎，阳光升起的一瞬间，你永远也不会忘记。我再次坚信，塔尔伯特果然是个英明的上司。

这两个半月的时间没有白费，它让我懂得时间是如此珍贵。至于那个毫无效果的电话推销，似乎只是摆设，完全不必要继续了。

有时确实有种被捉弄的感觉，随后的几个月，我又陷入平庸的销售业绩之中，上帝啊，他怎么又让我成了原地踏步的小白鼠。我得停下步子，好好想想清楚。周末的下午，我把自己锁在一间小屋里，在那3个小时里，我不停地追问自己："到底怎么回事？我的'车胎'怎么又爆了？"先生们，对自己逼供确实是个不错的法子，我的思路渐渐地清晰了。不得不承认，我又忘记了带着一颗诚恳的心，去面对那些"家伙们"（我的客户）。

"该如何去见他们呢？"我得想清楚，"我是个能走路的家伙，我可以把薪水堆得高高的，因为我天生不会懒惰。"

马上改变起来，我要继续记录，我要把电话推销的数字再次堆积起来。

随后的一年，我照做了。所以，我可以自豪地站在公司门口，用激情渲染我这一年的经历。其实，我也是那么做的，在这长长的12个月里，我不停地记录，我确实把电话推销的数字堆得很高，当然，所有数字都是精确的，我甚至在计算每天的平均值。来看看吧，我总共打了1849个电话，见了828个人，拿到65份合同。我的回报是4251.82美元，每个电话2.30美元。这就是成绩。一年前，我还失望地辞了职，差点儿成了一个自由却贫穷的水手，可现在打一个电话就给我送来2.30美元，我甚至都没有跟一些客户见过面。

语言和简单的数字好像都应该忘记了，我只有喜悦。先生们，你们可以想想，你们求婚时突然意识到自己可以成为别人的丈夫时，该有多么地鼓舞人心。

不要着急，我还要告诉你们，只是简单的记录，让我的收益发生了变化，知道吗？从2.30美元到19美元，这是几何数字的增长。不仅仅是记录这些数字，我的成交率也在变化：1/29、1/25、1/20、1/10，最后是1/3。天啊，你们可能要张大了嘴巴，没错，这些变化仅仅发生在一年内，我只是在不断地记录。

通过记录下来的数字，我对我成交的生意做了仔细的统计分析。第一次见面就成交的生意有40％；46％的生意是第二次见面时成交的；而在第三次见面以后我只能得到14％的生意。我突然发现，我们都犯了一个错误，为了那14％的生意我却花了50％的时间。我干吗不用所有的时间去抓住那86％的生意呢，2.30美元到4.27美元，就这样完成了。

天才不会忘记数字的魅力，没有基本的数字记录和分析，你永远不知道车胎是从哪开始漏气的。幸好，我知道该怎么做了，我开始沉迷于数据，不停地记录和分析。这远比翻那些时尚杂志有趣得多。格雷·W.哈姆林，他是世界上最有名气的推销员，曾经对我提起过，他失败了3次，才想起去寻找那些神奇的数据。

"伙计，拿起你的棒子，不然怎么击中球。"打棒球的人都知道这句话，当个推销员也应该知道。在红衣主教队打球时有个队友，史蒂夫·尹文斯，这是个力大无比的家伙。可说实在话，他击球的本事有时还不如小孩子。不可思议，他总是在"等待"，这个坏毛病让其他队友们很头疼，你总要催促他两次，他才会挥击手里的球棒。我清楚地记得，在圣·路易斯的那场比赛，各垒的队友都在急切地渴望拿下比赛。对方投出两个坏球。轮到史蒂夫了，只需要一个球，从史蒂夫手里击出一个球，我们就可赢得这场重要的比赛。史蒂夫在挑选球棒，一根使着最顺手的球棒，然后走到击球区内，站好。同伴们齐声高喊："加油啊史蒂夫！干它一棒！"对方投出了一个平稳的好球，好机会。可史蒂夫紧握着球棒没动。同伴们又喊："打啊，打中这一个。"可史蒂夫还是没动。不知道是怎么了，全场只有他站得那么稳当，可队里只有他能使上劲儿，只要一球就够了！球队的老板在场外着急了起来，"该死的，见鬼，你还在等什么！"几乎是吼了出来，他太着急了。

你得努力去工作了，要知道，推销可能是世界上最容易干的活了。可是，当你一入行就这么想，先生们，它会变成世界上最头疼的职业。

你们都知道，当好医生不那么容易，他要仔细地寻找病因，头痛医头脚痛医脚可不行。我有切身体会，好的推销员总在诊断自己的工作情况。推销不成功就拿不到佣金，再往前一点，你不制订计划就自然不可能推销成功，而要制订计划你就必须跟顾客面对面，关键就是，你要成功地跟顾客会个面，你需要预约成功。一切都紧扣在链条中，起点就是成功预约。

战胜最强大的敌人

干了一年的推销员，我还是拿着很少的报酬，我只能找份兼职，做了斯古斯摩学院棒球队的教练。

意想不到的是，因为这项兼职，我接到了一份请柬，宾夕法尼亚州切斯特里基督教青年会寄给我的。这是一次他们主办的演讲，名字很特别——"干净的语言、干净的电话、干净的运动"，可能是当了教练更了解赛场的缘故，我被邀请了。我知道这是一次很有意义的演讲，所以无法推辞。可是我害怕。对于一些害羞的先生们而言，在黑压压的人群面前露脸可能并不好受，我们的勇气仅限于躲藏在人群中，做个旁听者，碰到陌生人还会感到脸红。懦弱的性格让我很吃亏，起码生意场上，我会损失很多收入，更谈不上成功了。

第二天，我赶到费城的基督教青年会，想报名练习一下演讲技能。我得找人教教我，怎么样才能控制我的紧张情绪，别在大庭广众下丢脸。感谢教育主管，他答应了我，"你来得正好，跟我来。"穿过长廊，他带我走进一间房子，里面坐满了人。刚刚有人做完演讲，别人正在评论他的表现。我们在后排找了座位坐下，教育主管小声告诉我："这个训练班专门练习公众场合下的演讲技巧。"很凑巧，刚才来报名时，我纯粹抱着试试看的心理，以前我可从没有见识过这种训练班。我们交谈的时候，又有人站起来做演讲，这也是一个经常在人前紧张的家伙。即便如此，还敢站起来，我被他的勇气所鼓动。"可千万别比他还糟糕，我要声音洪亮，做一次畅快的讲演。"我开始在心里鼓起劲儿来。

演讲的点评人走了过来，在别人的介绍下，我们彼此交谈起来。戴尔·卡耐基，这是他的名字。我说的第一句话就是："我要参加这个培训班。"他的回答让我有些沮丧："先生，培训班的课程都上了一多半了。"我没有想放弃的念头："这没什么，我想马上参与进来，就是现在。"卡耐基先生显得很高兴，他握紧了我的手："我同意。下一个就由你来讲，加油。"天啊，这个可有些意外，我什么准备都没有，突然又被紧张感拉住了身体，我只好在心里提醒自己：我是来干什么的，我来这里可不是学着躲藏。可此时，我连一句"你好"都说不出来。就这样，我参与了后面的活动。每周都有例会，可以提供系统的训练。

这是发生在 30 年前的一幕，因为太过激动，我总把它视为生命中的转折。你们是知道的，人的生命总不能永远没有起伏，那样太平淡了。

再说回那件事，我训练了两个月，轮到真正的演讲了。毫无疑问，我可以轻松地说起那些经历，甚至带上了感情，有时忧郁又突然让别人感受到我那时的兴奋来。我讲那些在棒球队的事情，讲到我遗憾地退出，甚至还讲了球队里的室友米勒·霍金斯，用他那些有趣的事情感染着观众。整个演讲就这样结束了，差不多进行了一个半小时。我没有感觉到时间流逝带来的疲倦，二三十个听众跑来要和我握手，他们非常受感动，所以要来感谢我。尽管我知道演讲成功了，可我只是在说着我的那些事情，可能很细小，甚至可以忽略，我真没有想到会取得这么好的效果。

演讲取得成功，我自然会感到高兴。最为关键的是，战胜自己后的自信，要远远超过任何赞美。我甚至将其视作为奇迹，要知道我曾经是一个躲在人群里的"局外人"，可现在却有千百人围坐在一起，聆听我的声音。我花了两个月，就可以跟别人一起分享自己的故事，让自己的喜怒哀乐去感动那些从来都不认识的人。我得感谢这两个月的训练，这是一次巨大的改变。即使我不分昼夜去听着别人的演讲，他的言辞再怎么犀利，富有煽动性，这与我又有什么关系呢？我宁愿花上25分钟去尝试着发出自己的声音，这就是我的心得。

幸运女神的礼物总是一个接着一个。在切斯特的演讲结束后，演讲的主持，伯顿·威克斯先生，这位德拉威尔县的著名律师竟然要亲自送我，他坚持要把我送上火车。而就在我登车时，他诚恳地表示感谢，邀请我再来到这里，当然不是来听别人演讲。先生们，知道他还说了什么吗？他说："我和几个同事都在考虑买份保险。"当然，他说得迟了点儿，火车已经开动了。可是先生们，这么兴奋的话，我可不会在回程中慢慢品味，我可不想放过绝好机会。"一有机会就来"，告诉你，我的回答是："扯淡，我现在就来，我来抓住机会。"

过了几年，伯顿·威克斯先生又有了新身份，克斯通汽车俱乐部的主席，他开始掌管着世界第二大汽车俱乐部。他还有另外一个身份——我最好的朋友，他对我的生意影响最大。

请记住，自信和勇敢是最珍贵的恩赐，这就是那次演讲训练告诉我的。因为这次至关重要的训练，我开始循着自己的激情把握生活，我畅快地表达自己的想法，无论何人。当然我先要驱逐一个可恶的罪犯——胆怯，其实它就是我自己，很长一段时间，我总是不敢去面对。

先生们，我可不是来做辅导班的代言人，你完全可以自己尝试，本·富兰克林早就教给我们诀窍了。自己去结识一帮人，组织起小团体，找一个你们都喜欢的地方去训练，不论在哪里，草坪、酒吧或者是你家的车库里。只要你们坚持每周碰碰面，记着大家轮流去主持，不要有一个局外人，这才是真正的相互交流。这样的尝试早在200年前就开始了，我们家乡现在还组织着一个。同样参加了那个训练班，已经去实践新理念的学员进步更大，因为训练本身就是为了要改善我们的生活状态。在训练期间，我曾负责指导一所周末学校里8个可爱的孩子。可能因为我践行着自己刚刚得来的启发，我的指导很有效，又成了这所学校的督导，一连干了5年。不能总在课堂上高喊改变，回到家里又变成一个安静的听众，记得这是人生的改变，全面的提升，这才是我学来的经验。

所有成功的人永远充满着激情，你可以叫他们"春天"，像泉水一样喷涌着勇气，散发着热情，他们都是自信的人。唯有这样，他们才能把自己的感受告诉别人，而那些听众又如此心悦诚服地聆听。

我们都知道，去扼住胆怯喉咙的最好办法，就是大胆地说话，在人多的地方说。确实如此，自从我感觉到在人群中讲话如鱼得水时，我更愿意与人交谈了，克服了羞怯，我总能与别人推心置腹，这种感觉非常美妙。一次勇敢的尝试，我触到了生命的极限，就像潜水爱好者经常描述的那样，当你的四周开始安静，呼吸急促时，你会突然发现炫目的光芒已经在头顶绽开。突破自己，会看到精彩的世界，当然，我的职业生涯也向我展开了美妙的图景，我可以做一个非常出色的推销员。

自我组织

我持续地进行这项工作（还在记录那些推销数据），继续改变着我。这次，我会收获些什么呢？我发现生活再次陷入混乱之中，一年中打上2000多个电话，平均每周我要记录下40个各种各样的角色，我开始胡乱地分派着时间，甚至可以说，我的大脑也开始有些紊乱。毫无疑问，我缺乏某种训练有素的能力，我需要训练自我组织能力。幸好，还没有彻底混乱，我意识到发生的一切都不应该归咎于工作，我只是应该想想，该怎么让自己的生活变得正常起来。糟糕的是，我想了很多办法，生活却像爆裂的枕头一样，依旧到处散落着细小又烦心的碎屑。

我干脆把更多的时间花在工作上，起码这样可以不用太烦心。我开始精心地做计划，在屋子里贴上整齐的卡片，再把所有的电话记录誊写在上面。花些时间，随便什么零碎时间，哪怕端起一杯咖啡发愣的机会，我也可以站在卡片面前，从头琢磨一遍。这可是个好主意，我每在卡片前停留一刻，总能安排下许多精彩的话题，我还可以根据每张卡片的轻重缓急，安排好日程。这张需要我去尽快约谈，那张需要我寄出一张诚恳的问候信，这几张该在周一去办，那些不用太着急，周五再联系他们。我在卡片前可以待上四五个小时，当然都包括了那些零碎时间，其实想想，我似乎没有额外占用自己的休息时间。

整理好一切，我开始见识到令人兴奋的效率来。星期一的早晨，我开始实施那些精心策划的约谈，用激情和自信搞定他们。想想以前，我似乎是一条失魂落魄的小狗，总在电话里急切地向那些客户求救。我应该用灵敏的嗅觉去揣测他们的想法，尽快给他们想要的建议，对双方而言，这些建议都是那么完美。所以，我开始变得急切，没有一周初始的疲惫，更没有早晨总是谈不成生意的沮丧，我只是见到他们，拿下合同。你要知道，这才是工作开端需要的心境，后面只会越来越顺利。

这样干了好几年，我也在不断地改进。我给自己定下规矩，星期五的早晨用来"整理自己"，我总喜欢把这些好习惯固定下来。所以我可以专心享受可爱的周末，遛遛我的小猎犬，亲手剪剪草坪，再给花坛施上肥料，生活本该如此。当然，先生们，你得花上足够的时间来安排工作，精彩的计划会让一切都变得润滑起来。我们用紧凑的四天半，去取代那混乱的 5 天，一周的工作就变得清澈了。想享受周末的阳光，而不是去烦心那些打不完的工作电话？照我的话做。

大企业家亨利·杜哈蒂有句名言："我愿意花钱让别人做任何工作，除了思考和安排工作。"怠于思考，不知道工作的轻重缓急，这是平常人的痼疾。想要成功，我必须得克服它。我给你们的答案可能很简单，但够明确：花上足够的时间，去思考，去策划。你得为自己设计出一份合适的工作计划表，精确地标明时间。在这篇文章里，我附上了自己的时间表，你们可以对照它去做好你的计划。要知道，这样的表格得来不易，对我来说，我要去精心整理每份记录，再综合起来，尽量让一切清晰起来。请不要忘记我的墙上贴满了那些"推销记录卡"，每个月都可以清晰地标识出来。我想，有这样一个扎实的榜样，会让你相信——零碎的时间完全可以被整理出来。如果你这样告诉自己："不，生活不能这样填埋在表格里，我是个自由的人，我可不想把快乐扼杀在无趣的表格数字里。我可不想当个死板的统计员！"你就误解了我的用意，听听我给你准备的一个小故事，这可是真事。

几年前，爱德华刚从学校毕业，作为名牌学校的一员，他雄心勃勃，一心要做个金牌推销员。年轻人的干劲儿并没有帮助到他，当然更不要计较所谓的名校声誉，他几乎陷入了绝望，持续两年的可怜业绩已经伤害了他。"贝特格先生，我还要干下去吗？我适合做推销吗？"我并不怀疑他的能力："爱德华，你完全适合，不要怀疑自己。"他似乎不相信任何安慰了，其实我并不是在安慰他。他的脸色开始阴沉，大概觉着我是个言不由衷的家伙，我没有中断我们的对话："谁都可以干好这份活，可小伙子，我们也总是在拖累自己，我们在限制自己的能力。"爱德华依旧疑虑重重："我搞不懂，我已经很卖力地干活了，天天忙碌，甚至我都没时间打理自己。"哦，他是个迟缓的人，我知道他总是在跟时间散步。我向他推荐了一个训练班——"6点钟俱乐部"。这个名称很别致，他很好奇："6点钟俱乐部是干什么的？""记得富兰克林的名言吗？'许多人生活在古老的城堡里，他们看不见明亮的太阳，他们也从没有尝试着走出那座古堡。'知道是什么意思吗？很多人没有成功，是因为他们迟缓，甚至懒惰。你想做这样的人吗？把你的闹钟拨快一个小时或者半个小时，你就可以多出时间去读书。当然了，如果是我，我一定会早睡一会儿。"

爱德华真买了个闹钟，他要参加"6点钟俱乐部"。我把所有的办法都交给他，就像前面所提到的，他在星期六"整理自己"。这是个好兆头，有时间去思考，总错不了。跟上这样的节奏，他不会花宝贵的时间去怀疑自己，有了充足的精力，他会成功的。几年后他已经开始掌管东部的一家大公司了。

会晤 IBM 公司的一名负责人时，我想听听他对这种工作计划表的意见。他说："我们只培养优秀的雇员，这里的推销员都配备最好的'装备'——每周的工作计划表。里面会列举出所有要做的工作，这会清楚地告诉他们得见哪些人。我们拿着计划表的副本，帮助他们完善工作计划。"我问："这种做法确实很不错，不过你们在 29 个国家都设有分部，可以保证都能得到有效执行吗？""当然没问题。"我又问："那么假设，你们碰到一个拒不执行的推销员，该怎么做呢？"他的回答很坚定："那他得走人，我们不会让这样的事情发生，因为这样的人成不了优秀的雇员。"

成功的人士总会严格掌控着时间，起码我见过的是这样。这是芬伦斯·杜林先生（费城联邦人保公司负责人）的经历。他想约见西部分公司的经理，就给宾州分公司的经理迪克打了电话。原打算在下周二会面，可迪克却说下周五前没有时间，虽然他也急切希望举行会晤。第二个星期五，芬伦斯与迪克共进午餐。他们在饭桌上轻声交谈着，"迪克，这一周你都在公司吗？"芬伦斯先生需要了解详细情况。"是啊，一直在公司。"芬伦斯先生希望了解更多点儿："这么说周二你也没离开。"迪克笑着说他在，芬伦斯先生甚至觉得有些恼火，他一周的行程本来都安排得很妥当，可为了这一次会晤，他就像洲际航班一样来回折腾。"迪克，我又一次从康涅狄格赶来，今天晚上还得再赶回去，从那儿我还得再去底特律，全都是为了跟你吃这顿饭。"迪克知道得解释一番："芬伦斯先生，接到你电话之前，我已经安排好了这一周的工作，这是周五的必修课，我花了5个小时把工作安排得满满当当。按照计划，这周二我得干一摞子事情，没有一点儿空闲，如果按你的安排，我就得重新打乱工作计划了。哈哈，老朋友多跑一趟，总好过我再安排5个小时去做计划吧，何况你的航班也许会有变化呢。请不要误会，既然做了安排，就是公司的总裁来了，我也是一样的态度。得感谢那些周密的计划，我才取得成功。随便打乱我的周五课程，可不怎么明智。"

芬伦斯·杜林先生说完了这些，并没有生气，他的原话是这样的："很震惊，但并不生气。因为我一直在考虑这些经理的表现，难怪迪克可以这么成功！"芬伦斯先生确实很震惊，据他说，坐了一路的火车，他全然感觉不到疲惫，反而被激情感染，有了焕然一新的兴奋。回到公司，他决定，该把迪克的事说给那些小伙子们听听，让全公司的推销员震惊一下。

1926年的夏天，我认识了玛丽·罗伯茨女士，她可是全美国最能挣钱的作家之一，写了50多部小说。我们成了邻居，当然可以有机会去说说话。我非常佩服她的成就，很想知道她是怎么成功的。你们一定都想听听她的回答："我没有大把的时间，可我从来都相信自己，我会写出好东西。我有个非常棒的家庭需要照料，我要当好妈妈，因为我那3个孩子总那么调皮；我要当好妻子，我的丈夫那么深爱着我；请别忘记，我还是个好女儿，我可不想让美丽的母亲感到孤单，我要多陪陪她。唯一糟糕的是，我们碰到了金融危机，我们都快一贫如洗了，没有礼物，还要偿还贷款，我们只好继续借贷。不过没有关系，我还要写出好东西来，我得多练练笔。为了整理好那些琐碎的事情，我在计划表上排出了每个小时的工作，每周我都这样做。零碎的时间完全可以用起来，我可以忙活完厨房里的活，去写点儿，也可以在等待孩子们放学的路上写起来，孩子们起床后也有时间，我的丈夫打电话也照样影响不了我。"先生们，我知道你们的疑问。一个弱小的女人，值得这么紧张地跟时间较劲吗？她会累垮的，起码神经紧绷的感觉好像没那么美妙。她的回答是："不，我没有垮，我的生活反而越来越舒服了，这是一个奇妙的境界。"

我总不能不如一个女士吧，她的话触动了我。我得去改动一下自己的计划表，它们还不够完善，也许可以更明确一些。请看看这个在几小时后诞生的"小宠物"（我的工作总结）：

一是务必"敲诈"自己，让你的双目圆瞪，这样看起来更有精神，强迫自己拿出激情来，不管它藏在多深的地方。用焦热的灵魂充斥你的工作，当然干家务的时候也要快起来，生活的每个角落都需要激情。不要担心激情燃爆或熄灭，后面你会收到成倍的回馈，你会收获前所未有的畅快。

二是想推销保险的小伙子们记住，每天四五个人，用激情感染他们，见到他们就诚恳地去说服。相信一点，被感染的人很容易被说服。当然，你就会拿到合同，这还不够精彩，你会发现后面的路上堆满了礼物。

三是来参加训练班吧，如果你还是个藏在人群里的旁观者。用大胆的演讲去驱逐恐惧，你的勇气将倍增，信心就是你的代名词。记住，当你是人群的中心，用演讲去左右别人的心灵时，你的窃窃私语也能吸引别人的目光。你害怕面对面地交锋吗？

四是生活本就是为了乐趣，干一番事业，让自己去不断攀登，你会永远保有快乐。事业会出点儿小问题，没关系，好好去思考，学会"整理自我"。整理好自己，你会让一切有序进行，当然，你得多花点儿时间安排好事情，先分清轻重缓急再说。花上一天时间"整理自己"，磨刀不误砍柴工。我送给先生们一句话，宁愿多花时间去谋划，别在混乱中苦苦挣扎。

第二章

获取信任，首先得值得信任

如何建立自信

刚入行的时候，我的职业前景非常明朗。我受卡尔·科林斯指导，他的销售业绩在公司中一直遥遥领先，足足有 40 年。

科林斯先生非同寻常，他善于赢得别人的信任。甚至于，他一开口你就会感觉到，"这个人熟悉这生意，值得依赖，与他合作没问题"。这也是我最初的印象，随后我又理解了个中奥秘。

有一次去谈生意，进展不错。客户已经告诉我："过一个月来吧，到时可能会签约。"因为缺乏勇气，我只想着退出，不得不向科林斯先生求助。科林斯先生看着我垂头丧气的样子，答应了陪我一起去见客户。

真没想到，他完成得如此轻松，真让我激动。作为回报，我将得到 259 美元的佣金。可坏消息很快就传来了，由于客户的身体原因，合约暂缓执行。

我很气愤，问科林斯先生："我们是不是该告诉这位客户，这样做不合规范，得让他知道。"

科林斯先生表现得很平静。"不能这样做，保险业中允许客户的这种行为，只是你并不理解而已。"科林斯先生前去拜访，讲明了其中利害。临结束前，他再次强调："我确信这份保险对你有益，希望你能认真考虑一下。"

那位客户很爽快地答应了，马上签了支票——足足一年的保险费。

关注卡尔·科林斯先生的一举一动，你就会明白他为何能博得他人的信任。毫不夸张地说，他的言行举止胜过任何激情的演讲，他用那真诚的目光征服了所有的观众。

"那样不行，我已经知道了。"寥寥数语饱含着科林斯先生的独特魅力，其中的深意让我永生铭记。在前景不明的时候，我能鼓起勇气，就是因为我坚信：别人是否相信并不关键，关键是你要相信。

这是乔治·马修·亚当斯说的，我写下了这几句话随身携带，反复阅读直至彻底融入我的思想：

"一个聪明的推销员总是直率地说出实情。他会真诚地看着客户，用真诚的言语打动别人，即便不能在第一次成交，也给人留下深刻的印象。巧舌如簧并不能取胜，再精心的小聪明也别想愚弄别人。先生们，请您牢记，推销员的目光中包含着言语，包含着那打动人心的直率，真诚永远是最保险的好办法。"

我的能力远远超过了一般推销员，可还是按规矩行事。任何推销员都应遵循的态度：让客户了解事情的全貌，了解一切细节，以及我们所能提供的服务。

如何赢得他人的信任？谨记：首先得值得他人信任。

医生给我上的一堂课

星期六的早晨到达拉斯，我要准备下星期的演讲。按照日程，从下星期一开始，演讲要持续 5 个晚上。这时嗓子却发了炎，根本无法说话。去看大夫，诊断、开药，情况却继续恶化，看样子下星期的演讲只得取消了。

我只得找马茨曼大夫，这位当地最好的专科医生。治疗的中途，我们开始闲谈，当他听说我来自费城时眼睛一亮："费城简直就是世界的医学中心，每年夏天我要在那待上一个半月，听演讲，去出诊。"

我很吃惊。他已是 66 岁了，可还对事业孜孜以求，也难怪，达拉斯没有比他更好的耳鼻喉科大夫了。

汽车公司采购部经理弗兰克·泰勒说过："我愿意和那些有活力的人做生意，他们能准确提供我们需要的东西，谈起生意来从不拖泥带水。我还愿意认识一类人，可以给我好主意，让我用同样的钱买到质优价廉的东西。有这些人的帮助，我的工作会更顺心，更讨上司的欢心。我喜欢诚实的推销员，他们能诚实地介绍产品，从不让我怀疑。"

开始卖保险时，办公室里有 6 个人。干活最多的两人，可以干完全办公室

70％的工作，广受其他推销员的欢迎，他们乐于提供业务咨询，无穷的工作热情感染了我。我开始向他们讨教，怎么能得到更多的销售信息。他们的回答很干脆——多参加公益活动，多看书报，勤于用脑。我追问："哪来时间去读书看报，反复琢磨呢？"回答是："要会利用时间。"

我感到很惭愧，他们的时间利用率可是我的 10 倍。既然他们可以，我也应该做得到。根据建议我也参加公益活动，其效果极好。我全身心地投入其中，自得其乐。我建议另一个同事也这样做，可他却说挤不出时间。

第二天，我正要过马路时，险些被一辆豪车撞倒，抬头一看，开车人正是这位"忙碌"的同事。可没有多久，他就无力再养那辆豪车了。

我参加销售研讨会时跑遍了美国。接触更多的成功人士以后，我发现他们能身居高位，源于对事业的挚爱，他们都是自己行业内的专家。

有人说过："这个时代属于专家们，他们凭自己的魅力与修养得到回报——每周 30 美元。当然，更为优秀的人才能得到更多。一定要熟知自己的事业。"

我们要学多久？66 岁的马茨曼先生从未想过停顿。有人说过："如果不去学习，20 岁就会老去；只要学习不停，青春便会永驻。心灵要永远年轻，这才是生活的关键。"

如果要想获得自信并赢得他人的信任，请你记住：永远追逐自己的事业。

获取信任的诀窍

这个故事会告诉你一个好诀窍：如何尽快赢得他人的信任。

新泽西州一家大型肥料公司，财务主管康纳德·琼斯先生的办公室里。琼斯先生对我和我的公司毫不了解。

"琼斯先生，您在哪家公司投了保？"

"纽约人寿保险公司、大都会保险公司。"

"您选择的保险公司真的很棒。"

"你也这么认为？"（他掩饰不住得意）

"真是一次不错的选择。"

我开始介绍那几家保险公司和他们的投保条件。比如，作为世界上最大的保险公司，大都会保险公司的经营状况良好，甚至可以吸纳整个社区投保。

他听得很入神，丝毫没有觉得无聊，这些事情他从未听过。我看得出，他对自己的投资眼光感到很得意，他觉得自己做了件很明智的事情。

这样夸赞对手对我有什么好处呢？看看接下来发生了什么。

说完那些热情洋溢的话语，我接着说："琼斯先生，在费城的大型保险公司可不止这几家，比如菲德利特、缨托尔等，他们也都享誉世界。"

如此了解又敢于夸赞竞争对手，让琼斯先生印象深刻。当我开始对比各家公司的投保条件时，我已经快达到目的了，他接受了我所讲的方案，因为这本就是为他准备的。

短短的几个月，琼斯先生带来了大笔生意——其他 4 名高级职员也购买了大笔保险。当这家公司总裁咨询菲德利特公司情况的时候，琼斯先生连忙插嘴："费城三家最好的保险公司之一。"这可是我告诉他的，一字不差。

可以这么说，不夸赞对手也就做不成生意。像打棒球一样，夸赞对方你就能安全地上一垒，尽管各队都有人在垒上，而只有我能幸运地回到本垒得分。

25 年来，我一直喜欢夸赞对手，这样谈生意的效果很好。人生就如旅行，我们总要博得他人的信任，要想尽快做到这一点，请遵照我的方法。本杰明·富兰克林曾说过："我不会诋毁任何人，我将尽量说出他人的美德。"

所以，赢得他人信任的第三个原则就是："夸赞你的对手。"

赢得他人信任的正确方式

有一位律师朋友告诉我，律师做辩护时最关键的就是让证人来说服陪审团和法官。有时候律师在法庭上滔滔不绝的辩护词并不能让他们信服，甚至还要打点折扣。所以有一位可信的证人以及有力的证词会对法庭产生巨大的影响，这也能证明律师的辩护更为可信。

我从这里悟出了依靠"证人"的推销方法。那让我们用事例来看看"证人"在推销中的作用吧。

做保险推销的都知道，在我们与客户签约保险订单的时候，投保人都会在公司印制的"同意接受单"上签字。我就会将这些签过字的"同意接受单"影印一份，然后收集在文件夹中。这些具有签名的材料很有说服力，我想对于新客户还是有很大的影响力。比如在推销谈话即将结束的时候，我就会说："先生，也许你会觉得我说的话有些夸大。不过我很愿意您能投保获得一份保障。您可以找一个人谈谈，我可以借用一下您的电话吗？"然后我就从收集的那些资料里挑选一位"证人"，接通他的电话。这些"证人"可能是新客户的邻居、亲戚或者朋友，有时候这种电话可能会是长途，但是更有效。当然，借用客户的电话找"证人"，我需要自己付费。

其实，我初次尝试这种方法时，总是担心客户会拒绝我。幸好，至今还没有客户拒绝，他们反而更愿意和这些"证人"谈谈。有时"证人"是客户的老朋友，谈话往往还会偏离主题。

的确，我也是偶然才从朋友的谈话中发现"证人"的作用，然后在推销中运用的，确实很有用。我很少用空谈来获得成功，有时候客户需要的就是"证人"的实例。我想你也看到过其他推销者所列举的很多方法，但是我使用的推销方法往往是逐条解决。每当这时，我倒觉得用"证人"的方法更有效。

那么这是否会打扰到"证人"呢？其实，他们都很热心向客户提供指导。通过这种方式完成交易时，我都会立即向这些"证人"表示感谢。他们都很高兴，因为他们既帮助我做成了生意，也帮助朋友或者邻居选择了好的服务，从而很有成就感。

几年前，一位朋友要给家里添置燃油锅炉来供暖。他去市场回来后，收到很多公司的产品介绍，其中一份是这么写的："这里有一份使用我们锅炉的用户名单，他们都是你的邻居，你可以打电话问问琼斯先生，他有多喜欢我们的燃油锅炉。"这位朋友就按照名单给几个邻居打电话询问了情况，最后他也买了这种锅炉。事情已经过去几年了，但是他仍然记得那家公司推荐产品的方法。

前段时间，我在俄克拉荷马州土尔萨做了一次演讲，我就提到了上述的例子。后来一位推销员也运用这种方法取得了成功，他写信与我分享了他的故事：

"我在缅因州一家商店进行推销，我对店主说：'哈里斯先生，俄克拉荷马州也有一家和你的商店规模一样的商店。上个月这家商店的顾客激增了40倍，因为商店正在销售一种全国范围内受保护的商品。如果你不嫌麻烦，你可以听听那家店主的话。'哈里斯先生很爽快地说：'当然没问题。'我问：'可以借用下您的电话吗？'他示意我可以用，我立即接通了那家店主的电话，然后递给哈里斯先生，让他们自己在电话里交谈。其结果当然是成功的，这是我所用过的最好办法。"

再给大家说一个事例，这是我的朋友戴尔·卡耐基告诉我的。

"我想去加拿大旅游，希望能找到一个有美食、睡觉舒适、能够钓鱼、狩猎的宿营地。于是我就向加拿大的旅游地写了信，不久便收到了 40 封回信。很多来信都说自己的宿营地是最好的，这倒让我更加犹豫不决了。幸运的是，其中有一封与众不同的信，老板给我提供了一份名单，说这些来自纽约的人最近都去过他的宿营地，让我向他们询问一下情况。

"我看见名单中有一位值得信任的朋友，我就给他打了电话，他对那个宿营地赞不绝口。是的，那里能够满足我的一切要求。通过这位朋友，我还知道了很多老板没有提到的信息。"

我想，其实其他宿营地也有不少"证人"，可是他们并没有好好利用这一资源，所以失去了赢得卡耐基先生信任的机会。

赢得他人信任正确而快捷的方法是：利用你的"证人"们！

·第三章·
交友的第一要诀是真诚

向林肯学习如何交友

有一次，我向一位年轻的律师推销保险。很明显，他对我的推销不感兴趣。最后我只能礼节性地离开，不过，我离开的时候说了一句话，却让他顿时眼前一亮。

"巴内斯先生，我相信您前程远大。我就不打扰您了，如果您不介意，我会继续和您保持联系。"这就是我临走时说的话。"前程远大？不知道你从哪里看出我的前程远大了。"这位巴内斯先生似乎在怀疑我的真诚，就像我在巴结他似的。我诚恳地告诉他："我听过你在州长会议上的演讲，那是几个星期前吧，我至今记忆犹新。我想这是我听过的最好的演讲。哦，不仅我这样认为，我许多朋友也这样说啊。"他听了这话很高兴，可以说有些洋洋自得吧。我就借机进一步问他是如何学会在公共场合中演讲的，他很有兴趣地和我聊了起来。离开时，他满脸笑容地对我说："欢迎你随时来访，贝特格先生。"

在此后几年时间里，这位年轻的律师接手了不少重要的案件，并且做得非常出色。可以说他是本地最成功的律师之一。当然，我和他成为了好朋友，也一直保持着亲密联系，特别是在很多保险业务方面。他后来成为宾夕法尼亚州制糖公司、密德维勒钢铁公司等大公司的法律顾问，甚至进入了这些大公司的决策层。最后，他从一名律师转型成为宾夕法尼亚州最高法院的法官。

在这些过程中，我一直对他说："我从不怀疑，你会成为费城最好的律师。"当然，他也很乐于和我分享他成功的喜悦，我们是相互信任的好朋友。作为一位挚友，我对他的成功感到由衷的喜悦。不过，当他成为法官之后，我应该对他说：

我相信你会成为本州最好的法官。我相信，我对他真诚的鼓励是相当有用的。我想，人们都会希望得到别人的信任，也希望被人期望"前程远大"。只要我们是出于真诚的信任和期望，我想他们也会真诚地回以感谢。

如何交友，我们伟大的总统亚伯拉罕·林肯曾经说过一段经典的话："如果你想赢得朋友，首先你要让人确信你是真诚的。言谈中要体现真诚。也许他的判断力会质疑你的真诚。不过，真诚始终是唯一的方法。"经典的话历经时间的洗礼仍然有着震撼人心的力量。这段话对我确实很有帮助。

几年后，有人托我打听一位年轻人的情况。这个年仅 21 岁的年轻人在基拉德信托公司工作。我和他做了一笔小生意，发现他确实是一个年轻有为的优秀人才。有一天我很真诚地对他说："你将成为基拉德信托银行的高层管理人员，甚至是总裁。"他以为我在开玩笑、痴人说梦。我不得不对他说："我是认真的，你也该把我的话当真。什么能阻止你呢？你热情，有优秀的工作业绩，人际关系广泛，你拥有一切良好的素质。而且你很年轻，这是一笔宝贵的时间财富。你要明白，这家银行的所有高层都会退休，总有人要接替他们。你这么优秀，为什么不准备好做一个高层管理人呢？"

他似乎有些心动了。我就向他提出建议：参加银行业务学习；锻炼在公共场合演讲的能力。他听取了我的建议。一天，他所在的银行召集所有员工开会，负责人谈了银行现在面临很多困难，决策者们想听听下面员工们有什么建议。这位年轻人就勇敢地在会议上站起来，对着负责人和所有员工，说出了他解决银行困境的办法。他的话是那么令人信服和充满激情，所有与会者都感到震惊。会后许多朋友都向他祝贺。

第二天，会议召集人把他叫到办公室，高度评价了他的表现，并告诉他决策层已采用了他的部分建议。没过多久，他就升任为银行部门经理。如今，他已经是另一家大银行的总裁。

当然，作为朋友，他和他的公司购买了我推荐的保险。我根本不用担心有其他竞争者来抢保险订单。

多年前，我认识了两个年轻有为的朋友。他们的公司面临一些困难，所以他们感到很迷茫、压抑，甚至有了放弃的想法。我告诉他们，我经常在生意场听见他们的竞争对手评价他们的优秀成绩。我还询问了他们 5 年前开始创业起步时的情形，是的，万事开头难。他们就开始给我讲他们的创业故事。谈到过往的辛酸和喜乐，特别是说到是如何度过起步的艰难时，再看看现在遇到的问题，他们的脸上有了笑容。我鼓励他们说："在这一行业中，你们就是最优秀的，你们不能放弃，因为有无数竞争者在你们身后。"实际上他们拥有出色的能力，只是年轻人容易迷茫，这时候正需要有人给他们适当的鼓励，鼓励他们走出低迷的情绪。

当我离开时，他们很热情地挽着我的胳膊，一直将我送到电梯门口。正当电梯门将要关闭的时候，他们提议："您能否每周都能来我们这里一次？"以后的几年里，我常常去他们那儿，对他们说真诚的、激励的话语。当然，我也向他们推销保险。他们的公司发展得越来越好，他们获得了自己的成功，相应地，我的业务也增加了不少。

我从历史上的伟大人物身上获取过激励。当然，那些来自生意上的合作伙伴和朋友也给了我最大的鼓励，提供了最好的建议。当我告诉他们，我从他们那里得到了鼓励，并且取得了很好的成绩。他们总是愿意听我讲，他们是如何帮助我取得成功的。比如我和摩根先生的一次谈话。

摩根先生是某纸业公司的销售经理，有一次我和他聊天。我说："摩根先生，你对我鼓励的作用太大了，让我赚了不少钱。"他以为我是在奉承他，并不相信我的话。他说："你有什么就直说吧！别和我开玩笑。"我说："我可不是开玩笑，我是真心的，记得几年前你们公司总裁对我说：您总是公司第一个上班的人，每天7点来公司，在其他员工来之前就打扫、整理好办公室。即便您升任销售经理后，您也坚持7点到公司。我当时就想，您7点到公司的话，那你在6点之前就起床了。所以我就向你学习，我参加了6点钟俱乐部。这令我感觉很好。这样，我每天就可以干更多的工作。多年下来，我就比别的推销员做得更好了。所以是您的行为鼓励了我，让我赚到更多的钱。"果然，摩根先生听我说完这些之后，非常高兴。然后很有兴致地和我聊了很多话题。当我离开后，我记下不少关于他的东西，比如他在哪儿出生，他妻子和孩子的名字，他未来的目标，他的爱好等。把这类信息记录在卡片上的习惯，我已经坚持了25年。所以经常有人很诧异，为什么我对他们了解那么多。这也帮助我认识了很多朋友。

"您是怎么开始您的事业的？"这是一个我问过无数次的问题，而且是一个很有魔力的问题。它帮助我打开了很多推销工作的困局。人们通常会回答："说来话长了……"然后他们就会开始回忆：他们的事业如何开始，遇到了些什么困难，又是如何克服的。我总是着迷于这样的奋斗故事，我觉得这样的故事很浪漫，很激励人心。对于讲述者来说，他们更会觉得浪漫，那些过往的酸甜苦辣都是美好而浪漫的回忆。而且他们也乐于向你讲述，如果你真的感兴趣，他们会以他们的故事来鼓励你；他们认为自己的经验对你有益，他们会告诉你所有的细节。"您是怎么开始您的事业的？"通过提这样的问题，那些忙碌得无暇顾及你的人，也会停下来和你谈话。我来举一个典型的例子，罗斯先生总是很忙，他对推销员的态度是：离我远点儿。下面就是我第一次与他见面时的谈话：

我："先生，您好！我是贝特格，保险公司推销员，您认识吉米·沃克先生吗？是他介绍我来的。"（我把吉米·沃克先生亲笔签名的名片递给他）

罗斯："（一脸的不高兴，接过名片，看了一眼就扔在桌子上）又是一个推销员。"

我："是的……"

罗斯："（很没有耐心听我继续说下去，打断我的话）你已经是今天第十个推销员了。我还有很多事要做，哪有时间听你们这些推销员滔滔不绝的废话？别烦我了，我没有时间！"

我："我只打扰您一会儿，如果您今天没空，我可以约一个时间再来，明天可以吗？实在不行，再晚些也行。您看上午还是下午呢？我不会耽误您太多时间，20分钟就行。"

罗斯："我说过了，我根本没时间。"

我："（我用了整整一分钟仔细看他正放在地板上的产品）您的工厂生产这些？"

罗斯："嗯，（他看见我对这些产品很有兴趣）是的。"

我："您做这一行多长时间了？"

罗斯："哦，有22年了。"

我："您是怎么开始做这一行的呢？"

罗斯："（仰身靠在椅背，神态可亲）说来话长了。我17岁就开始到工厂干活，我在工厂里辛苦干了10年。积累了一点儿资本，然后自己开了现在这家公司。"

我："您是在美国出生的吗?"

罗斯："不是,我出生在瑞士。"

我："那您肯定年纪不大就来美国了吧。"

罗斯："嗯,是的,我14岁就离开了家,在德国短暂停留过,然后就来到了美国。"

我："那您是带着一大笔资金来这里开创事业咯。"

罗斯："(微笑着)哪里,呵呵,我最初只有300美元起家,干到现在,达到了30万美元。"

我："那真是了不起,我想您的这些产品生产过程也很有趣吧。"

罗斯："(站起来走到我身边)不错!我们的产品在市场肯定是最好的,我为我的这些产品感到骄傲。你愿意到我的工厂里去看看吗,看看这些产品是如何生产出来的?"

我："太荣幸了,我很想去看看。"

然后,罗斯先生手搭在我肩膀上,陪着我一起去参观工厂。虽然这次见面,罗斯先生并没有购买我的保险。可是在这之后的16年里,我向他卖出了19份保险,还向他的儿子们卖出了6份。最重要的是,我们还成为了好朋友。

我为什么在各地都受欢迎

作为一个渴望改变命运的年轻人,我知道自己的问题在于:很难快速找到改正错误的方法。特别是在我苦难的童年时期,那些苦难的生活至今记忆犹新。

父亲很早就过世了,母亲拉扯着我们5个孩子生活。为了让我们活下去、上得起学,她不得不去做浆洗、缝补衣服的活。可是到了寒冷的冬天,由于家里没有暖气,除了厨房做饭时还有点儿温度外,室内和室外一样寒冷,而且房间里也没有地毯。天花、猩红热、伤寒等疾病随时会降临到我们身上。最后,饥饿、疾病夺去了我们家3个孩子的性命。这样的生活境况让我们的生活毫无乐趣,甚至我们生活的希望之火也在逐渐熄灭。

我不得不出去挣钱,沿街叫卖东西。可是不久,我就发现自己有很多的缺点。是的,这些都是我叫卖东西时的弱点。我的表情总是愁苦孩子的忧郁,这是多年苦难生活的写照。然而，我不得不告诉自己，我必须做出改变。我努力去做，很快，无论是在家里、在社会上、在事业上都收到了效果。

最初，我每天早晨要花 15 分钟洗漱，强迫自己带着笑容出门。但是我发现这种虚伪的职业微笑也没让我多挣什么钱。这种强颜欢笑肯定不能取代那种发自内心的真诚的笑容。

不过即使是这种职业微笑我都难以坚持。因为在我每天早晨进行那 15 分钟的洗漱时，我的内心依然是带着疑虑、恐惧和担心。所以无论我怎么强颜欢笑，不久后，我又不知不觉地恢复到忧郁的神情。怎么才能让一个生活在苦难之中的孩子抛弃忧郁、面带微笑啊？我只能努力抓取那些快乐的回忆，来强迫我挤出微笑。

我这种矛盾的身心体验，可以用哈佛大学哲学家威廉·詹姆斯的理论来说明。他说："经历和感觉似乎截然不同，有了感觉才有经历。其实两者同时存在，我们限制感觉表现出来的行为，如表情，但是我们不能限制我们的感觉。"是的，我不能用虚伪的表情来欺骗自己内心的感觉，所以我必须用真心的欢乐来激发真诚的笑容。

后来，我就开始试着这样做。进入别人办公室进行推销前，我要事先想想该说些什么，然后面带着微笑走进去。在推销前后，我都一直保持着微笑。秘书小姐进去通知老板，然后引我进办公室。在我的微笑感染之下，她们也会面带微笑。

和擦肩而过的人打招呼的时候，也许你唠唠叨叨说了很多寒暄的话，但都比不上你简单而真诚的微笑更受欢迎。如果你和熟悉的朋友打招呼，那你就不妨面带真诚的微笑直呼其名，真诚的微笑具有无穷的魅力。不知你们是否注意到：好运气似乎总是偏爱那些真诚、富有激情的人，而歹运则总是与那些忧郁的人相伴。

电话公司做过一次声音与微笑的调查，发现带着微笑的声音能够获得更好的效果。你现在就可以拿起电话，来一次面带微笑的谈话，感觉一下不同。最好在你的电话前挂一面镜子，让你也看到自己的微笑，也许你就可以发现是否有微笑的差别。我曾在演讲的时候，对数以千计的人建议：在 30 天时间里，面带微笑去做所有事情，有 25％的人表示愿意做这种尝试。最后的结果怎么样呢？这里我们不妨摘录一位男士的一封信来加以说明：

"……本来我已经和妻子决定要离婚了，因为我认为婚姻的失败全是她的错。我不仅在心里抱怨她的错误，而且经常在家里发脾气，数落她的不是。从此家里也就失去了往日的欢乐。后来，我才认识到，这都是由于我郁积的消极情绪，让我神情忧郁，失去了往日的积极态度。我的这些消极情绪最后伤害了我最亲爱的人——我的妻子和孩子。我意识到这不完全是妻子的错。自从认识到自己的缺点后，我开始努力改变自己，一年后我又成了积极向上、快乐阳光的人。我和我的妻子、孩子又重新欢乐地生活在一起。人们又看见了我的微笑，我的事业也有了惊人的发展。"这位男士对微笑所带来的结果是那么满意，以至于他持续不断地给我写了好几年的信。

陶鲁斯·狄克思曾说过："女性的微笑是击败脆弱男性的最好武器，当然也是鼓励脆弱男性的最好方式。然而很多女性却不把鼓励男性当成是美德和责任。因为她们认为最好是将丈夫留在家里，这样就可以更好地维持婚姻。当男人们知道家中有一个女性在等他，没有一个男人不会赶紧回家的，她的笑容就是他所需要的灿烂的阳光。"

你也许还觉得这不可思议，带着笑容就会快乐？朋友，你不妨试试，面带着微笑去面对一切事物，你就会亲身感受到这其中的奥妙。你可以从自己身边最亲爱的人开始，看看自己面带微笑对着妻儿会有什么效果。面带微笑是拒绝忧郁最好的办法之一，面带微笑到哪里都会受到欢迎。

学会记住人们的姓名和面孔

我曾在费城男基督教青年会讲授过一年的营销课程。在这期间，我听过一位记忆专家讲授的记忆训练。这让我懂得了如何记住别人的姓名，以及记住别人名字的重要性。后来，我也阅读了有关书籍，听了一些讲座。在生意和社会交往中，我也有意识地去使用这些记忆方法。而且，真的产生了奇异的效果。这之后，我可以比较轻松地记住那些名字了。那位专家教给我记住名字和面孔的3条原则是：印象、重复、联想。

是的，这3条原则，看起来比较简单。不过在现实中，你如何去运用，还是一门需要学习的技艺。我将多花些笔墨来详细解释一下各条原则。

第一条，印象。心理学家说：人的记忆力问题其实是观察力问题。是的，我在现实中也认识到了这一点。我以前总是记不住一些名字，为什么？因为我很少注意，甚至毫不注意这些名字。所以在很短的时间里，这些名字只是在我眼前或者耳旁飘过，根本就没有被我的大脑存储。如果有人因为对我毫不在意而忘了我的名字，我就会觉得心里不舒服。同样，如果我也不能正确地牢记别人的名字，那简直是不可原谅的无礼。

怎样才能很好地记住别人的姓名呢？如果是因为你没有听清，你可以礼貌地说："您能再重复一遍吗？"如果你还是不能肯定的话，你就要很诚恳地说："抱歉，您可以告诉我怎么拼写吗？"我想，你要正确而清楚地记得他的名字，他是不会反感你这些问题的。所以记住别人的名字和面孔，首先你要提高你的注意力。是的，不要再想别的什么事。比如，你和陌生人见面，你多留意他的名字和面孔，这也有助于缓解你的拘束、紧张。

我曾经就遇到这样的情况。有一次与几个人会面，其中一个人的名字叫克林克斯克尔斯，这个名字的发音不太容易。我说："您能再重复一下你的名字吗？"他重复了一遍，可还是含混不清。我又说："您能告诉我怎么拼吗？"他教了我怎么拼写。我说："您这个名字可不常见，您能不能再告诉我怎么才容易记住呢？"他感到厌烦了吗？他不但没有感到厌烦，反而是不厌其烦地教给我怎么记。这样我怎么还会忘记他的名字呢？后来我们不期而遇时，我直接地叫出了他的名字，你想他能不高兴吗？当然我也是很高兴。注意他名字的发音和拼写，这有助于记住他的名字。

注意力，最重要的就是眼睛。我们常说眼睛就像是心灵的照相机，它会如实记录我们所留意的事物。这怎么来证明呢？很简单，你闭上眼睛，然后在你的头脑中放映你看到的面孔。你还可以将名字和这些面孔对应联系起来。这就是通过注意力加深印象来记忆人的名字和面孔。

第二条，重复。你可能经常遇到这样的情况，刚给你介绍的人，你很快就忘记了。即便当你不断重复好几遍之后，你可能还是会忘记。其实，重复是可以加深记忆的，只是需要使用合适的重复方法。

在和别人谈话的时候，你可以多次提及他的名字，而且是用多种谈话方式使用他人的名字。比如，莫斯格拉夫先生，您是不是在费城出生的？如果你很难读出这个名字的音，你千万不要不懂装懂。因为现实生活中，我总是遇到很多人采取回避的方式。如果我碰上一个较难发音的名字，我就会问："您的名字我念得对吗?"而且人们也很乐于帮你念出正确的名字。同样，如果你想让别人也轻易地记住你的名字，你也可以在他面前多次重复你自己的名字。

还有一种方法，我们刚刚见完一个人，离开后，就立即把他的名字记下来。这的确是一个很有用的方法。当然，有时候我们要同时见几个人，很难把他们的名字都记住，一位朋友教了我一个好办法。我的这位朋友记忆力很差，但他摸索出了自己的记忆方法，而且有很好的记忆效果。在参加一些大型会议时，他就经常演练自己创立的方法。

这种记忆方法大体如此：与一群人见面时，先记住三四个名字，当然，你可以花一点儿时间，把这些名字粗略地记下来。然后再记其他的人，试着把他们的名字编成一句话，或者一个故事，然后牢记在心。比如在一次有50个人参加的宴会上，这些名字有长斯尔、凯米尔、欧文斯、克德温、柯撒尔等。是的，你可以将这些名字的谐音编成一句话，而且记忆效果颇佳。当然，并不是所有的名字都能编成一句话，最关键的是你要记住这种方法，在合适的场合就可以好好运用。例如，最近我与牙医学会的4位医生见面。我想起了一个神话故事，并利用谐音把他们的名字编成了一句话，这样，我很容易就记住了他们的名字。

你也许经常会遇见这样的情况，与人见面时忽然想不起他的名字。我现在教给你一些避免这些尴尬情况出现的方法。

首先，不要着急，这种事谁都会遇上。你可以承认自己忘记了他的名字，当然你要用一种带着玩笑的语气说："我从不忘记别人的名字，可是因为您太出众了，我竟一时忘记了您的名字。"

其次，和熟悉的人打招呼时，尽量叫出他的名字。我想人们也是乐意别人叫他的名字的。只要你每次见面都记得叫名字，不断地重复，加深记忆，今后你就不会觉得这人面熟而想不起名字了。

最后，你要去与某人见面前，最好先熟悉一下对方的名字。在记忆许多人的名字时，你可以运用"重复"的方法。你可以利用零散的时间，比如将需要记住的人名列一个名单，然后利用茶余饭后的时间常念念，我相信一个星期你就可以记住这些名字了。

第三条，联想。我们如何才能把一些需要记住的事物根深蒂固地锁在大脑里呢？无疑，联想是最重要的因素。我们经常会因为某些事物的触发，回忆起我们遥远的儿时情景。前不久，我在新泽西大西洋城的一个加油站加油，加油站的主人认出了我，虽然我们在小学的时候见过面——那也是 40 年前的事儿了。这太让我吃惊了，因为以前我从未注意过他。

"我叫查尔斯·劳森，我们曾经在同一所学校读书。"他很激动地望着我。而我，早就忘记了这个名字，我还在想是不是他认错人了。不过他很快就提到了我熟悉的一些名字。他见我还有些疑惑就接着说："你还记得比尔·格林吗？还记得哈里·施密德吗？"

"哈里！当然记得，"我回答道，因为哈里是我最好的朋友之一。"你还记得吧，由于那段时间流行天花，贝尔尼小学停课了，我们一群孩子就去法尔蒙德公园打棒球，咱们俩还是一个队呢？"哦，贝尔尼小学、法尔蒙德公园，这些关键词让我联想到了我的童年。我记起来了！"劳森！"我叫着跳出汽车，使劲儿握住他的手。我想这就是联想的魔力，它让我回忆起 40 年前的事了。

人们记住你的名字困难吗？你可以寻找联想的记忆。比如我的名字：贝特格，不怎么顺耳也不容易记住。幸好，有一家人寿保险公司的名称的发音和我的名字发音相近。于是在介绍我的名字时，我总是用这种联想、谐音的方法来告诉对方，这种方法还挺有效。

我相信人们都乐意记住你的名字，如果忘记了熟人的名字，这真是很尴尬的事情。只要你愿意，我想，人们也乐意告诉你怎样记住他的名字。此外，如果你与很久未见的朋友见面，你最好首先说出自己的名字，这样可以避免对他的窘迫，我想这对任何人来说都是好事。

你要知道，其实每个人的名字后面都有一个故事，是的，当你怎么也记不住一个名字时，你可以问问这个名字的来历。也许这个名字背后就有一个浪漫的故事，而且很多人也愿意谈论这个故事，毕竟这比谈论天气更有兴趣。

有时，当你记住别人的名字后，可能会获得超乎想象的回报。我有一位朋友，他 19 岁时从爱尔兰来到美国，在一家百货连锁店里清洁卫生。后来他成了总店的副总经理，一直到 52 岁退休。他就通过利用联想的办法记住了公司管理人员的名字，甚至还记住了他们妻儿的名字。无论是这些管理人员的家里出现了生病或是遇到困难，他都赶去帮忙。虽然记住人名和面孔并非他成为副总经理的唯一原因，但是我相信这是相当主要的原因。

我曾经问他是否专门训练过记忆力，他笑着回答："我没有专门参加训练，在工作的时候，我总是带着一个笔记本，每当和一个负责人谈话之后，我就立即记下他的名字，有时候还有他们家人的姓名、年龄等信息。几年之后，我几乎认识了所有的负责人，也用不着用笔记本了，除非又有新人到来。"

其实，作为一名推销员也是如此，我们不但要记下客户的姓名与电话号码，还要记住他们的秘书与接线员的姓名。在谈话时，我们可以叫出他们的名字，让他们感到我们注意到他们的重要性了。这些人可能为你的工作带来很大的帮助，其价值是无法估量的。

很多人都告诉我他们记不住别人的名字，我对此并不吃惊。因为他们面对这些问题，习惯于束手无策。为什么不付出一些脚踏实地的努力呢？你可以运用印象、重复、联想的方式记住这些名字。只要你用心付出了努力，你很快就会发现自己的记忆力有所提高。你可以用卡片记下你每天遇到的人名，累积到一周的时间，你可以做一次回顾，看看你是否记住了更多的人名。

推销员失去生意的最重要原因

罗克岛铁路公司要在密西西比河上修建一座铁路大桥。那时候马克·吐温还在这条河上当船员。这座跨河铁路大桥会连接伊利诺可的罗克岛和爱荷华的达文波特。可是那时候的内河航运发达，各个地方用牛车、大篷车运来小麦、熏肉以及其他物资，抵达河岸的港口，然后用船运往大城市。轮船主们都依靠着这河上的运输权来赚钱。

然而，铁路大桥的修建将严重影响到轮船的航行，所以轮船公司便将铁路公司告上法庭，希望阻止修建大桥合约的签订。这是美国运输史上一桩著名的诉讼案。

法庭辩论的那天，旁听席座无虚席。轮船公司雇用了律师韦德，他曾经是河运界最著名的律师。韦德在法庭上滔滔不绝地对听众们讲了两个小时，他甚至暗示案件的判决可能引起工人的抗议或罢工。他的声音大得就连在法庭外面也听得到。

轮到罗克岛铁路公司一方的律师发言了，听众们无不为他感到惋惜。他怎么能够说得过滔滔不绝发言两小时的韦德啊？不，他的辩护仅仅用了一分钟，他不紧不慢地说道："首先要向控方律师的滔滔不绝辩护表示祝贺。然而跨河运输要远比内河航运重要。陪审团的先生们，你们要做出裁决，唯一要考虑的是：就未来的发展而言，跨河运输与河内运输，哪一种方式更为重要？"说完他就坐下了。

陪审团没用多少时间就作出了裁决。这位衣着简陋、身体瘦削的，来自穷乡僻壤的律师的话感染了陪审团。当然也就注定了裁决的结果。这位不起眼的律师，他的名字就是亚伯拉罕·林肯。

林肯总是能够快速而准确地抓住案件的核心，以简明扼要的语言辩倒对方。我是林肯总统忠实的崇拜者。我读过他在历史上的许多演说。在这次著名的诉讼案中，他以一分钟的辩护词驳倒对方两小时的长篇大论，给我留下了最深刻的印象。因为我知道喋喋不休是最坏的习惯。

我曾经就因为这种恶习，在生活中以及事业上屡屡失败。你知道，即便是对你最好的朋友这样喋喋不休，他也会表示厌烦的。我的一位好朋友曾私下里对我说过："你知道吗？你总是滔滔不绝地说，我都无法插嘴提问。明明一句话就能说清楚的事情，你却要说上15分钟。"当然更多的教训是在和客户谈生意的时候。有一次，客户很不耐烦地对我说："有话就直截了当地说出来，别给我东拉西扯地说那些琐碎的事情。"这让我认识到自己喋喋不休的恶习，让我失去了不少推销的订单，而且叨扰了朋友和客户，也浪费了自己的时间。

所以我开始要求自己长话短说，学会言简意赅地表达。我让妻子监督我，无论何时，只要发现我又在喋喋不休了，就往嘴唇上竖起食指。我就这样坚持使自己用简洁的语言表达自己。经过几个月的努力，我学会了言简意赅地说话。其实直到现在，我仍然在与喋喋不休的恶习作战。我总是用力压制着我那如簧的嘴舌，但偶尔也会忍不住，又开始用15分钟来谈话了。

你是不是也有这种恶习？你是否也这样说话停不下来？你是否也总是纠缠那些琐碎的细节？如果有，就赶快在自己的头脑里安一个闹钟。如果倾听的一方已经感到厌烦，你就要立刻打住，尽量学会用简洁的语言达到最优的说服效果。

作为推销员，我知道，虽然我们知道的并不很多，然而话却可以说一大箩筐。

最好的说明就是前不久通用电气副总裁说过："为什么推销员会失去销售的机会？对于这个问题，我们各个销售公司进行了一次表决，1/3 的人认为是因为说得太多。"

是的，特别是在电话交谈的时候，更应该避免喋喋不休。那让我来告诉你如何把电话交谈时间减少一半。打电话之前把要说明的事项列在一张纸上，然后说："我知道您很忙，有这样几件事要讨论……"当你依次把几件事说完，对方也就知道了谈话即将结束。

《圣经》的《创世记》作者就是一位言简意赅的大师，他只用了 442 个字来讲述创造世界的故事，比我这一节的文字还少一大半。

·第四章·

一切成功的理念关键在于付诸行动

本杰明·富兰克林成功的启示

这是本书最重要的部分，看起来，我应该将它放在书的开始。可是，我想将这最重要的部分作为本书的压轴。

1888 年冬天，我出生在一个风雪交加之日。我家所在的街道西侧，每 50 码有一盏路灯。但是夜里的光线还是很暗，人们上街都会拿着火炬。让我记忆犹新的是，街卜有一个点灯人，他夜里穿梭在街头，哪盏路灯熄了，他就重新点燃它，好给行人们多些光明。

多年后，我进入保险推销行业，摸索着如何做好推销时，我读到了《本杰明·富兰克林自传》，这本书让我受益匪浅。富兰克林的事迹充满着智慧的光辉，就像那个点灯人一样，照亮了我人生前进的道路。

富兰克林还在做排版工人时，他已经负债累累。不过他并不气馁，虽然他自认为能力平庸，但是他相信只要通过正确的途径，仍然可以走向成功。他通过具有创造性的能力，总结出了获得成功的 13 个必要因素，而且我们每个人都可以掌握这些方法。

富兰克林总结出 13 个成功的必要因素，然后用一个星期去思考、掌握每个因素。就这样，他以 13 个星期为周期，一年重复 4 次，努力实践这些成功的因素。他在自传中用了 50 页的篇幅来说明这些因素对他的影响，而且他认为"我的后代们可能会以我为榜样，并从中受益"。

当我读到这段文字时，我赶紧在书中找到他解释的 13 个要素的地方。这几段文字就像伟人给我留下的嘱托，在之后的一年时间里，我反反复复阅读、揣摩着它。在以后的人生中，我也尽力以这样的成功要素要求自己。我想，富兰克林这样的天才都认为这 13 个要素是成功之必需，我就更应该尝试一下。这些要素看似简单平凡，我想，如果我上过大学或者自以为是，可能对此不屑一顾。可是我只上了 6 年的小学，所以我很愿意去试试。你要知道，富兰克林先生也仅仅上过两年学，但是在他逝世 150 年后，那些世界著名的大学还依然尊重他。

我将这 13 个成功的要素应用到我的推销中，并且结合推销行业和我自己的缺点作了修改。也可以说，这是推销员走向成功的 13 个要素。如果你阅读了本书，你就会发现我是按照如下的顺序去做的：

1. 激情

2. 有序：自我组织

3. 考虑他人的兴趣

4. 问题

5. 关键点

6. 平静：倾听

7. 真诚

8. 事业的知识

9. 欣赏和颂扬

10. 快乐

11. 记住姓名和面孔

12. 为客户服务

13. 成交：要付诸行动

我将这 13 个要素写在卡片上，并做了简单的注释。类似的东西在本书也有不少。我按照富兰克林先生的方法开始尝试，第一个礼拜我带着"激情"的卡片开始工作，在推销中我投入了更大的热情；第二个礼拜我带上"有序：自我组织"的卡片……13 个礼拜过去了，我重新开始循环。此时，我的内心感到非常充实。在推销实践中，我对这 13 个要素有了更深刻的了解。对于曾经令我沮丧的推销，我也开始变得很有兴趣了，当然，更为重要的是我收获到了事业的成功。

我按照富兰克林先生的办法，在一年的时间里循环 4 次学习这 13 个要素。我并不满足于一个学年或者几个循环，我一直学习、实践，直到我可以自然而然地在工作和生活中运用这些要素。我想，不论你是从事什么行业的推销，只要你能坚持运用这些要素，你就会成为充满激情的成功者。

是的，一切成功的理念关键在于付诸行动。我知道很多人都知晓本杰明·富兰克林的 13 个要素，可是很少有人说他们也这样试着做过。

为什么是每周掌握一个要素，而不是每天就掌握一个呢？我想，作为科学家的富兰克林有他自己的道理，而且这也更符合人类认识和实践的科学。这 13 个要素就像环环相扣的项链，每个要素都是相互关联的。若你要掌握这些要素，就要像攀登 13 级阶梯，只有一步步踏实地攀登，你才能走向成功。下面是木杰明·富兰克林的 13 个要素：

1. 节制——食不过饱，饮酒不醉

2. 沉默——言必有用，避免空谈

3. 有序——物有所处，事有所时

4. 决断——处理问题，当断即断

5. 节俭——少花费也能办成事

6. 勤勉——不浪费时间，戒除一切不必要行为

7. 诚实——永不欺诈，言辞公正

8. 公正——不错待人，勇于承担

9. 中庸——不走极端，学会自制

10. 清洁——不只是服饰、住所，还有行为

11. 稳重——遇事不慌，镇定自若

12. 贞节——切忌房事过度，不要损害自己或者他人的平静和名声

13. 谦逊——仿效耶稣和苏格拉底，越谦虚越伟大

心与心的交谈

如果你将我当作知心朋友，我要对你说：光阴似箭，不要再浪费时间和机遇了。

我不知道你现在的年龄，假设你现在 35 岁，那么离 40 岁还有几年呢？人过 40 天过午，现在我已经 61 岁了，你能想象吗？我 40 岁时还在感叹岁月如梭，而

现在就已经过了花甲之年。

当你读完本书的时候，我想你一定也读过很多类似的书。你可能经历过很多事情，现在仍然感觉思绪混乱，不知该怎样做。

如果你读了这本书觉得没什么用，那就浪费了你的时间。

如果你觉得这本书很有用，也想试着这样做，我想你可能还是要面对失败。

如果你在最后学习到了本杰明·富兰克林的方法，这一定会让你受益匪浅。

无论你从事什么职业，你都可以总结助你走向成功的 13 个要素。如果你不断地在实践中去掌握，肯定也会不断地进步。你也可以用本杰明·富兰克林先生的方法，经过 13 个星期的努力，你肯定会为自己的进步感到惊奇，只需要一年时间，你就会重获自信。一段时间之后，所有人都会发现你发生了很大变化。也就是说，到那时你已经是一位成功者了。

写这本书的过程，也是我回顾从失败到成功的过程。我努力把真实的感受都写出来，我希望你们喜欢它。

第七卷

唤起心中的巨人

[美] 安东尼·罗宾斯 著

·第一章·

人没有梦想，就注定会沦为失败者

我们每个人的心中都怀揣着梦想，比如有人想改善所生活的世界，而有人想过上高品质的舒适生活。然而琐碎的日常生活以及失意的人生挫折，逼迫着我们放弃了很多梦想，以致我们彻底没有实现的机会。你可明白，人生若没有了梦想，那么就注定会沦为失败者。

有一次我搭乘直升机从洛杉矶市到橘郡去作演讲，在飞行的途中，我竟然神奇地经历了一次"回望过去"。当直升机行经格兰岱尔市的上空时，我看见一幢似曾相识的高楼，我便让直升机绕着这幢楼飞行。我猛然回忆起，12年前落魄的我在这里当管理员，每天开着破车赶到这里工作，没有朋友，工作卑微而不安，怀揣梦想又感觉太过遥远。然而现在，我的人生在12年的岁月里急剧变化，我已经坐在了曾经遥不可及的梦想之巅。

直升机一路继续南飞，快要到达橘郡的演讲会场。我看见在通往会场的高速公路上，拥堵着一英里长的车流。当我走下直升机时，成百上千的人围在四周的栏杆外向我挥手，他们向我诉说他们获得的帮助。只能容纳5000人的会场，涌进了7000名观众。我刚走进会场，就响起了雷鸣般的掌声，我深深为之感动。

我使出浑身解数完成了演讲，离开时人们纷纷送我上机。当直升机升上漆黑的夜空，泪水模糊了我的双眼，感觉一切都在做梦。8年前我还只是一个仅有高中文凭，生活穷困潦倒的青年，我怎么会有如此惊人的变化？因为我学会了"能力集中之道"。是的，我们每个人都潜藏着可以立即支取的能力，这份能力就像一位沉睡的巨人，在等待你用心来唤醒。"用心"有如一束激光，唤醒你潜藏的巨人般的能力，排除一切成功路上的障碍。如果你能保持不断改进的心，对生活的每个层面严加要求，最终会开创出不同寻常的人生。

为此我希望你能好好地阅读这本书，这里面没有现成的成功方法，也不是所谓的一些死知识。请你不要小看本书，它能帮助你充分发挥潜能，做出不凡的成就。当然，这种改变不是突然发生的，它需要你持久不变地坚持，你才会从改变的经验中看到实质的改变。我告诉你几个让你产生持久改变的重要法则：

1. 提高你的期望值

人们问起我8年前是什么原因改变了我，我回答说那是因为我提高了对自己的要求，我写下了一切希望改变的事情。是的，我提高了对自己和未来的期望值，这一切便成就了现在的我。其实，历史上那些伟大人物也是如此，他们提高了对自己和事物的期望值，取得了令人惊叹的成就。其实你也拥有同他们一样的能力，只要你大胆、用心地支取它。同样，一个组织、一个企业或一个国家若是想有所改变，那么第一步便是从个人做起。

2. 驱除消极的信念

信念之于每个人，都是至高无上的，它甚至主宰我们的思想、感受以及行动。所以说，掌握自己的信念系统是关键。在你对自己和未来的期望值提高后，你要运用积极的信念去实现。如果当年甘地没有坚定的信念，他领导的"非暴力抗争"就不会取得成功。积极的信念可以给人明确的方向感，它是历史上一切伟大成就背后的推动力量。

3. 改变你的策略

你已经有了更高的期许和积极的信念，你还需要好的策略。最简单的好策略是模仿，模仿一位已经成功的人物，这可以节省你摸索的时间，而且你可能做得比他更好。好的策略其实就是做我们应该去做的事情，关键是你是否真正去身体力行。是的，运用你潜藏的能力，去行动。那么如何运用自己的能力获得最好的效果呢？你需要注意以下5个方面：

（1）情绪方面。

有的人总是因为消极的情绪，使自己产生挫折感和无力感。他们忽略了自己身上其实拥有解决问题的潜能。更有甚者自我沦落，靠着药物的麻醉来寻求暂时的解脱。只占全球人口5%的美国人，竟然吸食掉全球一半以上的可卡因。在本书中我会告诉你如何走出这些消极情绪，建立起积极的信念，完全发挥自己的潜能，以达成所企望的人生。

（2）健康方面。

如果为了追求一切而损害了健康，这是否值得呢？生活中充满了各种挑战，我们还要保持生龙活虎的精神。然而现实并非如此，据调查，心脏病、癌症已成为美国人最大的生命杀手。这是因为我们用各种垃圾食物来填充肚子，用各种酒类、香烟及毒品来戕害身体，成天坐在电视机前麻痹心灵。你想要有成功的人生，就得学会控制好自己的身体健康，使自己有充沛的活力去达成所要的人生。

（3）人际关系方面。

如果你的事业很成功，却没人与你分享成功的喜悦，那么，成功又有什么意义呢？本书将会告诉你如何建立起良好的人际关系。人际关系是人生中巨大的财富，当你和人们建立了最诚挚的关系，你会从中受益匪浅。

（4）钱财方面。

每个人都想过一个舒适的晚年生活，然而其一生却被钱财所困扰。因为人们总是被错误的观念误导，认为追求的钱财越多越好，甚至将其作为人生的追求目标，反而承受着越来越多的压力，让人生也失去了真正的快乐。本书将会告诉你，要对财富养成正确的认识及价值观，然后抱持这样的观念去拓展财富。

（5）时间方面。

伟大的事业都需要漫长的时间才能完成，你要注重策略和蓝图的制订，特别是长期的计划，而不要贪恋眼前的利益。若是所需的时间长些，就必须耐心等待，当有偏差时得顺势修正。当你熟悉运用时间后，你就会运用自己的想法和创作力，淋漓尽致地发挥你的潜能。

我上面所说的不一定是唯一的正确生活方式，但是我相信这些都是走向成功不可或缺的。因此，我希望你能反复地阅读这本书，选取你认为对你有用的部分，不断在生活中实践。我相信，你一定能做出惊人的成绩。

我写本书的目的是要帮助你完全改变自己的人生，进入更高的人生境界。因此书中包含着各种改变人生的观念及方法，它们都具有极其珍贵的价值，如果你曾阅读过《激发无限的潜力》，对它们就不会陌生。现在我们就开始展开人生之旅，去挖掘最真实、最丰富的潜能吧，下面我们将说到决定，这是开启未来的开始……

19 岁时的我身上没钱，内心茫然。幸好，我自己摸索出一项本领：发挥自己的潜能。一年之内我的人生就出现了转折，我满怀信心朝着我的目标前进，现在我取得了事业和家庭的成功。我有了健康的身体、娶了位能干的娇妻、组织了幸福的家庭、建立了成功的事业。这一切 10 年前的我还难以想象，现如今我忙于到世界各地演讲授课，帮助他们开发潜藏于身上的能力，实现心中的梦想。

我人生最大的转折在于我做出了决定，我决定改变我的人生期望。你要明白，当你作出决定的那一刻，你的人生就已经注定。所以你可别把决定看成儿戏，而要全力去达成才行。我在第一章曾说过，你要制定更高的期望，让自己的人生境界更上一层楼。遗憾的是大多数人从不这么做，反而为自己的懦弱寻找借口：家境不好、没有背景，学历不足、没有机会，年纪大了或者年龄还小。其实这些借口都是在敷衍自己的人生，它只会限制你能力的发挥，甚至毁掉你的一生。你要果断地做出决定，不再为自己找借口，你会感受到带给你的改变，不管家庭、事业、心态、健康，乃至人际关系。我们甚至可以说，"决定"是一切改变的动力，它可以改变一个人、一个家、一个国和整个世界。

艾德是一个不幸的人，14 岁时因感染小儿麻痹症导致颈部以下瘫痪，他终日靠轮椅活动，白天他戴着一个呼吸设备过日子，晚上需要铁肺来维持呼吸。脆弱的生命几次与死神擦肩而过，他却从来不为自己的残疾感到难过，他决定要用自己的行动告诉社会大众：残疾不意味着无用。他同时也向社会呼吁，为残疾人提供方便。在他过去 15 年的推动下，社会和政府注意到了残疾人的权利，如今公共设施都设有专供轮椅行走的上下斜道、残疾人专用的停车位以及帮助残疾人行动的扶手，这都是艾德的功劳。艾德·罗伯茨还是第一个患有颈部以下瘫痪而毕业于加州大学柏克莱分校的高材生，随后他又担任加州州政府重建部门的主管，成为第一位担任公职的严重残疾人士。艾德·罗伯茨的事迹告诉我们肢体的残疾并不能限制人的发展，关键在于他为自己的人生做出什么样的决定。

很多人也许会试着为自己的未来做个决定，可是他们会问："问题是我不知道怎么做？"其实你在做出决定的时候就应该考虑怎么做，因为在任何时刻，我们的人生都有 3 个主宰要素，它决定了日后我们的成就。这 3 个要素分别是：你要决定怎么看、你要决定怎么想、你要决定怎么做。

大部分人做决定时都未用心，更没有系统地考虑上面 3 个要素。这样，你可能要为此付出巨大的代价。对于这种人生的决定，我称之为"尼亚加拉瀑布症"。人生如同一条奔流的大江，我们漂流其中。有的人可能只看到当前怡人的风景、恐怖的险滩，浑浑噩噩的顺水漂到分岔口，却茫然不知何去何从，只能放弃自我的控制能力，随波逐流。直到一天如万马奔腾坠入悬崖，跌落到尼亚加拉瀑布，这时候你想转身已经来不及了。你只能无限恐惧地等待着撞进深渊，这可能会损失你的钱财或者健康、情感、事业。其实这一切，你都能够避免，只要你在上游作出决定。

1938 年，本田决定全心研制先进的汽车活塞环，虽然他当时还只是一个学生，但他变卖了所有家当，义无反顾地扎进车间。身上整天都是油污，累了就倒头睡在工厂里。为了让自己的研究继续，他甚至变卖了妻子的首饰。他的产品出来了，他准备卖给丰田汽车，可是丰田认定产品不合格退回来了。本田先生毫不气馁，他重新回到学校深造，虽然常常被同学或者老师嘲笑，但他仍然坚持自己的设计研制。两年后，他研制的产品获得了丰田的订单。可是不久，他遇到了新问题，时值二战，日本禁售水泥，他没法建厂生产产品。但他并没有退缩，他独出心裁，和工作伙伴研究出新的水泥制造方法，建好了工厂。战争期间，这座工厂两次被美国空军轰炸，大部分设备损毁。他迅即召聚了一些工人，去捡拾美军飞机所丢弃的汽油桶，称其为"杜鲁门总统所送的礼物"，因为当时日本物资匮乏，而汽油桶却为他提供了必需的制造材料。不久，一场地震夷平了整个工厂，这时本田先生不得不把制造活塞环的技术卖给丰田公司。

本田先生有好的制造技术，也深具信心与毅力，不断尝试并多次调整方向，虽然目标还不见踪影，但他始终不屈不挠。二战结束后，日本石油紧缺，人们无法开车出行。本田先生试着在自行车上装上马达，这样还真有用。邻居们也请他安装马达。是的，这就是最早的摩托车。他想到何不开一家专门生产摩托的工厂呢，但是他缺少启动资金。他想到了一个方法，向全国 18000 家自行车店写信求助，告诉他们他的摩托车生产计划。最后有 5000 家愿意出资，本田先生就开始生产摩托。从早期笨重的大摩托车到后来轻便的轻型摩托车。本田的摩托车畅销国内，获得了天皇的嘉奖。随后，本田摩托车远销欧美，成为战后一代人的流行坐骑。20 世纪 70 年代本田开始生产汽车并获得佳绩。今天，本田汽车公司在日本及美国的员工超过 10 万人，是日本最大的汽车制造公司之一，其在美国的销售量仅次于丰田。可以说本田宗一郎的决心和不畏艰辛的毅力成就了今天的本田。

在我们做出决定的时候，你要考虑这是长远的打算还是短期的打算；你人生中任何一个决定都非常重要，如果你决定失误，可能会遭受财产的损失、事业的挫折等不利情况。在此我告诉你6个能帮你做出决定的秘诀，这些会帮助你在人生中发挥出无尽的力量。

第一，记住做决定的真正能量。一个决定可能会决定你的一生，若是你遭逢人生的低谷，你可以做出改变的决定，再加上你后续的行动，你的决定蕴含着巨大的能量，在改变着你的人生。

第二，做出真正、坚持的决定。大多数成功人士在做决定时都很快，因为他们早已清楚了自己的境况和需要，而且他们一旦决定，就不会轻易改变。然而，那些时常被失败困扰的人，在做出决定时犹豫不决、优柔寡断，甚至中途改变主意。我的建议就是思考清楚、迅速决定、坚持行动。

第三，要经常做决定。决定越多，你的决断能力越会得到提升。你会因此感到自己能力的逐渐强大。

第四，从所做的决定中学习。有时候做出决定之前我们已经考虑周详，可是难免会有意外情况。我们不必为自己的决定后悔，我们可以从中吸取教训，这可以帮助我们少走弯路。

第五，坚守决定的同时，保持行动的灵活性。在抱定自己决定的行动里，善于听取好建议，理性的人生应该是坚持着终极方向的灵活变化。

第六，享受做决定的乐趣。你在做出可能改变一生的决定时，不要忘记你身后的那些朋友、家人，或者是飞机上坐在你一旁的人，甚至你接打的某个电话，所看的电影或者书籍，都会为你提供改变人生的契机，你要在生活中学会享受这种乐趣。

请记住，你的决定主宰着你的人生，而不是你生活的环境或者你的遭遇。你从这本书中所看到的一切都不管用，你从其他的书中所看到的也如此。只有你决定做出真正的改变，并为之行动，发挥出你的能力之时，你才可以开始改变你的人生……

·第二章·

很多时候，我们被心而非脑所指挥

一群来自贵族学校的纨绔子弟在纽约中央公园内强暴了一位 28 岁的女士，他们犯罪的理由让人震惊：找乐趣。而在离华盛顿不远的一场空难中，一架客机撞上一座处于下班高峰期的大桥，造成大灾难，一个人用自己的救生衣救起了不少落水者，而自己的躯体却在几天后被打捞起来。这是两个全然不同的真实新闻，为什么人性在善恶之间有如此大的差距？

我一直都在探索上述问题的答案。我认识到人不是无从捉摸的动物，我们每个人的所为必定有其原因，而这背后就有其推动力。虽然影响每个人行为的原因都各不相同，但是这力量不外乎来自"痛苦与快乐"。我们甚至可以说人生中所做的每件事，不是为了追求快乐就是为了逃避痛苦。

不少人经常说想要改变自己的人生，可是难以做到，反而徒增失望。其实只要你了解并利用痛苦和快乐的力量，你就能立即且永远地改变自己的行为，追求到所企望的人生。如若你不懂如何利用此力量，你就只能如动物般受制于环境。也许我说的偏激了点，但是不无道理。你不妨想一想，为什么有些事你明知道该去做而没做呢？

答案很简单，即便做这些事有利于你，可能还会收获快乐，但是你却在犹豫不决，瞻前顾后，所以错失了机会，从而让自己遭遇痛苦。正如塞尼卡所说："一个人在事情还没做之前便想逃避，待事到临头时就会觉得更痛苦。"

经常会有人问我一个有趣的问题：既然痛苦的力量比快乐更大，为什么有的人仍然在痛苦中死性不改呢？那是因为他还没有吃够痛苦，即没达到需要急切改变现状的痛苦"临界点"，因而不足以使他改变旧有的行为。

人生中最重要的一课

痛苦与快乐的力量影响了唐纳德·特朗普和特蕾莎修女的人生。也许有人会质疑我怎么将这两个人相提并论，原因在于他们对痛苦和快乐的判断标准。在这里，我们要学到人生中最重要的一课，便是懂得什么使我们快乐，什么使我们痛苦。

唐纳德·特朗普希望买下最昂贵且最高的办公大楼、拥有世界上最大且最豪华的游艇及精明地成交每桩生意，总之，他一心想赚大钱，这就是他快乐的源泉。他最痛苦的是屈居第二，对他来说那简直是失败。然而特蕾莎修女却完全不同，她看见那些受苦的穷人就如同自己也在受苦。她的快乐就是去帮助那些生活在贫困中的人们，抱着为疟疾和痢疾所苦的瘦弱孩童的躯体。她去帮助那些人脱离苦海，她的痛苦就能消减，这才能使她感到快乐。她认为人生真正的意义，在于把自己奉献给需要帮助的人，那是人生中最高的情操。

特朗普是一个重视物质享受的人，特蕾莎修女是高贵的人道主义者，两个人的人生选择可能与各自的家庭、环境、性格有关，但是其根本原因在于他们所认定的痛苦和快乐决定了不同的人生。

是你所认定的痛苦和快乐决定了你的人生

我小时候就认为求知是生命中最大的快乐。我认为只有自己找出改变人们行为和观念的知识，我就可以拥有快乐、逃避痛苦。这些年来我一直在追求知识，追求改变人类行为习惯的秘诀，这改变了我，也让我改变了不少人。因为我找到了更高的快乐，运用我的所知所能，帮助人们获得改变，得到高品质的人生。这就是我人生的目的，也是我人生最高层次的快乐。

最近媒体报道了一则新闻：有人将自己关在笼子里，进行了 30 天的绝食抗议。奇怪的是他还活着，而且还是快乐地活着。其实他在肉体上承受了巨大的痛苦，但是他引起了社会的关注，便得到了内心的快乐，结果所受的痛苦便为快乐所抵消。

切斯特·菲尔德曾说："不管是男人还是女人，经常都是被心而非脑所指挥。"也许你会不同意这句话，但实际上我们很多时候的行为的确受情绪控制，悲伤或者快乐，与理智无关。如我们都知道巧克力吃多了对身体不好，可是我们还是猛吃，为什么呢？因为我们的行为有时候不受理智管束，而是受控于神经系统中对痛苦或快乐的直接反应，虽然我们都相信做事当凭理智，然而很多时候却是受控于情绪，甚至有时决定了我们做事的想法。

很多时候我们希望自己是理智的人，可是很多人做不到，因为那样太痛苦，就像戒烟一样，明知道吸烟对身体有害，可还是难以戒除。因为人们都情愿逃避痛苦，获得短暂的快乐。其实我们只需要换个角度来思考，比如将戒烟看成是真正的快乐，而将吸烟看成是折磨自己肉体的痛苦，那么这样戒烟就会有效果。这个道理让我们明白，只要能把痛苦或快乐跟任何事物连接在一起，我们就可以很快地改变自己的想法、情绪或习惯。

情绪影响着一切，包括你的人生

纽约有一条麦迪逊大道，街道两边是广告公司或者公关公司——影响消费者认知的地方。他们就是通过人们对于痛苦和快乐的直接反应，达到营销的最佳效果。他们运用各种影视、图片等媒介来引逗消费者的情绪反应。

百事可乐公司也曾利用这一招，抢夺了可口可乐大量市场份额。百事可乐从迈克尔·杰克逊的表演中得到了灵感。迈克尔·杰克逊当时在流行界炙手可热，唱片大卖，歌迷们迷醉在他的歌声之中，处于兴奋的情绪里。百事可乐就重金邀请杰克逊为自己代言，这样歌迷们对迈克尔·杰克逊的热情也投射到百事可乐的身上了，他们就会去买百事可乐，犹如他们去买迈克尔·杰克逊的唱片一样。其实这一切都与巴甫洛夫著名的实验有关，19世纪末苏联科学家巴甫洛夫反复用摇铃来喂狗，摇铃就能够勾起狗的食欲。这是一个诱因反应的实验，反复的刺激让神经系统中产生神经链，只要巴甫洛夫一摇铃，狗就会不自觉地流下口水。

这样的营销例子很多，比如开宝马汽车暗示你是高品位的绅士，买韩国现代汽车就是最聪明的省钱者。这里面的奥妙就是将快乐的情感投射在产品上，诱导人们以为使用该产品就能产生快乐。

当然，其实这种手段不仅适用于有形的产品，也适用于政坛。罗杰·艾尔斯对此尤其擅长。罗杰是一个政客幕僚，他曾帮助里根赢得 1984 年的总统大选、帮助老布什打败杜凯赢得 1988 年的大选。特别是他利用媒体将杜凯塑造成一个不懂国防、环保不力，打击犯罪软弱的人，这让杜凯在选举中败北。虽然当时很多人对丑化杜凯的这些宣传不敢苟同，但是它仍然打击了对手。这正如罗杰所说："负面的消息往往更容易给人留下印象，就像大多数人不会放慢车速看路边的美景，但是会好奇地停下来看车祸一样。"无怪乎这就是罗杰·艾尔斯的策略，他帮助老布什赢得了历史上总统大选最大优势的胜利。

其实这个能影响消费者以及选票的力量，也可以影响我们的行为。我们可以运用这些情绪暗示来决定我们的行动，比如你将痛苦和不该做的行为连在一起，并且使这种意愿达到极强烈的程度，随之把快乐和该做的行为连在一起，通过这样反复地练习，最后你必然能够很自然地完成行为的改变。

一个暴力酗酒的父亲，因为杀人终身监禁。他的两个儿子，一个与父亲的下场一样；而另一个却是一家大公司的总经理，有幸福美满的家庭，不酗酒不吸毒。在相同的环境下，两个人的命运如此迥异。我发现，影响我们人生的绝不是环境，也绝不是遭遇，而是我们看待世界的信念。

为什么信念有这么大的作用？其实它是引导我们追求快乐、逃避痛苦的力量或者指南针。信念不是与生俱来的，而是我们从过去的经验中获取的。当然，信念可以创造奇迹，也可能具有毁灭力。洛杉矶市的蒙特利公园橄榄球队有几位球员在比赛时出现了食物中毒的症状，当时推测可能是自动售货机的汽水有问题，现场广播就警告球迷，不要去自动售货机买饮料，因为有人食物中毒了。顿时整个观众席发生了恐慌，有人开始反胃、昏厥，甚至只是路过自动售货机的人也会感到不适。那天救护车来回于球场和医院之间运送病人。后来证实自动售货机的饮料没问题，那些"病人"们都突然之间痊愈了。

信念就是如此神奇，有巨大的创造力，也会摧毁人的心理、健康。就在你看这本书时，你或许正在形成自己的信念，想要按照书中所说去改变自己。如果你希望主宰自己的人生，那么就必须好好掌握自己的信念。第一步就是你得知道信念是什么？它是如何形成的？

信念是什么

要想了解信念，不妨从信念的最初形式——念头——来谈起。每个人日常中都有许许多多的念头，不过可不都是深信不疑。一个念头如何才能成为信念呢？念头其实就如同没有腿的桌子，有了支撑才能成为桌子，念头若没有支撑就不足以称之为信念。只要有了足够的支撑，比如足够的依据或参考，念头就可以成为信念。信念也有积极和消极之分，下面这个故事就可以说明。

长久以来，人们都认为人类不可能在 4 分钟内跑完一英里。但是在 1954 年，罗杰·班尼斯特就打破了这个"信念障碍"。他的突破除了艰苦的体能训练之外，最重要的是精神信念的突破。他已经多次想象自己突破所谓的极限，在心中形成了坚定的信念，这个信念如同对神经系统下了一道绝对命令，帮助他完成了"不可能"的事情。班尼斯特的突破影响了其他运动员，随后一年有 37 人突破这一障碍，再一年则是 300 多人。

这个故事告诉我们，人们常常对自己的能力产生"自我设限"的信念，可能因为曾经失败过，所以就将此封闭起来，久而久之就成为恐惧、不可逾越的信念。当遇到事情时便踌躇不前，最后草草了事。当年有人设想要在加州橙谷建造一座有特色的游乐园，其主题是重回儿童世界，可是不少人觉得这是痴人说梦。但是华特·迪士尼却实现了这个"痴梦"，把童话里的世界带到了这个并不美丽的世界上。

我们每个人都要面对一个问题：如何面对"失败"。这可能决定你一生的命运。要记住这句话："面对人生逆境或困境时所持的态度，远比任何事都来得重要。"有的人在失败的挫折后就开始消沉，放弃了成功的尝试。这种消极的信念会让他觉得无力、无望、甚至无用。在心理学上，这种具有摧毁性的心态被称为"无用意识"。如果一个人在某方面多次失败，就可能出现这种心理，认为自己无用，停止一切尝试。

痛苦是改变信念最有效的工具

这里我们再次提到痛苦，而且我确信，痛苦是改变信念最有力的工具。在一次电视访谈节目中，一位女士当众声明脱离三 K 党。然而在一个月前，也在这档电视节目里，这位女士还是三 K 党的坚定拥护者，当时她大谈种族混乱，说非白人种族造成了国民素质的下降。为什么在一个月内，这位女士就转变了自己的信念呢？原来在节目后，这位女士的儿子不同意她的观点，表示有这样的母亲他很难过，一气之下就离家出走了。她在一个月的反省时间里，想起有观众告诉她："不少有色人种的美国士兵仍然在波斯湾前线作战，他们不仅是为美国，也是为你。"这些痛苦让她自责，质问自己为什么会有这么激进的想法呢？所以，她第二次来到这档访谈节目，向观众们承认自己对种族的看法太过偏激，宣布从此退出三 K 党。并且说今后她会和各种肤色的人平等相处，有如自家兄弟姐妹。

人生中还有一个重要的必修课，那就是你要时常反省自己的信念，这些信念是否激励你奋发努力，勇敢地面对生命中的各种艰难？如果想拥有积极的信念，你不妨去请教那些成功的人，向他们学习成功的奥秘。

效法人生赢家的信念

上面提到向成功的人士学习，是改变你的信念、拓展人生的一个方法。其实本书中的许多观点就是从这些各个行业的成功人士中得来的。他们在成功之路上留下了脚印，我们遵循着前进就可以少走弯路。所以在日常生活中你要注意身边的每个人，向他们学习能使你迈向成功的秘诀。

由此我们可以看出，信念具有的力量，它会影响我们作出的决定，影响我们的行动，包括事业和生活上的，从而主宰我们的未来。我们若希望有个成功且快乐的人生，有一个重要的信念必须接受，那就是：不断改进自己人生的品质，不断成长、不断拓展。

· 第三章 ·
把时间用在思考上

前面我已经说过，信念会影响我们的决定、行动乃至命运。其实这一切都在于我们如何思考，如何为人生作"认定和创造意义"的思考。如果我们想开创人生，就得不时地从"我如何思考"这个问题找出答案。

问题会主导我们的思考

我见过各种各样的人，成功的，不幸的。我常常想，什么原因决定了他们的命运？为什么有的人取得了巨大的成就，而有的人却消逝在"尼亚加拉瀑布"的激流之中？当然，我也会这样问自己：是什么决定了我的现在和未来？其实在我们思考这个问题的时候，我们就在对自己作出诠释与认定。我们对自己的遭遇提出什么样的问题，会影响我们所作的决定和行动，最终便注定了我们的命运。

我们对这个问题的思考就是问与答的过程，我们对自己提出人生之问，然后我们来回答。其实提问的方式、角度就反映了你解决问题的态度。所以如果你要想改变自己的人生，那么就必须改变自己的思考方式，或者说是改变你提问题的习惯。你提出什么样的问题，就可以看出你的意焦关注所在以及角度，从而影响到你的思考和情绪反应。

我们的学习就是从提问开始。苏格拉底就是用问题来引导学生的意焦，通过对问题的辩证分析来探索所要的答案。你也许不敢相信，"好的提问可以开创美好的人生"。但是我还是希望你谨记这句话，甚至让它成为你人生中的座右铭。

不同成就的人，会从不同层次、角度提出问题。当爱因斯坦进入时空相对的研究领域时，提出这个问题："看似同时发生的事情难道就是事实真相？"就像当你听到几公里之外的爆炸声时，你不能认为就是听到之时就是爆炸发生的时候。爱因斯坦会告诉你，时间是相对的，它的长度往往得视受测者的感受而定。爱因斯坦经常探索这类有意思的问题，所以他最后提出了相对论。

爱因斯坦的问题看似简单，却对后世造成了极大的影响。你可曾认识到，你提出的问题也可能同样简单，而且同样会对你的人生产生巨大的效果。"问题"具有极为神奇的力量，可以唤醒我们巨大的潜力，可以帮助我们实现心中的愿望。当然，这需要你运用自己的大脑提出实际且有意义的问题，这才有助于你的成功。

既然我们的脑子具有这样的威力，为什么那么多人还是提出愚蠢的问题、过着平庸的生活、经历着垂头丧气的低落呢？那些"快乐、健康、富裕和明智"的生活又在何处？一个重要的原因是人们提出了问题，可是没有顺着问题去寻找答案；或者是没有提出积极的问题，让自己积极找答案。比如有人抱怨"我怎么不受大家喜欢呢"，而不是积极地问自己："我该如何获得别人的喜欢呢？"所以你若是想使人生过得更好，就必须改变你平常提问的习惯。你要用积极的、鼓舞人的问题来激励自己，朝成功的人生迈进。

提出问题的功效

具体说来，提问有 3 种功效：

1. 提问能够转变一个人的意焦，从而影响其内心的感受

比如你总是抱怨："火车为什么行驶得这么慢？"这种问题让你的旅程倍感煎熬；但是如果你换个角度，"为什么我不安心来欣赏窗外的风景"或是"安静地看书呢？"问题的提出，会转移你的意焦，让你摆脱这种无奈的状态，从而找到让自己振奋的方法。

所以你要不时向自己提出一些具有建设性的问题，特别是那些让你能够感到快乐、积极的问题。

2. 问题能使我们注意所忽略的事情

人类是一种善于忽视事情的生物，我们身边每天都会发生很多事情，可是我们只关注其中的少数，这样我们就能有选择性地做许多事情了。如果关注太多事

情，反而会耽误我们做事。其实当我们对某些事关注时，我们就要提问。

提出问题会影响我们的信念，特别是面对外界有预设的提问之时。比如在提出的问题里有计划地选择使用字眼及先后顺序，往往会被人带入预设的陷阱里，这种提问方式我们称之为"预设立场"。

1988年总统大选，老布什提名奎尔作为竞选搭档，一家电视台便做了一项全国性的民意调查。其中有一个问题是这样的："假设奎尔曾利用其家族的影响力，让他免去了去越南服兵役的义务，你是否仍然支持他作为副总统候选人？"这就是一个典型的预设立场问题，结果使很多受访者对奎尔的印象大打折扣，虽然事实上奎尔家族根本就没有做这样的事。其实，我们的周围有很多这种提问方式的问题，就像布满陷阱的猎场，你就会因为这些问题受伤，因而使自己消极。相反，你要尽可能去找那些能使你振奋的依据，以建立起积极的信念。

3. 问题能发掘出我们可用的资源

其实，一个好的提问可以提示我们利用更多的资源，从而开拓出更宽广的空间。福特汽车公司前总裁唐纳·彼德森就是一个善于提问的人，他总是会问员工们："你们有什么设想？"一次他问汽车设计师杰克·特奈克："你喜欢公司设计的哪一款汽车？"特奈克摇摇头说："这些车型，我一点都不喜欢。"接着彼德森就向他提议说："既然你不喜欢，你为什么不设计你喜欢的车型呢？其实你不用管高层的意见。"特奈克听见总裁这么问，自然心中感受到极大的鼓舞，于是他开始设计自己喜欢的车型，他设计出了福特雷鸟车型轿车，接着是金牛座和黑貂车型的问世。正是彼德森的一问，激发了设计师的创作热情，这让福特公司的利润一举超越了通用汽车公司。

由此我们可以看出好的提问可以激发人的潜能。其实我们每个人身上都有潜在的能量，只要你需要，随时等你去支用。这需要你改变旧的认知，用积极的问题唤醒你的能力，进而实现心中的美梦。如果你在任何事情上都能留心，秉持一种积极的提问方式，我想，没有什么是你做不到的。

人生之问

里奥·巴斯卡力是我尊敬的一位作家，他知识渊博，曾写过爱与人际关系的书，在美国相当知名。他之所以能有今日的成就，得益于其父亲的教育。每天晚饭后父亲都会问："里奥，你今天学了些什么？"里奥就会说在学校学到了什么，如果没什么可说的，他就会去翻家里的大百科全书说给父亲听，然后睡觉。这种每天都要求学习新知识的习惯，他至今仍然保留着。所以他能写出那么多充满智慧和爱的书。

其实在人生这条大河上不断漂流的时候，我们会遇到各种情况，你如果想要做得更好，改变得更加美好，你就要积极地提问自己。接下来我将要告诉你，字眼对你人生的重要性，一个字眼可以改变你的情绪，甚至人生，你相信吗？现在让我们赶快看下去吧……

大文豪马克·吐温曾说过："恰到好处的用字极具威力，用对了字眼，那电光火石之间，我们的肉体与精神都有神奇的变化。"

不知道你是否注意，当我们说话时用对了字眼就会获得人的好感，给人希望，甚至让那些消沉的人幡然醒悟；如果我们说错了话，就会招人讨厌、刺伤人心，甚至给自己带来不幸。我们回望历史，其实历史中就有很多善于用字眼的事件，用对了的字眼激励了当时的人们，决心跟随着这些伟大的人物，塑造出今天的世界。派屈克·亨利站在十三州代表前慷慨激昂地说："不自由，毋宁死。"这句话掀起了美利坚民族的独立风潮，人们发誓要推翻殖民统治，于是美利坚合众国诞生了。正是因为200多年前的《独立宣言》，给予了我们生来平等的保障，才让我们享受到现在的自由和繁荣。

在生活中也是如此，选择使用积极字眼，最能振奋我们的情绪，反之，我们就会陷入消极的情绪影响中。遗憾的是我们很少留心自己所用的字眼，以致错失了很多机会。因此我要劝告你，务必重视使用字眼的重要性，其实这并不难，只要你在运用字眼时注意选择就行。

使用什么样的字眼决定什么样的人生

如何避免用错字眼，陷入消极处境？那就是丰富你的词汇，让你的表达更准确、恰当。你知道吗？《圣经》用了7000个不同的词汇；诗人约翰·密尔顿一生的著作用了12000个词汇；大戏剧家莎士比亚则用了24000个词汇，有的词汇还是他自己发明的，而且成为了今天英语的常用字眼。有语言学家研究发现，我们选用的字眼决定了我们的人生。这话似乎太过绝对，你试着观察你周围人的说话用语，就会发现语言影响着我们的思考，从而影响我们的行为。有人研究过中国人的用语，他们十分看重"安定性"，所以他们的语言，包括方言，名词比动词的使用频率更高。

字眼，代表着我们大脑里存储的记忆观点，我们有什么样的感受，脑子里就会产生什么样的字眼。当然，每个人以及每个民族的储存记忆不同，故用字眼也不同。在我们的生活中常用的字眼，却在有的民族中不存在。比如有的印第安部族就没有"撒谎"这个字眼，因为他们的行为和观念中没有撒谎；菲律宾的塔沙迪部族语言中就没有"讨厌""战争"这样的字眼，可见这些民族过着很纯真的生活。也可以说正是他们没有这样的观念，没有这样的字眼，所以他们不会做出"撒谎""讨厌"乃至"战争"的行为。

我们在生活中难免有消沉的心理，这种消极情绪的出现就像一个周期。我曾经也为此而困扰，8年前的那段日子里，我感觉到自己被消极的情绪消耗着，生活茫然，感觉此生毫无希望。幸运的是我终于被这种痛苦逼迫着要做出改变。我明显感到自己在心理上排斥这种痛苦的情绪，我的大脑在搜寻积极的字眼来振奋我。我就这样不断用积极的字眼来激励自己，自此之后，我就不曾有过消沉的感受。

你要相信，用积极的字眼来改变情绪是简单而有效的。你现在就可以试试，你会感觉到，它正在改变你的人生。

软化那些让人痛苦的字眼

字眼，不仅对我们自己有影响，同样也会影响我们周围人的情绪。这就需要你在用语的时候选择"软化性"的字眼。比如当你准备气愤地质问他人时，你最好先在心里思考，这是否有助于问题解决，你可以委婉地用语，即以一种软化的语言来询问。

一方面，特别是当你心情不好时，你就要注意说话的字眼选择。因为很多人的不恰当字眼，导致了人际关系的破裂，更危险的是会招来对方的报复。所以，你要提防祸从口出。另一方面，我们也要拒绝那些美丽的谎言，这些绝非真诚的字眼也容易让我们步入陷阱。历史上有很多残酷的暴行就是在所谓的美丽的字眼中进行的，比如希特勒宣扬的日耳曼民族理想。

我们在使用字眼时一定要恰当、准确，因为准确的字眼能够对我们自己，也对周围的人产生某种程度的影响。一旦选用了错误的字眼，你的人际交往就会陷入困难。在美国的演艺界，一些不擅长用字眼的明星经常招来麻烦事。甚至有的政坛人物因为一句话引起众怒，而匆匆下台。

字眼如同标签，这些具有确定意义的"标签"会影响我们的认知。所以我们不仅要谨慎地在自己的经历上贴上正确的标签，也要提防他人将错误的标签贴在我们身上，因为一旦被贴上了，我们的心里就会出现相应的情绪反应。我们可以用医院的一个常识来告诉你这个道理，每当医生告知患者所患疾病时，特别是那些癌症、心脏病等高危疾病的患者的病情就会开始恶化。因为这些疾病的字眼让病人内心产生恐慌，甚至因情绪低落而失去求生的希望，最终影响自己的免疫系统，导致其他的并发症而加速死亡。

如果你的职业需要你不时地和人们接触，那么正确恰当地用字对你来说就尤其重要。你要经常使用积极、正面效应的字眼，将那些使你情绪有负面反应的字眼，从你的人生字典中删去吧。

·第四章·
主宰人生的 5 个因素

我们处于一个急剧变迁的时代，我们身边每天都发生着许多事情、出现许多问题。这需要我们不断地做出决定。本书的第二部分就是要教你在处理这些问题时，如何来控制自己的主宰系统，让你随时都能作出果断、正确的决定。

人类一切的行为都受控于主宰系统，这就好像一切物理或化学现象也都受控于某些定律或法则。我们人类的主宰系统由 5 大部分组成，我们每个人对周围一切所作的诠释或反应，都由这 5 大部分来掌控。它们犹如化学里的周期表，我们每种行为都可分解成最基本的成分。

我们一切思考或者算念的基础是目标，目标指引着我们在人生的分岔口作出应有的选择，以期达成追求。在此我要跟各位介绍算念形成的 5 大要素，这也是我们的主宰系统操控算念形成的 5 个要素，这 5 个要素在接下来的章节也会作详细介绍，现在我们来简单认识一下。

影响我们主宰系统的第一个要素，就是当时的心理状态及情绪。很多时候我们的算念、思考受当时的心理状态、情绪影响。比如面对同一个玩笑，有时候你会不屑地表示那仅仅是一个玩笑；可是有时候你却勃然大怒，认为这个玩笑触痛了你。何以会如此呢？不过是因为你当时的心情不同罢了。

影响我们主宰系统的第二个要素，就是对自己提出什么样的问题。我们在前面已经详细讨论了提出问题的重要性，其实提问也会影响我们的算念，而什么样的问题就能产生什么样的算念。

影响我们主宰系统的第三个要素是我们的价值观。价值观是每个人都秉持的衡量标准，不同的人有不同的价值观。比如说有的人很看重稳健保守的做事风度；

而有的人却不愿意保守，更愿意主动出击。我们所秉持的各种价值观，深深地影响着我们人生的每个决定。

影响我们主宰系统的第四个要素是信念。信念会决定我们对任何事物的期望，因此也会影响我们的算念。当我们信念不足，感觉自己无法达到预期的目标，这就会影响我们的算念，从而感觉非常痛苦。所以说，信念乃是我们一切算念的根本。

影响我们主宰系统的第五个要素，就是我们脑子里储存的丰富知识及经验。在我们作决定的时候，这些经验和知识就是重要的参考。因为它们在我们的生活中起着参考的作用，所以我们也将之称为"心范"。

在此我得郑重地告诉你，每天我们都得利用时间学一些新知识，用以建立有用的价值观、增强积极的信念、提出新的问题，让自己处在全力迈向目标的方向，以得到所企望的人生。

所谓的主宰系统就是全面的改变基础，它包含了情绪、提问、价值观、信念、心范等5个方面。这告诉你，如果你想实现人生真正的变化，你要从这个系统的要素进入，如改变你的情绪、增强信念、建立有用的价值观等等。有的技巧我们在本书的第一部分已经讨论过，有的技巧我们将会在下面的章节详细介绍。

每个人的主宰系统是不同的，为了测试出你的主宰系统如何运作，在此我要问你几个尖锐、敏感的问题。这有助于打开你思想的闸门，也能帮助你认识、利用自己的主宰系统，为自己更好的人生来做决定。

问题一：最值得你回忆的是什么？

问题二：若是牺牲一个无辜的人，就能拯救世界上所有人免于饥饿之苦，请问你将如何选择？请告诉我你这样选择的理由。

问题三：如果你的车撞坏了一辆昂贵的保时捷跑车，但现场并没有任何目击者，你是否会主动承担赔偿？不管你的回答是肯定或是否定，请说明原因。

问题四：如果只要你吃下一大碗的蟑螂，就可赢得一万美元奖金，你是否会试一试呢？不管你的回答是肯定的或是否定的，都请说明原因。

其实这些都是我在很多演讲会上经常问观众的问题，下面你带着自己的答案跟着我一起来解读这些问题吧。

当你回答第一个问题时，不用说，你要从你的记忆，也就是过往的经验中来挑选答案。所以这必然会运用到主宰系统中的心范。很多人能从自己的某个重要时刻找到最值得的回忆，当然也有人认为此生美好的回忆太多；也有年轻人认为自己的美好回忆在未来，这就是需要信念和想象力了。

接下来让我们再看看第二个问题，这个问题就比较难回答，因为这里面有太多的道德、价值观的陷阱。每个人的价值观不同，所以思考的结果（或者说算念的结果）会不同，自然答案也不同。有人认为为了保全世界牺牲一个人是值得的；也有人认为人人平等，每个人的生命同样重要；还有更为意外的答案，有人说自己愿意成为这个无辜的人；还有人认为饥荒是天命，只能顺其自然。对于相同的问题每个人的反应皆不相同，其差异就在于各人所选择的 5 大算念要素不同。

至于第三个问题：这是考验一个人诚实的问题，当然也牵涉了价值观、信念、心范的作用。

现在来看看第四个问题：对于这个恶心大餐，最初在我的课堂上很少有人愿意，但当我不断提高奖金时，10 万、100 万、1000 万，越来越多的人愿意尝试。当这个目标足够诱惑，人们也会愿意付出，这也考验着我们的信念、价值观，最后也影响了我们的算念。

当我们谈起主宰系统的 5 大算念要素时，有一点大家必须牢记心里，那就是不要过度思考算念。当你考虑分析太多，很多时机就已经错过了。

一切的算念，一切的考虑，其目的都是追求一个切实可行的行动计划。所以不要让自己的算念分得太细，这样只会使我们疲惫不堪，甚至耽误我们的行动。所以不要过分算念，要用行动去争取想要的结果。

在这里我们分析了主宰系统的 5 大算念要素，你将这些要素合起来看看，它们其实就在你的生活里发挥着重要作用。随后，你将有机会找出自我改变的杠杆，它能帮助你作出先前所未曾想到的改变。接下来，你首先面临的就是价值观……

什么叫作价值观？当我们说到什么东西有价值，那表示它对我们有某种程度的重要性。当你喜欢某样东西，那就表示它在你的心中具有一定的分量。而价值观也就是你衡量这些事物的标准。我们在上一章已经简单说到价值观在主宰系统中的地位。在本章里我跟各位谈谈人生的价值观，因为那是你生命中最重要的一些东西。

我们的价值观对于人生具有重要影响。我们知道，我们作出什么样的决定，可能造就我们什么样的命运，而影响我们作出决定的关键因素就是个人的价值观。比如一个政界的领导人，他的价值观就是站在自己的政党利益一方拉拢更多的支持者，他在公开场合的一言一行，也必然是为了这个目的。其实你也有自己的价值观，你也按照你的价值观观照你的人生。关键是你是否知道自己的价值观，你的价值观是否值得追求？

当你知道了自己最重要的人生价值所在，那么怎么下决定就易如反掌；反之，如果你不知道什么对你是最重要的，那么你会因无法作出决定而痛苦，也可能因为没有价值追求而茫然不知所措。你观察一下成功的人，他们之所以能够果断地作出决定，并且将决定付诸实践，就是因为他们清楚地知道自己人生最重要的价值何在。

如果我们不确知自己的价值观所在，就可能像只没头苍蝇似的乱撞。那么，有的人在追求光怪陆离的物质生活，这是否是我们值得追求的人生价值呢？其实我们要扪心自问，这些物质是否能够永远让你的人生得到满足。当你真正知道自己的人生价值所在，你才会将你的潜在才能充分发挥出来。

不论你有什么样的价值观，你都要谨记：价值观是你人生的指南针，掌握着你人生的去向。每当面临抉择的关头，你都是运用自己的价值观来衡量，然后根据你的价值观作出决定，引领自己拿出必需的行动。如果你的价值观指向正面、积极、健康的方向，它就会带给你无比的力量，人生充满自信。不论处在任何状况都持乐观态度，这是许多成功人士所共有的一个特质。反之，你的"人生指南针"是消极、负面的，它将会指引着你走向挫折、失望、沮丧，甚至人生就此掉进阴暗的世界。

如果你想要获得快乐且成功的人生，那么就按照正确的价值观生活，否则你必然会吃许多苦头。而且有些错误的价值观还会影响那些意志力薄弱的人，我们经常看到那些抽烟、酗酒、好吃、吸毒、动不动便想指使人、待在电视机前过久的人，他们都是相互传染恶习的人。这些坏习惯也是因为他们欠缺正确的价值观所致，结果人生过得浑浑噩噩，最后毁了自己。

人生要过得快乐，就一定要按照自己最高的价值标准过日子，每当你能符合自己的价值观，内心就会充满欢乐。真正的快乐不是来自我们物质上的满足、生理上的享受或是生活上的无所事事，而是来自生命本身的富足。

　　很多人在事业上拥有一番风光，然而内心却空虚茫然；还有许多人为了追求那些光亮的物质生活，痛苦地耗费心力。归根到底，这是因为他们没有弄清楚"实质价值"和"工具价值"之间的区别，常常在那些并非真正想要的工具价值上耗费心力，因此才会遭受那么多的痛苦。你的心灵只有得到了实质价值才会有成就感，才会让你的人生更丰盛、收获更多。今天我们的社会中会有那么多的问题，最大的原因就是每个人都在钻营自己的利益追求，从而忽略了自己的真正追求。很多人就像一只苍蝇跟随着一群苍蝇般乱投瞎飞。所以他们在得到了那些工具价值，比如金钱、名誉之后，却发现自己内心依然空虚，不禁感叹人生如梦。

　　不容否认，我们每个人都喜欢去追求能使我们快乐的事。然而只有那些能使我们真正快乐的东西，才能称其为我们应该追求的"实质价值"。因为它能激起我们"渴望去拥有"的情绪。我经常在我的演讲会上问观众，你最想要的情绪是哪些？大部分人都是回答这些，例如爱、健康、自由、成功、热情、安全、冒险、舒适等。

　　这些情绪都是我们人生中积极、正面，起着振奋人心作用的花朵，这些情绪让我们的心灵花园充满了阳光和温馨。事实上，在我们每个人的心中都有着不同的价值体系，所以如果我们按照自己的意愿来给上述情绪排名的话，你就会发现，每个人的排列顺序并不相同。每当你要作任何决定时，这些情绪在你心中的价值排列就会出现。比如有的人选择事业的时候，会将自由放在第一位，有的人则会选择安全或者健康，有的人更愿意尝试冒险。

　　千万记住，不管你所拥有的是什么价值，它们必然会影响你人生的方向。而且这些价值带来不同的情绪反应，也会带给你不同的人生感受，所以你要追求那些真正让你振奋、快乐的正面情绪。

　　有正面、积极的情绪就有负面、消极的情绪。我们都喜欢自己体验那些能带给我们快乐的情绪，对于那些让我们痛苦、难过的情绪则会退避三舍。在前面我曾跟各位说过，人们不仅是在追求快乐，相对地也在避开痛苦。我在演讲会上也经常问观众这样一个问题：到底有哪些情绪是你一直最想避开的呢？根据统计，下面这些情绪是我们最不愿意经历的：被拒绝、愤怒、挫折、孤独、沮丧、失败、被羞辱、不安。

　　那么现在，请你按照你的意愿将这些情绪排列，列出你最不想要的情绪。请问它告诉了你什么信息？我在前面说过，消极情绪是行动讯号，它们的出现都是要求你做出改变。比如孤独是你最想避开的情绪，那么你就得主动去结交朋友，让他们喜欢你，愿意与你为伍，最后你便会发现周围都是你的好朋友。

我相信很多人都遇到过价值观的冲突，而这种冲突不是指你和他人的价值观冲突，而是你自己的内心。比如我经常看到很多人投入巨大的努力去追求成功，然而却在最后的关头放弃努力。他的心里可能有两个声音在激烈地冲突，一个说："往前冲！"可是另一个却又说："前面只有苦头等着你吃！"这种犹豫不决就反映了价值观的冲突。

为什么一个拥有自己的价值体系的人会出现这种矛盾冲突？其内心的价值观冲突，归根到底，还是因为自己没有建立稳固的价值观体系。因而随着周遭环境的变化以及施加的压力，你就会变得没有原则和定力。如果你正受到价值观冲突的痛苦，我给你提出两个步骤的方法，可能帮助你改变这个现象：

首先，你要确定自己心中冲突的价值观是什么，特别是什么消极价值观阻碍了你的前进。这样你才能清楚自己为何会有目前这种行为模式。

其次，你就是要作出最后的选择，选择你是退山还是继续。当然这得看你打算过什么样的人生，然后才能确定追求这种人生所应持有的价值。最后就是全心全意地按照这些价值的标准生活。

在很多演讲会上，我都会提到我的价值观，我也在本书中多次提及。我之所以做目前这个工作，是希望人们的心灵得到自由、生活品质得到提升。这样我才觉得自己对这个社会有所奉献，特别是从我的观众、读者那里得到了肯定的回应。这样我就会迸发出更多的潜能，去做更多的事情；这样我能不断成长，也会有成就；而如何让自己保有健康和发挥创造力，更是我人生乐趣的动力所在。就是因为知道这些价值，所以这些年我始终一致地按照这些价值生活，它们也确实丰富了我的人生。

你要相信，改变你的价值观就能改变你的人生。价值观是能塑造你人生命运的力量，你要把它当成礼物送给自己，而且要用心练习这些改变的方法。如果你懂得了改变和利用自己的价值观，你若要真正快乐的成功，你就跟随着我进入心则与心范的改变吧。

·第五章·

心则和心范

这个夏天，我和我的家人来到夏威夷，也正是我写作此书的时候，我站在酒店房间里往窗外望着深邃蔚蓝的太平洋。我和许多人来这里的目的一样，都是为了这百年一遇的天文奇观——日全食。日全食将要到来的那个早晨，大家都挤在最佳的观景点上，有的是带着妻儿的全家出游、有的是来此浪漫消夏的情侣，还有带着望远镜的天文爱好者、有的是在火山口扎营的旅行者。他们来自世界各地，花了好几千美元，为的只是感受不过 4 分钟的短暂天黑。也许有人要问：花这么多钱来到千里迢迢之外，为的只是找一块"有短暂阴影"的土地，这是否值得？

然而那天天公不作美，多云的天气挡住了这种天文奇观的效果，最后只是陷入短暂的黑夜，感觉太阳被淹没了。很多人失望不已，但是也有人感到很高兴。为什么会出现这样的差别？这就是不同的人拥有不同的心理期望，或者说是心则，这就决定了他们会有不同的情绪反应和认知结果。也就是不同的心则，决定了每个人不同的反应。

在继续讨论心则的重要性之前，让我问你一个问题："什么能让你感到快乐？"有的人会觉得金钱很重要，有的人不惜金钱来看天文奇观。如果你的心则并没有认定什么叫做快乐，那么你就永远得不到快乐。我们生存的世界和人生都处于变化之中，我们只有依靠自己的心则，才能去适应人生、去享受人生并从中得到成长。

你的心则在帮助你，还是在阻碍你？我们每个人都会给自己或者别人订立心则，这会促使我们督促自己拿出行动，坚持到底，得到最后的成功和快乐。但是有的时候，心则却是限制我们的能力发挥的不利因素。很多年轻的情侣，总是订立一些不可能做到的心则，譬如说，他们给"相爱"订下的是：如果你爱我，你会愿意为我做任何事。这就是不合理的心则，甚至只会取得欺骗性的答案或者让自己受伤的结果。

你是不是也有一些不合理的心则呢？那如何来确定你内心的心则是在帮助你，还是在阻碍你？下面有 3 个标准可以帮你判断、确认：

首先，仔细思考，这个心则你能否做到。如果你无法做到，那么它就只能阻碍你，让你痛苦。所以你的心则必须避免不切实际、不近情理、没有定向，这可能会导致你无法达成人生的目标。

其次，你对这个心则是否有把握。如果它让你对达成目标毫无把握，那么它也是一个阻碍你的心则。不过，有的心则是我们无法掌握的，比如对方的反应，或者是天气的情况。所以我们在设定自己的心则时，应该适当地预想可能面临的不可控情况。这就是我们应该持有的合理心则。就像上面提到的日全食，我们明明知道这天气无法掌握，而你却抱着满腔希望想见到日食，事实只能让你的心则落空，让你失望。

最后，衡量这个心则给你带来快乐还是痛苦。如果这个心则让你承受的是更多的痛苦，那么它就是个阻碍你的心则。

接下来，你要改变阻碍你的心则。人们经常在自己的成功路上感觉失意、受挫，很大程度上与我们的心则有关。当过高的心理期望压迫着我们时，我们就会出现痛苦的心理或者情绪。我们在与他人交往时，出现冲突，很大一部分的原因就在于此。事实上，因为信念或者心则的冲突和矛盾，造成了许多内心的或者是人际的问题及争执。就以夫妻感情为例，很多微不足道的小事，经常引发两个人的口角，最后影响两人的感情，让彼此遭受伤害。要想化解这种现象的最好方法，就是建立促进人际感情为目标的心则。

上面说到过，人际关系的冲突可能是心则的不合。如果你想跟他人建立感情，你要做的就是让对方知道你处世的心则（或是观点），同时也尽量去了解他们的心则。当你这样去做了，你会觉得你们的所做越来越合拍，这也将使你的前行之路更加轻松。

友谊是我们生活和事业的必需，我给友谊下了一个简单的定义：你要无条件爱你的朋友，要尽力去帮助朋友。如果你的朋友遇上了麻烦，从而有求于你，你要立即伸出援手；如果你们是感情深厚的朋友，你不会觉得长时间未联络，会减淡你们之间的友谊。我就是凭着这样的认识去结交朋友，而且这些朋友在我的事业和生活中都对我帮助颇多，当然我也会尽力帮助我的朋友。

记住，把你的心则告诉对方很重要，不论对方是你的伴侣、伙伴还是朋友，你都要拿出足够的诚意，告诉你的心则，也许这些心则是关于爱、友谊或是事业。因为坦诚相告，可以避免今后发生很多冲突，当然冲突很多时候是不可避免的，但是你只要有这种坦诚的态度，就会帮助你解决这些问题。为了避免这种误会的发生，你要学会沟通，而且是积极、经常的沟通，千万不要凭借自己的主观臆想来揣度别人的心则。

这里，我和大家分享一下我追求的价值及心则：

第一，健康与活力：任何时候我都要觉得身心均衡、精神集中、活力充沛；任何时候我都要做那些能增强自己体力、耐力及脑力的工作；任何时候所做的事都得有助于身体的健康；我得尽量吃含丰富水分的食物，并且按照自己的健康理念生活。

第二，爱人与谦和：任何时候我都得对朋友、家人或陌生人谦和；任何时候我都得注意有没有我能帮助别人的地方；任何时候我都要努力去爱自己；任何时候我都要设法提高别人对我的观感。

第三，学习与成长：任何时候我都要学习一些新的有用事物；任何时候我都要尽量拓展自我的能力；任何时候我都要比先前更老练；任何时候我都要把所知道的用在积极的层面。

第四，成就：任何时候我都要谨记所订的目标；任何时候我都要设法把所订的目标付诸实践；任何时候我都要努力学习，为自己或别人创造出价值。

下面请你做一个练习，这个练习可以帮助你确定正确的心则。你务必要将你的答案尽可能写得周全，这将有助于你心则的正确制订。

问题一：你觉得怎么样才会觉得自己成功了？

问题二：在你和伴侣、孩子、父母或者朋友相处时，你怎样才会觉得有爱？

问题三：你怎样才会觉得自信？

问题四：你如何才算是在各方面都表现优秀？

当你在回答这些问题的时候，你就已经开始在心里设立心理期望，也就是心则。当你在制订心则时，你一定要保持轻松的心情，帮你延伸自己的想象力和希望空间。如果你曾因订过不当的心则而遭遇不快，那么此时，你可以大笑三声，重新订立你的心则，这对你会有莫大的帮助。

如果你的心则改变产生了作用，你也不妨将这种方法推荐给周围的人，伴侣、孩子或者朋友。再次强调，你除了明白自己的心则之外，你也得去发掘周遭人的心则，千万不要主观臆测，而且要以轻松的心情。

我们在前面已经探讨了主宰系统的几大算念要素。我们了解到了情绪状态的重要，明白了如何提问来引导我们的意焦和算念，知道了价值观和心则对我们人生的影响，那现在让我们继续了解下一个重要的元素——心范。

乔治·布什在二战期间是一位历经生死考验的英雄，他曾在轰炸南太平洋的一个日军基地时险遭俘虏。这些经历极大影响了后来的他，这些经历——我们称为心范，让他构建了自己的价值观和信念，让他在40年后成为了美国总统。

一个曾历经数次大风大浪而安然度过的人，所拥有的克服逆境的心范无疑会使他有很强的信心，敢于面对日后人生更大的挑战。而心范就是构成我们主宰系统的第五大要素，也是建构我们信念、心则和价值体系不可少的"砖块"。如果我们没有它，就无法构建一个完整的主宰系统。我们的主宰系统少了它就没有意义。

什么是心范？我们在前面已经简单提及过心范，它就是我们的经验和知识的结晶。我们拥有的超级机器——大脑能够储存海量的信息，这些信息从视觉、听觉、嗅觉、触觉等各个感官系统汇聚而来，甚至我们想象的内容也被作为一种记忆保存。这就像一个庞大的档案柜。当我们需要作决定或者计划的时候，我们的大脑会迅速地从我们的心范中找到参考依据。这些海量的经验和我们每天都在汲取的营养——知识，构成了心范。但是我们必须明白，我们所谓的心范，并不是数据的原始采录，我们的大脑进行了加工，甚至是扭曲。比如有的并非是你的亲身经历，而是从别人那里听来的或从别处看到的，你的大脑加入了自己的想象补充，有种自己亲身经历的错觉。心范就跟经验一样，当储存在脑神经系统里时，多多少少会有些被扭曲、增减，亦即并非它的真貌。

心范也是支撑信念的重要支柱，甚至可以说，我们的心范萌发了我们的信念。我们的信念都是从经历的生活或者学到的知识中升华而出。而这些心范支持自己的信念。既然心范是构成信念所不可少的"砖块"，那我们就应该不断扩大自己的心范，使自己的能力及人生都朝积极的方向推进。

如果我们的人生是无数个人经历织成的一大块布匹，那心范就是透过个人主宰系统——包括情绪状态、提问、价值体系及信念，所裁剪出来的各种花样。这些心范无论是好是坏，都会影响我们人生中所作的各种决定。只要你生活在这个世界上，你就在不断地经历，不断地编织人生这块大布匹。其实，心范还与智慧直接关联，你的心范所裁剪的花样越多样，就说明你的经历丰富、知识深厚，你可以用这些美丽的花样布匹裁成一片窗帘，或是裁成一张魔毯好带你遨游蓝天。

我们说过，不仅是个人的生活经验能够构成心范，你的想象内容也会被大脑储存，成为心范的一部分。你还记得罗杰·班尼斯特4分钟跑完一英里的事迹吗？他就是运用想象的方式，在脑海里浮现自己4分钟跑完一英里的画面。当然，这些想象不是空中楼阁，它从现实中升华而来。不过，这也增强了班尼斯特的自信和打破纪录的信念，直到他确信自己能够成功。我们千万不可忘记这一点：人类的想象力可以帮助我们体验无法达到的时空。

我们的经验，也可以说是心范为我们的行动提供了参考。那么，是否我们所有的想法和行动都要受制于此。我的答案是否定的，爱迪生的故事就能说明这个道理。当时很多人都认为发明电灯的想法很荒谬，这是从我们的人类经验中得来的，只有太阳和火才能给我们光明。但是爱迪生在面对失败的可能时，信念能使他坚持下去。我们很幸运，就因为他的坚持，在几千次失败之后依然的坚持，他为我们的世界带来了稳定的光明。所以，朋友，请不要把过去的经验当成后视镜，来轻易否定我们的想法，也不要完全依仗它来指引人生，而是要从其中学习、突破，让自己能维持积极振奋的精神。

我给你一个好的建议：读书能滋养心灵、扩大心范。

心范的另一个重要组成是知识，知识其实也是一种经验，它是经验的结晶。个人的经历本来就很渺小，如果我们能够涉猎古今各国的名著，我们就能够超越时空的限制，将这些宝贵的经验和知识收入我们的大脑，形成我们的心范。我曾经花大量时间阅读、研究了伟人们的传记，了解他们创造伟业的背景和条件，以及他们奋斗的故事，这些都是伟大的经验，于是我从他们身上汲取他们的心范，针对我自己想要的人生，建构出自己的中心信念。

此外，阅读名著所带给你最大的好处，是你跟随着作者的描述和想象，从中去思考，随之便经历了奇妙的时刻。你可以跟随着莎士比亚的步伐去穿过阿登森林；你从史蒂文森那里，看到沉船和金银岛的画面；甚至你也有一把椅子坐在瓦尔登湖旁，和梭罗聆听大自然的声音。你开始像他们一样地思索、一样地感受、一样地去想象，他们书中的经历和知识成为你的心范，甚至本书也成为你的心范来源，这就是阅读的力量。同样地，一部好电影，一首好音乐，也具有这种力量。

正因为如此，我们有很多方式来不断地拓展自己的心范。

当然，你还可以参照其他人来审度自己的人生。很多时候，我们需要成功的人物来指引我们前进。你可以聆听一位伟人的精神讲话，看他是如何能够无视别人的冷嘲热讽，而用自己的努力来证明自己的伟大之处；你也可以去了解成功的理财人士或者企业家，看看他们是如何累积惊人的财富。

不管我们的生命中有多少经验，我们都必须用积极的方式去汲取知识和经验，重要的是必须主动，去扩大我们的心范。我之所以能有今天，乃是基于拥有丰富的心范，这是因为我不断通过上面的方法每天不间断地拓展自己的心范。虽然我目前才 31 岁，但是我却汲取了人类数百年的经验和知识。

此外，你还可以尝试新事物，拓展自己的心范。旅行，也是一个很好的认知方式，特别是走出你的小世界，去外面广阔的世界里遨游时，你会感到一个"我"的充实和成长。比如去探索一些你先前未曾去过的地方，潜水看看海底的世界，认识千门百种的水族；去异国他乡，或许你可以去接触其他民族的文化，从他们的角度来看这个世界；或许你可以去斐济群岛玩一趟，加入土著一同庆祝他们的节日。如果你觉得象牙塔中有着更为广阔的知识海洋，你可以去继续学习那些你感兴趣的知识。不管是生物学、生理学、社会学、经济学还是管理学，都能使你对人体构造或文化变迁有更多的认识。

为了拓展心范，我做了许多尝试，其中充满了刺激和启发。我曾经学习过跆拳道，我发现它能有效控制情绪状态，在跟一位跆拳道大师学了 8 个月之后，我不但系上了黑带，同时也学会了如何凝聚注意力。这让我领悟了一个道理，如果我在跆拳道这方面经由严苛训练而能迅速有成，那么这个心范就可扩散到其他各方面。只要我付出专注的努力，我也可以在其他领域获得成就，事实证明的确如此。

记住，我们要努力地去学习、去经历，才会扩展我们的心范，才会更好地塑造出我们的人生，才会享受到成功的那一刻。因此我们必须去追求、去创造这样的一刻，这样人生才有意义。

现在我们已经学会了能力释放的方法、主宰系统的影响因素，那么我们接下来就要通过一个挑战来测验你的掌握程度。这是一项长达 7 天的挑战，每天我会给你一项小小的练习，让你运用到前面所学的。这是一个让你验证所学到的方法是否有效的机会。现在就让我们展开塑造你人生的 7 天……

·第六章·

自我认定与人生的终极挑战

信念是我们人生的支撑，然而对我们人生影响最大、最根本的信念是对我们自身的认定，也就是对自我身份、自我价值的认定。这种肯定的信念会对你的人生有着全面深远的影响，比如你对自己是否有自信，会影响到你的婚姻、择业以及人际关系。你是否对自己有全面、正确的估量呢，这将会影响到你制订成功计划的每一步。

什么是自我认定呢？

自我认定其实就是在心中对自己设定义。我们每个人都是唯一的，也只对自己最为了解，所以我们自己的认定是最根本的，而不是别人或者外界给我们一个什么标签。

自我认定与我们每个人的能力有一定关联，我们对自我的认定，会影响到我们的能力发挥。比如你认定自己是一个有能力、有才华的人，那么你就有这种能力或者天赋，至少你在努力争取符合这一自我认定的标准。当然，不管你认定自己是个"窝囊废"或"疯子"，还是认定为"赢家"或"风云人物"，这都会影响到你对自身潜藏能力的支取。

有研究发现，在中学时期的孩子是自我认定的初始期，这个时候的孩子大多数对自己都没有清晰的认定，所以经常受外界的影响，特别是老师。有专家就发现了这一点：教师对于学生持什么样的看法，会深深影响学生们对自我认定的形成过程，从而左右了他们所发挥出来的能力。

有不少人从一个方面认定自己，一味地认定自己是个什么样的人，却不认真思考这样的认定是否正确。比如有的人认定自己是懦弱的人，却忘记了自己也是善良、坚韧的人；有的人初出茅庐，却目空一切、自视甚大。这样片面地低估自身或者高估自身，都会大大影响我们的人生。所以，我们如果想真正改变自己的人生，那么就要对自我重新认定，做一个全面的认定。

自我认定：你到底是怎样一个人？

紧接着上面的问题，我们要重新认定自己。但是自我认定并不容易，这不像参加我的演讲会，作个简单的自我介绍就行了。因为自我认定的标准很多，在不同的人那里，其认定的标准也不一样。有的人从心理状态或者情绪方面说：我是一个快乐的人、我心里很安静、我很容易紧张；有的人从自己的职业来界定：我是个律师、我是个医生或者我是个牧师；有的人从其职位来说：我是总经理、我是科长或我只是个领班；有的人用自己的收入来说：我是个升斗小民、我是百万富翁；有的从自己的社会、家庭角色来说：我是个母亲、我是 5 个孩子的父亲；当然，还有从自己的民族、宗教信仰来说：我是个犹太人。其他的从自己的相貌、个人成就甚至自己的家系来说，所以自我认定的表现有很多。

当你在作自我认定的时候，也就是你在向自己提问：到底我是怎样一个人？这个时候你一定要以平和安静的心情来回答这个问题。特别是你要带着对自己的好奇来全面探究自己，千万不要分神想其他事情，因为分神是无法让你得到所需要的答案的。在探索这个问题时，如果你欠缺安静的心态和好奇心，那么你就很难得到正确的答案。因为恐惧和犹豫可能会影响你的判断。其实这个问题，你不仅可以用来问自己，也可以用来问你身边的人，当他们在毫无心理准备的情况下被问到这个问题时，他们可能会出现下述两种反应：

第一种是发愣。他们会觉得你这个问题莫名其妙，让他如同丈二和尚，摸不着头脑。因为他们从来没有认真思考过，自己到底是怎样的人。没有反省，没有答案。

第二种就是随便给你一个敷衍的答案。不少人会对这个问题表示敷衍的态度，认为这仅仅是个玩笑似的的问题。所以有的人会不以为然地回答："我就是我，还有其他的不成?"

其实对于自我的认定，从来都不是一个简单的问题，它甚至是一个我们人类在不断探索的人生哲学。从两千多年前的古希腊哲学家苏格拉底，到近代存在主义大师萨特，他们都一直在思索这个问题。现在请你花点时间好好回答这个问题："到底我是怎样一个人?"请让你的心情平静下来，带着好奇心，深深地吸一口气，然后慢慢地呼出来，对自己问道："到底我是怎样一个人?"记住要从你的内心来强调自己，比如自己是个坚强、乐观的人，而不是外界赋予你的标签来认定自己，什么小职员、平民老百姓、穷小子之类的。自我认定是建立你最坚实的信念的基础，所以要正确认定自己的积极面。

自我认定可以变得更为积极、正面

自我认定并不是一成不变的。曾经自认为是个失败者，或许在某一天转变了对自己的认定，从而走向了成功。在我的培训班里有个学员叫黛博拉，她在课堂上活力充沛，在生活中也是个热爱冒险的勇敢女孩。最近一次上课，她向我们分享了她的成长故事。她说："从我小时候起，就一直是个胆小鬼。我不敢做任何运动，特别是和小朋友们出去玩，我怕自己会受伤。"直到她参加了几次我的培训班之后，她开始尝试着参加一些新鲜、刺激的活动，比如潜水、高空跳伞、蹦极等等。当她初次参加这些活动时，的确面临很多压力，但是她不能再忍受自己的胆小和怯懦了，她急切需要改变自己，可以说，她找到了自己成功改变的杠杆。她完成了对自我的重新认定，这不仅影响了她自己的性格和行为模式，也影响了孩子、丈夫，甚至影响到她所涉及的每件事情。如今她已成为一位真正敢于冒险的领导者。她自我认定的演变虽然很简单，可是却十分有效。

听完这个故事，你也想对自己有所改变吧。你可以按照下面4个步骤开始重新认定自己，重新改造你自己。

首先，重新设定自我认定。确定你想要达成的自我认定，这可能就是你追求的完美人生。你一定要放下心理包袱，放下社会和外界给你的一切标签，让自己回到孩童时代，对未来满怀憧憬地写下上述角色所必须具备的各种特质。

其次，如果要达到这个希望的认定，你需要什么条件。请你把它们写下来。

你可以从你所知道的成功人物身上，找到可以效仿的成功特质，如他的信念、说话方式、做事态度和方法。你也可以想象自己是一个未来的成功者，而你的成功应该有怎样的自我认定。

再次，你要列出你要达成这种自我认定的实践方案。比如你要尝试去完成什么事情，像黛博拉那样去尝试新鲜、刺激的活动从而改变自己；或者结交真诚的朋友，这些朋友能够强化你的自我认定，他们可能会说：杰克，你一直都很优秀。同样一群益友能够帮助你肯定自我认定。

最后，你要告诉身边的家人、朋友或者同事，你的自我认定是什么。在他们的瞩目下，你将更有效率地去改变。当然，最重要的是得让你自己确实明白，你的新定位是什么？这是你对自己的认定，也是你对自己的新标签，每天你都得以这个新标签来好好提醒自己。一段时间之后，你可能就会成为你想成为的那个人。

只要我们能重新认定自我，或者纯粹就是让"真实的自我"释放出来。当我们换了个自我认定，很可能就此超越了过去所贴在身上的旧标签。重新改造你自己的力量就是现在，让我们来拓展自己的人生吧！

你未来的自我认定

完成了一次自我认定的改变，不一定意味着你此生的自我就已经定型。你不要认为将自己从一个小兵改造成为团长就足够了，你还得继续地改造你的自我认定，不断地去拓展你的人生，让自己成为将军。即便你不做出改变，这个世界也在不断变化，5年前你只是想成为百万富翁，现在你可能想要成为亿万富翁。人生总是要更上一层楼，你才能看到更多的风景。而且你还要在未来时刻留意自己，看看你的自我认定是使你增强还是使你削弱，特别是你要对自己的自我认定全盘掌控才行，否则你又被自己的自我认定限制了，重蹈过去的覆辙。

拒绝退化的方法就是不断前进，我也就是这样做的。在过去的10年里，我一直不停地改造自己，尝试新鲜的事物，也因此经常有人会觉得好奇，为何我会如此自信地去尝试各种新事物。其实我并不是有了自信才去行动，我是一开始便逼着自己要有信心，这样我在不断尝试的过程中，让自己的内心笃定，随之能力便跟着出来。这样我就能重新认定自己：其实这些事，我能！这也就是我为何会突破过去的自我认定，从而实现更高的人生目标。

我们都应该拓展对自我的认定，不要受制于既有的标签，这些身上的标签只能代表过去或者现在的你，它们不是你人生的终点，而是你发展的起点。凡是在现有认定基础上所加上去的，我们都要有实现的决心，并且相信它们都会成为事实，这就是信念的力量。

人生的终极挑战：一个人可以完成的创举

一个记者曾经假装成水手，跟随一艘渔船到墨西哥出海打鱼。他冒着生命危险拍下了一段残忍的捕鱼场面：渔民为了捕捉游在海豚下方的黄鳍鲔鱼，抛下流刺网，将海豚和黄鳍鲔鱼一起捕捉。流刺网是杀伤力巨大的网。全身被扎、奄奄一息的海豚最后被抛入深海。这件事情一经公布，全美多家黄鳍鲔鱼罐头厂宣布不再收购用流刺网捕捉的鱼。

很多人都觉得自己是个平凡人，对于那些社会问题或国际大事，只是一个关注者，却无力去帮助解决什么。因为我们平凡，没有钱、没有权力，我们无力去改变现实。可是上面这个故事，告诉了我们一个事实，只要你有勇气去做出努力，世界会对你的付出做出回应。

如果你总是充满无力感，就什么行动都拿不出来，不想改变自己的生活环境，也不想去帮助其他的人。这本书到了这里，就不仅是自我的改变了，比如拥有控制自己思想、感受和行为的能力，而是还要运用你的能力和成就去帮助更多的人。你不仅要成为自己人生的主人、命运的主导者，也要成为关注这个世界的有力奉献者。

我们不仅要改变自己的人生，甚至我们要改变人类的命运，我们要重新学会和自然界和谐相处。我们每个人每天都得作出决定、拿出行动并切实承担起应尽的责任。我们不是一个单打独斗的奋斗者或者是一个独善其身的成功者，我们是生活在同一个社会、同一个地球上的"命运共同体"。我们不要忽略自己的微弱力量，让这些力量聚拢，让我们大家一起来推动"持久且不懈地改善"。唯有如此，我们才能真正地形成永远的改变。

今天，我们的国家和世界面对日益复杂的问题，例如无家可归的人日渐增多、犯罪率节节升高、财政赤字不断扩大、生态环境日益恶化等。这些问题有什么共同之处呢？这些问题都起因于人类的不当行为，可以说，我们今天所面对的一切问题，都是我们之前所作决定的结果。所以要想改变这些问题，只有我们人类自己改变错误的行为模式，这样问题才会逐步解决。

只要你有充分的准备，随时随地就有发挥的机会，譬如说如果学会了人工呼吸，当出现心脏病患者或者有人溺水需要人工呼吸时，你就能够及时帮助一个生命。我敢向你保证，那种快乐和成就感绝非获得财富所能比，因为你赢得了一个无价的生命。其实你不要觉得做出什么惊天动地的事情才是贡献，当你对周围的人微笑，让他们明白人生的可爱，这就是一种贡献；当你周末去做社区的义工，看望当地的老人，跟他们随便聊聊；再如果你途经社区的医院，不妨进去探望几个病人，逗他们开心一下，这不是件很好的事吗？即便是你不说什么话，光是静静地听他们说，你就是个英雄。

你为什么就一定要固守着你那个狭小的世界呢，你有能力走出来帮助他人，这可能是你走出来的小小一步，其实就是你人生的一大步。不要觉得畏惧或者害羞，你要通过奉献，让真实、充满爱心的自我走出，萌发心中的贡献感，能够让你的行为产生最具威力的连锁反应。我们都有追求快乐、避开痛苦的本能，同样也愿意帮助他人避开痛苦，拥有快乐。我相信在你的内心最深处，也想做一些好事，将个人的精力、时间、感情和金钱投注在更大的目标上，以突破旧有的自我。人生中没有任何事能比贡献更让我们得到满足感了，所以让我们付出无私的贡献。因为这就是一切成就的终极，也是你作为社会一员，值得追求的终极意义。

这本书教给了你改变自己的方法，过去视为困难的事都变得容易许多，很多挑战都已经能够轻松跨过。等你自身的能力得到了改变之后，你的目光就不能只放在自己身上，而要扩及自己的家人、社区、乃至周围更广阔的世界。通过无私的奉献，你将会得到超越财富的成就感。所以，不要去寻觅什么英雄，而要去做个英雄。

终极的挑战：一个人到底能做些什么？现在你也许稍微明白了这个问题的寓意。它告诉我们应该认真地在这个世界上生活，去体验各种各样的事，要好好照顾自己和亲友，也要帮助那些需要帮助的人，奉献自己的一份贡献；在欢乐时就尽兴，大胆走向外面的世界，好好享受其中的过程。

上帝给了我们未来生活的启示,我们对未来充满了质疑,也充满了期待。我们对于未来生活不是先知者,所以我们活得更加自由,如果我们对人生中的每件事都能事先知道,那将是多么无趣。我们永远不知道下一刻将会发生什么事,很可能就是下一刻所发生的事,会改变我们的人生方向,在一瞬间展现出另一副人生面貌。所以你要试着做出改变,因为改变是这个世界时时刻刻存在的真理。

当你看完本书,我希望你已经开始了改变,是的,这只是一个小小的决定,但你的人生就可能因此改变。做一个会享受生活的奋斗者,跟朋友一起聊天,听一卷录音带,看一场电影,参加一次研讨会。如果遇上了一个大问题,你已经不是过去的你,你已经能够以积极期望的态度生活。这一切都能使你的人生拓展、成长。最重要的是,要以永不止息的成长及学习作为人生的指标,为社会和这个世界付出爱心。

在本书的结尾,我要向你表达我的敬意与感谢。我们虽然未曾谋面,但是我希望我已经成为你的朋友,成为与你心灵相通的朋友。我也感谢你,让我和你分享我的人生经验和成功心得。我由衷地希望这本书能带给你新的思考方向,帮助你创造出一个丰富而璀璨的人生。最后,请不要忘了期待奇迹——因为你本身就是个奇迹。我现在将火种传递给你,希望你成为散发光亮的人,成就自我,也行善世界。